産業化する中国農業

Industrialization of Agriculture in China

食料問題からアグリビジネスへ

宝剣久俊 [著] Hisatoshi HOKEN

名古屋大学出版会

産業化する中国農業

目　　次

序　章　2つの農業問題と農業産業化……………………………………1
　　1　中国農業・農村の歩みと直面する問題　2
　　2　本書の分析枠組みと課題　6
　　3　本書の構成　16

第1章　改革開放と食糧流通システムの再編…………………………19
　　　　──直接統制から間接統制へ
　　1　計画経済期の食糧生産・流通　20
　　2　食糧流通制度の改革と漸進的自由化　28
　　小　　括　50

第2章　農業調整問題の登場……………………………………………53
　　　　──食料問題の解決と農業保護政策への転換
　　1　速水理論による中国農業の評価　53
　　2　農業産業化を通じた農業構造問題への対応　75
　　小　　括　88

第3章　変容する農業経営と所得格差…………………………………91
　　　　──農家の階層化と教育投資
　　1　非農業就業と教育効果の研究レビュー　92
　　2　分析対象地域の特徴　96
　　3　農業経営類型間の移動とその決定要因　100
　　4　非農業就業の所得格差への影響　112
　　小　　括　123

第4章　農地流動化の急拡大とそのインパクト………………………125
　　　　──農業産業化の前提
　　1　農地流動化の進捗状況と制度的枠組み　126
　　2　浙江省調査地域の農地流動化の特徴　137
　　3　農地流動化による地代水準の効率性　146

小　括　154

第5章　農業産業化のもとでの農民専業合作社 ……………………… 157
　　　――産業化の担い手とその現在
　　1　農民専業合作社の変遷と政策的支援　158
　　2　統計調査に基づく農民専業合作社の実態　165
　　3　農民専業合作社の事例研究　174
　　　小　括　184

第6章　農民専業合作社は所得を向上させたのか ……………… 187
　　　――全国農家調査によるミクロ計量分析
　　1　先行研究と研究課題　187
　　2　分析フレームワーク　191
　　3　農民専業合作社加入効果の推計　195
　　　小　括　206

第7章　農民専業合作社は所得と栽培技術を改善させたのか …… 209
　　　――山西省農家調査によるミクロ計量分析
　　1　調査対象地域の概要と調査方法　210
　　2　農民専業合作社による会員向けサービスの実態　214
　　3　農民専業合作社加入効果の推計　219
　　　小　括　229

終　章　中国農業産業化の軌跡と展望 ………………………………… 231
　　1　本書のまとめ　231
　　2　農業産業化の展望　235

　　参考文献　245　　　あとがき　259　　　初出一覧　263
　　図表一覧　264　　　索　引　267

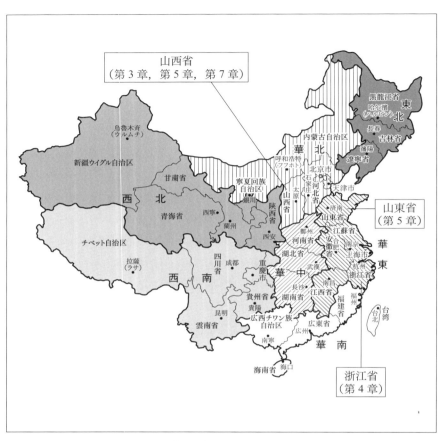

地図 中国の行政区画

序　章

2つの農業問題と農業産業化

　1978年12月に開催された中国共産党・第11期中央委員会第3総会（いわゆる「三中全会」）を契機に中国の改革開放政策がスタートし，2018年には40年の節目を迎える。改革開放政策は農村部の経済改革から始まり，農業生産責任制の導入や農産物流通の段階的な自由化など画期的な政策が打ち出される一方で，豊かさを求める農民自身の積極性が改革を一層加速させ，その相乗効果が大きなうねりとなって経済改革が進展してきた。

　この約40年にわたる農業・農村改革のなかで，中国農業は大きな成果を挙げてきた。急速な発展を続ける製造業の陰に隠れてあまり知られていないが，中国は農業生産に関しても世界のなかで極めて重要な位置を占めている。FAO（国際連合食糧農業機関）の統計（2013年）によると，中国の小麦とコメ生産量はそれぞれ1億2193万トンと2億361万トンで，ともに世界第1位を占め，トウモロコシの生産量も2億1849万トンで，アメリカに次ぐ世界第2位の生産量を誇っている[1]。また，穀物を含めた2015年の中国の食糧生産量は6億2144万トンに達し，1980年の生産量と比較するとほぼ倍増を実現した[2]。

---

1) FAOSTAT（http://faostat3.fao.org/home/）（2016年9月7日閲覧）に基づく。
2) 中国の統計上の「食糧」（中国語では「糧食」）には，コメ，小麦，トウモロコシ（粒子に換算）に加えて，コーリャン，粟，その他雑穀，イモ類（サツマイモとジャガイモは含むが里芋・キャッサバは含まず），豆類（サヤを除去した乾燥豆換算）が含まれる。なお，イモ類については1963年以前は重量を4分の1，1964年以降は重量を5分の1に換算し，食糧生産量として計上されている。他方，都市近郊で栽培される野菜的性格の強い芋類は食糧には含まれない（『中国統計年鑑2014』392頁）。本書においても，この「食糧」という概念を利用して分析を進めていく。食糧生産量の数値については『中国統計年鑑』（各年版），『中国統計摘要2016』，『新中国農業60年統計資

そして中国経済の急速な発展とともに人々の食生活も豊かになり，その需要を満たすため，農業の生産構造にも大きな変化がみられる。一例を挙げると，2015年の肉類と野菜の生産量はそれぞれ8625万トンと7億8526万トンで，1990年の生産量と比較するとそれぞれ3.0倍と4.0倍となった。また，2015年の果物生産量も2億7375万トンに達し，同一の定義で遡及可能な1996年の数値と比較すると3.4倍の生産量を誇っている[3]。このような多様な農作物の増産に加え，地元の非農業就業や出稼ぎ労働で獲得する農外収入の増大によって，農民の生活水準も著しく向上してきた。2015年の農民1人あたりの所得（「純収入」）は1万772元（1人民元＝16.59円，2017年3月末時点）に達し，物価上昇率を考慮した実質額でみても，1985年の所得の約5倍，2000年の所得の約4倍に達した[4]。

その一方で，中国の農村部には依然として6億346万人（2015年）が居住し，2億2790万人に上る労働者が第1次産業に従事している。また，中国の第1次産業はGDP（国内総生産）（2015年）の構成比でみると9.0％とそれほど高くないが，後述するように絶対額ではアメリカやEUを大きく上回っている。したがって中国農業の行方は中国のみならず，世界経済に対して大きな影響を与える存在であることを忘れてはならない[5]。

1 中国農業・農村の歩みと直面する問題

ところで，約40年にわたる農業・農村改革を改めて振り返ると，その歩み

料』に基づく。
[3] 『中国統計年鑑』（各年版），『中国農業統計資料』（各年版）に基づく。なお，果物にはメロン，スイカ，イチゴなど果実的野菜も含まれる。
[4] 農民1人あたり所得と農村消費者物価指数については，『中国統計年鑑』（各年版），『中国農村住戸調査年鑑』（各年版），『中国統計摘要2016』に基づく。なお，中国の家計調査は2013年から都市・農村の区別がなくなり，調査対象の範囲や所得の定義にも変更が加えられたが，2013～15年の所得については旧来の所得（「純収入」）の数値を利用した。
[5] 農村人口，GDPおよび産業別就業人口については『中国統計摘要2016』に基づく。

が必ずしも単線的なものではないことがわかる。以下では，1970年代末から90年代の農業・農村政策に立ち返り，1990年代以降の農業・農村の変化を考察する本書の問題の所在をより明確にしていく。1970年代末から80年代前半にかけて，中国では人民公社による集団農業体制が見直され，農家による自主経営である農業生産責任制の導入と農産物流通市場の自由化が進められてきた。その際，農地の集団所有権は維持されたまま，農地の使用権は「村民委員会」（農村の末端自治組織。行政村とも呼ばれる），あるいは「村民小組」（村民委員会の下の村民自治組織。日本の村落に相当）を単位に，人口あたり均等に（あるいは地域によって各世帯の労働力数を加味して均等に）農地が配分され，農家は請け負った農地で農業経営を行う農業生産責任制が導入された[6]。

この政策によって，農業生産に対する農家の生産意欲が向上し，農産物の大幅な増産と農家の所得向上を実現してきた（劉・大塚 1987, McMillan et al. 1989, Fan 1990, Lin 1992, Wen 1993）。反面，人民公社による集団農業の解体とともに，農業基盤整備のための公的積み立てが大幅に減額されてきた。さらに農業関連の公共サービスを担ってきた農業技術普及機構に対しても，予算の削減と独立採算化が推し進められた。その結果，農村の末端レベルでは技術普及に関する人材と経費の不足から，農家への技術指導が十分に行われないという問題が深刻化している（池上 1989a, 胡・黄 2001, Hu et al. 2012）。

他方，農業生産責任制導入後には零細自作農による農業経営を補助するため，村民委員会が農家向けに各種の農業関連サービスを提供する「双層経営体制」と呼ばれる経営方式が提唱された（白石 1994）。しかしながら，農村工業が未発達で資本蓄積の遅れた地域や，財政基盤の脆弱な内陸地域の村民委員会では，農家向けに十分なサービスを提供することができないといった問題が1990年代から顕在化してきている（厳 1997, 辻ほか 1996, 浅見ほか 2005）。

このような農業技術普及機構と村民委員会の弱体化は，農業の技術普及や水

---

[6] 中国の「村民委員会」は農民の自治組織が置かれる地域単位であり，集落である自然村と重なるケースもあれば，幾つかの自然村から行政村が形成されることもある。ただし，党の末端組織である村支部も村民委員会に対応して行政村に置かれるなど，実際には末端行政単位として機能している（天児ほか編 1999：671-672頁）。

利管理，生産資材の共同購入や農作物の共同販売といった農家向けサービスの提供を大きく後退させることとなった。そのため，中国の農業生産における規模の不経済性という問題が深刻化し，1980年代後半以降の「農業徘徊」と呼ばれる農業低迷の大きな原因の一つとなっている（中兼 1992）。

また，都市住民向けの配給用食糧の確保と農家による食糧生産意欲の向上を両立させるため，中国共産党は1970年代末から食糧流通の漸進的な自由化を展開してきた。しかしながら，農家に対する食糧生産の割当制度と，国有食糧企業による食糧価格低迷時の無制限買付は1990年代まで維持される一方で，中国人の所得水準向上とともに食糧に対する需要は逓減している。そのため，1990年代後半には食糧の過剰生産問題が深刻化し，政府は多くの食糧備蓄を抱えるなど，食糧流通に対する財政負担も増大する結果となった。したがって，食糧流通の自由化・民営化を通じて，流通の効率化と食管赤字の削減を図ることが，1990年代末からの大きな政策課題となった。

他方，中国では都市の工業化を優先的に進めることを目的に，1950年代から都市・農村間の人口移動を制限する戸籍制度が導入され，改革開放後もその制度は継続されている。この戸籍制度によって，「農民」は職業ではなく，農業戸籍（中国語では「農業戸口」）の保有者という社会的身分として扱われ，都市戸籍（「非農業戸口」）への転入や都市での定住は厳しく制限されてきた。ただし，1980年代半ばには農民の地方都市への移動が部分的に認められ，1990年代には大都市への労働移動の認可と出稼ぎ労働者に対する地域限定の戸籍発行も行われている。さらに，「農民工」と呼ばれる農村出身の出稼ぎ労働者に対する権利保護政策も，2000年代から整備が進められてきた（山口 2009）。

製造業やサービス業を中心とする近年の中国経済の高度成長と相まって，都市セクターに吸収される農民工の人数は，1990年代末から著しい増加をみせている。国家統計局の調査データによると，地元の「郷鎮」[7]から半年以上離れた農民工は，2001年の8961万人から2008年には1億4041万人，2015年には1億6884万人に達し，農村就業者（「郷村就業人員数」）全体に対する割合も

---

[7] 「郷鎮」とは，中国の農村地域における末端行政機構であり，「郷」が日本の村，「鎮」が日本の町ないし小規模な市に相当する。

4割を上回っている[8]。しかしながら，都市住民による農民工に対する差別は歴然と存在し，農民工による都市戸籍の取得は引き続き厳しく制限されるなど，戸籍制度は依然として農民の非農業部門への移動の制約要因となっている。

このように，自作農による零細農業経営と農業関連技術・サービス普及体制の脆弱化による農業の低迷，農家に対する食糧生産割当制度と食糧流通の政府管理による非効率性，そして戸籍制度による農村労働力の農業部門への滞留といった問題に，1990年代の中国は直面したのである。これらの問題は，中国では「三農問題」（農業，農村，農民の問題）と呼ばれ，零細農業経営による農業生産の非効率性（農業問題），都市と農村との社会資本格差（農村問題），農民と都市住民との所得格差（農民問題）という形で注目されてきた。

そのため，中国共産党は1990年代後半から，農業・農村の構造調整を通じた農業生産者の保護と農業競争力の強化という新たな政策を推進している。本書はこの農業・農村をめぐる政策転換のなかで，農民がそれらの政策に対してどのように対応し農業経営を転換させてきたのか，またその結果として，農民の社会経済環境や経済的厚生がどのように変化してきたのかについて，検証するものである。その際，本書では中国が直面する「三農問題」，とりわけ農業問題について，2つの視点から実証分析を行う。

まず，速水（1986）によって提唱された「農業調整問題」（agricultural adjustment problem）という分析概念を利用して，中国の食糧生産・流通の問題と農業保護の現状について考察する。さらに，中国流の農業インテグレーションである「農業産業化」（industrialization of agriculture）と，それを末端レベルで支える「農民専業合作社」（Farmer's Professional Cooperative）と呼ばれる農民組織に注目し，農家による農業経営の変容について分析していく。

---

8) 国家統計局ホームページ（http://www.stats.gov.cn/）の「2015年全国農民工監測調査報告」（2016年5月22日閲覧），『中国統計年鑑』（各年版），『中国農村統計年鑑』（各年版）より筆者推計。なお「全国農民工監測調査報告」とは，1,527の調査県（区）から無作為に抽出された8,930村の23.5万人の農村労働者に対する調査報告である。

2　本書の分析枠組みと課題

1)「農業調整問題」の定義と中国農業における意義

　「農業調整問題」という概念は，Schultz (1953) による「2つの農業問題」(agricultural problem) をもとに，先進国が直面する農業問題を考察するため，速水 (1986) が提唱した分析概念である。Schultz (1953) の「2つの農業問題」とは，低所得国が直面する「食料問題」(food problem：人口成長率と食料需要弾力性の高さによる食料価格の上昇，生活コスト上昇，非農業部門の賃金上昇による工業化の抑制）と，先進国が直面する「農業問題」(farm problem：人口成長率の低下と食料需要の飽和の一方で，農業への過剰な資本投入によって発生する食料価格と農家所得の低下）のことである。

　速水 (1986) およびその改訂版である速水・神門 (2002) では，このSchultzの分析概念を土台に，国際経済学分野で論じられる「産業調整問題」と「農業保護の政治経済学」の視点を取り入れ（高橋 2010：3頁），一国の農業が経済発展に応じて直面する2つの異なる農業問題という概念を提唱する。すなわち，第1の農業問題とは，工業化の初期段階において人口および所得水準の上昇につれて増大する食料需要に生産が追いつかず，食料価格が上昇し，それが賃金の上昇を通じて工業化と経済発展そのものを制約するというものである。これは「食料問題」と呼ばれ，基本的に Schultz (1953) の「食料問題」と同一の概念と考えられる。この問題が発生する背景には，低所得国における工業化優先政策とその裏腹の農業技術開発の軽視が存在しており，「賃金財」(wage goods)[9] である食料価格の高騰は，時に政権基盤までも揺るがしかねない暴動に発展することもある（速水・神門 2002：17-20頁）。

　その段階を克服し工業化と経済発展に成功した先進国では，農業技術の開発と普及による技術進歩と，農業インフラの整備によって農業生産性が大きく向

[9)] 速水（1986：18頁）と速水・神門（2002：18頁）では「賃金財」を「労働者の生計費に占める割合が高く，その価格が名目賃金水準に決定的な影響を与えるような財」と定義する。

上する。その一方で，先進国では食料消費の飽和と食料の過剰供給が発生するため，農業生産要素の報酬率と農業労働者の所得水準は相対的に低下し，農業部門から非農業部門への資源配分の調整が必要となる。これが第2の農業問題で，「農業調整問題」と呼ばれる（速水・神門 2002：20-22頁）。

ただし「食料問題」を克服した先進国では，比較劣位化した農業を支えるため，政府による農産物価格支持や農業補助金の交付といった農業保護政策が実施されている。その背景には，農業・非農業間の労働移動を市場メカニズムに任せてしまうと，農村の過疎化や都市の過密現象，中高年農業労働者の失業といった大きな社会的コストが発生してしまい，社会不安につながるといった懸念が存在する（速水・神門 2002：21頁）。そのため，農業生産者は農業保護のための政治活動を強めていく。その一方で，先進国では経済全体に占める農業部門の割合が低く，都市生活者の家計支出に占める食料消費の割合も小さいため，消費者による農業保護に反対する勢力は弱まる。このような農業保護をめぐる政治力学の変化によって，先進国では農業保護が強化されるのである（Hondai and Hayami 1988）。

他方，低所得国から高所得国へ移行する段階で，「食料問題」と「農業調整問題」という「2つの農業問題」が併存し，経済の二重構造を支える労働力のプールを形成する農民と，都市労働者との間の相対的な経済格差が拡大する。これが第3の農業問題である相対的な「貧困問題」と定義される（速水・神門 2002：22-26頁，Hayami and Goto 2004：pp. 3-4）。ただし，中国農業を対象とする本書では，池上（2009）と同様，速水・神門（2002）の「3つの農業問題」という立場はとらず，速水（1986）の「2つの農業問題」という視点から分析を行う。

その具体的な理由については，第1章と第2章で述べるが，中国では1970年代末から都市住民に対して安価な食糧を配給する食糧流通制度の改革を始め，1980年代には食糧以外の農産物の生産・流通の完全自由化，1990年代には後述の農業産業化によって農業高度化を推し進めた結果，食料不足問題をほぼ解決したことが挙げられる。また，他の中進国と異なり，中国は高い経済成長率を長期にわたって実現し，財政収入も大幅に増加しているため，2000年代以

降は食糧を中心に農業部門への財政補助を強化している。加えて，2000年代前半には，農民に課されていた税金や賦課金を軽減する財政改革（「税費改革」）を全国的に行い，2006年には農業税を撤廃するなど，農民負担を大幅に軽減してきた。このような食料問題の基本的解消と農業生産者保護への転換という実態を踏まえ，本書では1990年代以降の中国農業について，農業調整問題の視点から考察していく。

　中国農業について農業調整問題という視点で実証分析を行った主要な研究として，田島編（2005），田島（2008），池上（2009，2012）の4つが挙げられる。田島編（2005）では，1990年代初頭と2000年代初頭に実施された農家パネル調査に基づいて，1990年代における農家の就業構造と農業経営の変容，および農家所得とその変動要因を明らかにしている。また田島（2008）では，2000年代以降の主要穀物（コメ，小麦，トウモロコシ，大豆）に関する需給バランスの変化を踏まえたうえで，穀物生産の価格支持を進めつつも穀物間の生産調整を図るという，中国の農業構造調整政策の方向性を考察する。

　他方，池上（2009）ではマクロデータに基づき，中国の主要な農業問題が1990年代には食料問題から農業調整問題に転換していること，それに伴って農業政策も農業保護的な性格を強めていることを明らかにした。さらに池上（2012）は，1978年以降の食糧流通システムの改革を規定する要因として，統制経済から市場経済への移行，農業政策の消費者保護から生産者保護への移行，食糧需給バランスの3つを取り上げ，30年以上にわたる食糧流通システムの変遷を詳細に考察する。

　これらの研究は，マクロ的視点から中国農業が直面する「農業調整問題」の現状を明らかにする一方で，記述的な説明が中心となっていて，経済理論に基づく考察が不足している。また，「農業調整問題」とともに農家の就業構造がどのように変化し，それが農家所得にどのような影響を与えているのか，あるい農地流動化がどのような形で進展し，地代の決定がどの程度効率的であるのかといった点について，定量的な分析が十分に行われていない。そこで本書では，先行研究の成果に依拠しつつも，より広範なマクロ統計や農業関連データを利用して，「農業調整問題」の視点から中国農業が直面する問題について再

考する。さらに，農家のミクロデータを利用した実証分析を通じて，就業構造の変化と農地賃貸市場の発展のなかでの農業構造調整の意義と課題についても検討する。

2）中国の「農業産業化」と「農民専業合作社」の役割
①「農業産業化」の定義とその意義[10]

農業生産の高付加価値化の過程で，農産物の生産，加工，流通に関わる様々な主体の間において，リンケージが増えるとともにリンケージ自体が強化されていくことが指摘されている（大江 2002：2-3 頁）。これは「農業の工業化」(industrialization of agriculture) とも呼ばれ，あたかも工業製品のように農産物が生産される仕組みが形成される現象のことである。このような現象の背景には，生産，加工，流通に関わる主体間の取引関係の変化が存在しており，それは取引関係の長期化や内部化，固定化，すなわちインテグレーションの形成と表裏一体の関係にある（星野編 2008）。

ただし農業生産の場合，インテグレーションのあり方は，所有権の統合によって生産から販売までの異なる複数段階を組織内でカバーする「垂直的統合」(vertical integration) になるとは限らない。穀物生産や青果物などについては，むしろ市場でのスポット取引から売買契約や生産契約といった「垂直的調整」(vertical coordination) を通じたインテグレーションが普及している（大江 2002：4 頁）。

インテグレーションを行う目的として，農業生産物にスポット市場では実現できない（あるいはスポット市場では適切に評価されない）新たな価値を発生させることが挙げられる（MacDonald et al. 2004：pp. 24-25）。例えば，インテグレーターであるアグリビジネス企業と農家が農業契約を結ぶことで，新たな品種の導入や画期的な栽培・管理方法の実施など，関係特殊的な投資が可能となり，差別化された農産物の生産が行われた結果，新たな価値（準レント）が生まれることが想定される[11]。また農産物は，供給面では自然条件による作柄変

---
10) 本項の記述は，池上・寳劔（2009：9-13 頁）の内容に加筆・修正を加えたものである。
11) インテグレーターと農業生産者との間で，準レントが必ずしも公平に分配さているわ

動を受けやすく，需要面では食料品に対する限界効用の性質によって価格弾力性が低いという特質もある。そのため，工業製品と比べて農産物市場では価格変動が大きくなる傾向がみられる。さらに農産物や畜産物は生産期間が長いという技術的な特性のため，生産者の将来の市況に対する予想と実際の市況との間に大きなギャップが生まれがちであり，不確実性によるリスクも存在する（荏開津 1997：35-41 頁）。

したがって，情報の非対称性や農産物特有のリスクの存在といった市場の欠陥を補完すること，そして関係特殊的な資本投資を通じた新たな価値を発生させることを目的に，農業分野でインテグレーションが進展してきたのである。中国においても所得向上と食生活の変化，都市化によるスーパーマーケットの発展を背景に，農業インテグレーションが着実に進行してきた。さらに中国のWTO（世界貿易機関）加盟（2001 年）によって貿易障壁が引き下げられ，外資大手スーパーの中国市場への参入が増加してきたことも，その趨勢を後押ししている（池上・寳劒編 2009, Reardon et al. 2009, Miyata et al. 2009）。

ただし本書では，アグリビジネスによる農業利益の最大化のためのバリューチェーンの統合・調整であるインテグレーションとは別に，「農業産業化」という中国語の概念を利用して分析を進めていく。なぜなら，中国の農業産業化は「龍頭企業」と呼ばれるアグリビジネス企業による農業利益を最大化することのみならず，農民の経済的厚生の向上や龍頭企業と農民との利益・リスクの共有をも視野に入れた概念だからである。

膨大な農村人口と多様な地理的条件を抱える中国では，農業産業化に対して政府から画一的なモデルが提供されたことはなく，各地の要素賦存状況や経済発展状況，龍頭企業の発展度合いなどに応じて，様々な農業産業化のあり方が模索されてきた。さらに，中国の農業産業化では，龍頭企業や地方政府，農民専業合作社などの様々な主体が技術普及や農業インフラなどの公共財を提供し，

けではない。むしろ圧倒的な資金力と経営能力を持つインテグレーターが，より多くのレントを獲得してしまい，契約農業による恩恵が必ずしも農業生産者にもたらされないという問題も存在する。準レントのバーゲニングについては，エージェンシー・モデルやゲーム理論を利用した研究（柳川 2000，伊藤ほか 1993, Hart 1995）が進んでいる。

農業生産の高付加価値化を通じて，地域経済の振興や公共サービスの向上を目指すといった社会・経済政策的な側面も重視されている。

そこで本書では，農業産業化を次のように定義する。すなわち，農業産業化とは「龍頭企業などの様々な主体が中心となり，契約農業や産地化を通じて農民や関連組織（地方政府，農民専業合作社，仲買人など）をインテグレートすることで，農業の生産・加工・流通の一貫体系の構築を推進し，農産品の市場競争力の強化と農業利益の最大化を図ると同時に，農業・農村の振興や農民の経済的厚生向上を目指すもの」（池上・寳劔 2009：13 頁，ただし一部修正）である[12]。

② 「農民専業合作社」の役割

他方，農業産業化に伴う制度的基盤が未発達で，かつ農業技術面で劣っている零細農家が数多く存在する中国では，企業による農産物の買い叩きや，企業・農家による契約違反が頻発している（郭 2005a：110-121 頁，Guo and Jolly 2008：p. 571）。反面，龍頭企業が生産農家との契約農業を実施するためには，技術普及や契約履行，労働監視など多くのコストを負担せざるを得なかった。そのため，零細な農業生産者を技術指導や品質管理でサポートすると同時に，農家の農業経営を低コストで監視できるような組織的枠組みの必要性が高まっていた。このような経済環境のもとで形成されてきた農民組織の一つが，「農民専業合作社」と呼ばれるものである。

農民専業合作社とは，農民の協同組合（「合作社」）のことで，1980 年代から多くの地域で組織化されてきた（青柳 2001：57-60 頁）。その具体的な名称は研究会や専業協会，専業合作社など，地域によって様々なバリエーションがあり，農業技術や農業経営に関する農民組織は「農民専業合作組織」と総称されてき

---

[12] 中国共産党中央書記局書記と農業担当の副首相を担当した姜春雲は，中国の農業政策を総括した自らの編著書のなかで，「農業産業化経営」を次のように定義する。すなわち，「農業産業化経営の実質とは一体化という経営方式を通して，農産物の生産，加工，流通の有機的な結合と相互促進のメカニズムをつくり出し，農家と市場の有効な連結を実現し，農業が商品化，専業化〔専門化――引用者注〕，近代化へ転換するように促し，農業利益の最大化を実現する」（姜春雲編 2005：92-93 頁）ものである。農業産業化の全国的な展開が提唱された 1990 年代後半に，姜は中央政府の重要な地位にあったことから，この農業産業化の定義は中国政府の公式見解を示すものと言える。

た。しかし，2007年の「農民専業合作社法」の施行以降，その名称は「農民専業合作社」に統一されてきている。

中国の農民専業合作社は日本の農業協同組合（農協，特に総合農協）と異なり，特定の農作物の生産・加工・販売や特定のサービスに従事する大規模経営農家や仲買人，アグリビジネス企業，そして地方政府などによって結成された組織の総称である。農民専業合作社は，会員に対する農業生産資材の一括購入や農産品の斡旋販売，農産物の加工・輸送，農業生産経営に関する技術・情報などのサービスを提供する役割を担っている。また，一部の合作社では産地化を通じて農作物の品質統一やブランド化を行ったり，スーパーなどの量販店と直売契約を締結したりするなど，マーケティングを強化することで農産物の価格向上と販売先の安定化を実現している[13]。

本書では，農業産業化のなかでの農民専業合作社の役割について，関連部門から公表されるマクロデータや，大学・研究機関が実施するアンケート調査の集計結果を利用して，体系的な整理を行う。さらに，筆者が実施した現地調査と農家調査に基づき，農民専業合作社のタイプごとに経済的機能を明確にするとともに，合作社加入による生産農家の経済的厚生への影響についても，計量的手法を用いて明らかにしていく。

3）中国農業の位置づけ

本書の内容説明に入る前に，世界のなかでの中国農業の位置づけについて，簡潔に整理しておく。主要国・地域の農業関連指標を整理した表序-1をみると，中国の農林水産業総生産額（2013年）は9193億ドル，農業就業者数（2013年）でも2億4171万人と，アメリカやEU-28など他の国・地域を圧倒していることがわかる。また，中国の農産物輸出額（2012年）は435億ドルで，農業大国のカナダやオーストラリアとほぼ同水準にあり，農産物輸入額（2012年）でみても日本やアメリカを上回る1104億ドルに達している。

---

[13] 農民専業合作社が会員農家向けに提供するサービス（技術普及，農業生産資材の一括購入，マーケティング活動など）の詳細については，本書第5章，伊藤ほか（2010），山田（2013）を参照されたい。

表序-1 主要国の農業関連指標

	対象年	アメリカ	カナダ	EU-28	オーストラリア	韓国	日本	中国
人口（万人）	2012	31,751	3,484	50,863	2,305	4,900	12,725	137,707
農林水産業総生産額（億ドル）	2013	2,266	284	2,744	348	279	577	9,193
対GDP比（％）	2013	1.4	1.5	1.5	2.3	2.1	1.2	10.0
農業就業者数（万人）	2013	213	31	1,054	30	152	238	24,171
全産業就業者対比（％）	2013	1.5	1.8	4.9	2.6	6.1	3.8	31.4
耕地および永年作物地面積（100万ha）	2012	155.1	45.9	108.4	47.1	1.5	4.3	105.9
農業就業者あたり耕地面積(ha/人)	2012/13	72.8	148.1	10.3	157.0	1.0	1.8	0.4
農産物輸入額（億ドル）	2012	1,060	324	5,050	123	248	665	1,104
農産物輸出額（億ドル）	2012	1,449	440	5,186	377	50	33	435

出所）『ポケット農林水産統計』（平成27年版），52-53頁より筆者作成。

　他方，中国の耕地および永年作物地面積は1億590万ヘクタールで，アメリカやEU-28と並ぶ広さであるが，農業就業者あたりの耕地面積はわずか0.4ヘクタールと非常に狭く，日本や韓国といった他の東アジア諸国の水準も大きく下回っている。このように農業GDPや就業者数，貿易額といった面で中国農業は世界に冠たる存在である一方で，農業就業者1人あたりの耕地面積は非常に少なく，膨大な数の農業就業者が限られた耕地面積で零細な農業経営を行っていることがわかる。

　中国の経営耕地面積の特徴をより明確にするため，経営耕地面積別の農家比率の分布（2006年）を図序-1に示した。周知のように中国の面積は広大で，気候条件や地理的条件も大きく異なり，農業経営の様式も地域による格差が大きい。そこで，図序-1では中国を4つの地区（東部，中部，西部，東北）に分け，面積別の農家比率を示した。図から明らかなように，東北地区を除く3つの地区では農家の経営規模は0.1～9.9ムー（1ムー〔「畝」〕＝約6.67アール，15ムー＝1ヘクタール）への集中が顕著で，特に0.1～4.9ムーに分類される農家の割合が高く，東部地区では64.3％，中部地区では55.8％，西部地区では56.4％に達している。5.0～9.9ムーの農家比率では中部地区の割合がやや高い（31.3％）ものの，3つの地区での大きな格差はみられない。

　それに対して人口が相対的に少なく，広大な耕地を有する東北地区では農家平均の耕地面積が他の地区と比べて相対的に大きく，10.0～19.9ムーの農家が

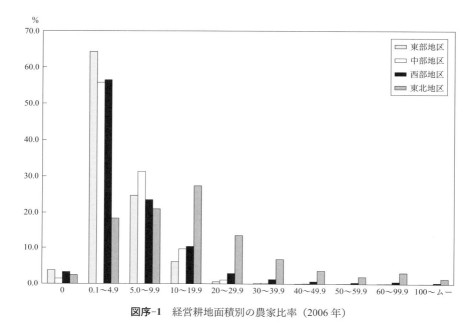

図序-1　経営耕地面積別の農家比率（2006年）

出所）国務院第二次全国農業普査領導小組弁公室・中華人民共和国国家統計局編（2010）より筆者作成。
注）1ムー（「畝」）＝約6.67アール，15ムー＝1ヘクタール。

最も高い割合（27.4％）を占めている。また東北地区では，経営面積が20ムー以上の農家の割合も他の地区と比べて顕著に高く，相対的に大規模な農業経営が展開されていることが指摘できる。

　さらに，中国農業の技術的特徴をより詳しく検討するため，表序-2ではFAOSTATに基づき主要国の農業技術関連のデータを整理した。耕地面積あたりの化学肥料投入量をみると，中国の化学肥料投入量は1980年時点で158 kg/haと世界平均を大きく上回っていたが，その後も大幅な増加が続き，2000年には日本の水準に近い283 kg/haに達している。そして中国の灌漑率の動向をみると，1980年の46.9％から1990年には38.8％に低下したが，これは人民公社の解体と農業生産責任制導入による農村部の公共サービスの低迷による影響が大きい。しかし1990年代になると，「東北地方」（黒龍江省，吉林省，遼寧省，内モンゴル自治区の東部）での稲作普及と中国全域での多期作・多毛作の

序　章　2つの農業問題と農業産業化　15

表序-2　農業技術の国際比較

	化学肥料 (kg/ha)			灌漑率 (%)				農業機械 (トラクター台数/千ha)			
年	1980	1990	2000	1980	1990	2000	2008	1980	1990	2000	2005
世　界	87	98	98	15.5	17.5	20.7	22.2	16	19	19	n.a.
アメリカ	114	100	107	10.9	11.3	12.9	13.5	25	25	27	26
アルゼンチン	4	6	31	6.0	5.9	5.6	4.8	7	10	11	n.a.
ブラジル	93	63	114	3.6	5.3	5.5	7.4	12	14	14	13
インド	34	74	103	23.6	28.7	38.0	39.4	2	6	12	n.a.
インドネシア	65	123	122	22.8	21.8	26.8	30.6	1	1	5	n.a.
タ　イ	17	60	100	18.3	24.2	35.7	42.2	1	3	14	n.a.
日　本	373	385	325	62.7	59.7	59.0	58.4	272	431	460	438
中　国	158	220	283	46.9	38.8	45.0	59.0	8	7	6	12

出所）FAOSTAT より筆者作成。
注）FAOSTAT に関して 2000 年代から指標の定義と分類方法に大幅な変更が行われたため，本表では FAO-STAT のアーカイブ・データを主に利用した。

進展によって灌漑設備の整備が行われ，灌漑率は 2000 年には 45.0％，2008 年には 59.0％ に高まってきた。

　また，農業機械の普及状況に注目すると，中国の耕地面積あたりのトラクター台数は 1980〜2000 年にかけて 6〜8 台/千 ha 程度にとどまり，2000 年ではインドやタイよりも単位面積あたりのトラクター台数は少ない水準にあった。前述のように中国には膨大な数の農業就業者が存在し，労賃も相対的に低かったため，農業機械による農業労働の代替は相対的に遅れていたのである。したがって，中国農業は労働集約的・土地節約的な農業技術を中心に発展してきたといえる。その一方で，2005 年には中国のトラクター台数が大幅な増加をみせるなど，中国でも資本集約的な農業への移行の萌芽がみられることも注意すべき動向である[14]。

　なお，中国における土地節約型の農業発展と強く関連するが，中国産農産物の輸出急増とともに，2002 年の中国産冷凍ほうれん草の残留農薬問題や，

---

14) 中国の大型・中型トラクターの台数は，第2章で取り上げる農業機械購入補助金の導入と農業労働力の賃金上昇とともに急速な増加を示している。『中国統計年鑑 2016』によると，大型・中型トラクター台数は 2005 年の 140 万台から 2010 年には 392 万台，2015 年には 607 万台に達するなど，10 年間で 4 倍以上に増加した。

2008年の粉ミルクへのメラミン混入事件など，中国産農産物の「食の安全・安心」をめぐる問題が世界的に注目されている。この問題について，研究者やジャーナリスト，NGOなどによって多くの現地調査や調査研究が進められてきた。ただし，極端な事例を意図的に取り上げたり，客観的なデータや公平な評価視点を欠いたレポートも数多く存在するため，その問題の評価にあたっては十分な注意が必要である。本書では中国の「食の安全・安心」をめぐる問題を直接的には取り扱わないが，農民専業合作社といった中間組織を通じた栽培管理の強化と契約栽培，直営農場方式によるトレーサビリティーの確保など，農業産業化を通じた農業の高付加価値化の動向を考察することで，その問題に対する新たな視点を提供していく[15]。

3　本書の構成

第1章では，改革開放後の食糧流通システムに焦点をあて，食糧の「直接統制」から「間接統制」への政策移行を整理するとともに，食糧の生産・流通へのインパクトを明確にしていく。「直接統制」とは食糧の生産量，販売量，価格をすべて中央政府が管理し，市場取引を極力抑制するものである。それに対し，「間接統制」とは市場取引を通じた価格メカニズムを基本とし，政府は備蓄制度や価格補助制度，卸売市場への介入など間接的な手段を通じて食糧流通をコントロールするものである。このような食糧流通改革がどのような政策手段や段階を経て実施されてきたのか，そしてそれらの政策が食糧生産と食糧流通のあり方にどのような影響を与えてきたのかについて，食糧の需給バランスや価格・買付量データ，政府の財政負担といったマクロ統計に基づき考察する。

この食糧流通改革を踏まえたうえで，第2章では中国が「食料問題」を基本的に克服したことを統計データから確認する。そして中国の直面する農業調整問題，すなわち農業の比較劣位化と農業部門から非農業部門への資源配分調整

---

15) 中国産農産物の安全・安心問題に関する信頼性の高い調査研究として，坂爪ほか編（2006），大島編（2007），森（2009），梅田（2015）などが挙げられる。

の状況，食糧を中心とした農業保護政策への転換について，マクロ統計の考察を通じて明らかにする。さらに，農業保護政策と同時に進められている「農業産業化」について，その政策的起源を明確にするとともに，農業産業化による農業構造調整の進捗状況について考察していく。

第3章では農業構造調整のなかで進展する農家の農業経営類型（専業農家，第Ⅰ種兼業農家，第Ⅱ種兼業農家）の変化に注目し，それがどのような要因によって規定されているか，農業経営類型の変化が農家の経済的厚生と農業生産に対していかなる影響をもたらしているのかを検討する。同章では，中国内陸部に位置する山西省の4つの行政村の農家パネルデータ（1986～2001年）を利用して，特に教育投資の労働再配分効果に注目しながら，農業経営類型の推移パターンの特徴とその決定要因を定量的に考察する。さらに，農業経営類型の変化と農家所得構成の変化が村内の所得格差にもたらした影響について，ジニ係数の要因分解法によって計測する。

第4章では，農家の農外就業の増加とともに2000年代から活発化してきた農地の賃貸市場に焦点をあて，農業産業化の前提条件となる農業経営規模の拡大に向けた取り組みの実態と課題について考察していく。同章ではまず，中国の農地に関する政策変遷と制度的特徴，そして農地流動化の動向について整理する。そして，農地貸借の進展が著しい浙江省の2つの地域（奉化市，徳清県）で実施した農家調査データを利用して，土地限界生産性と地代との統計的比較を通じた農地賃貸市場の効率性の検証を行い，地方政府による農地賃貸市場への介入の意義についても検討していく。

第5章は，農業産業化の進展とともに各地で普及してきた「農民専業合作社」に焦点をあてる。合作社をめぐる政策動向を体系的に整理したうえで，政府の公式統計や人民大学による合作社調査に依拠しながら，合作社の全体像を提示する。さらに筆者の実態調査に基づき，3つの異なる類型（地方政府主導型，企業インテグレーション型，個人企業型）の合作社を取り上げ，合作社が会員農家に提供するサービス内容とその質，そして会員農家に対するメリットと負担といった観点から，農業産業化における合作社の経済的機能を検討する。

第6章と第7章の2つの章では，農民専業合作社への加入が農家の農業純収

入にもたらした影響を定量的に解明するため，農家のミクロデータを利用した実証分析を行う。第6章では，2000年代前半に実施された全国規模の農家調査（China Household Income Project，以下，「CHIP調査」）を利用して，合作社への加入効果を明らかにしていく。その際，農家の加入選択に関する内生性をコントロールするとともに，サンプルを「農業モデル村」と呼ばれる農業産業化の先進地域とそれ以外の地域に分類し，農業産業化に向けた村民委員会の取り組みの差が会員農家の加入効果にどのような効果をもたらしたのかを検証する。

　第7章では，内陸地域の野菜産地である山西省新絳県の2つの村民委員会で実施した農家調査（同一農作物の栽培農家を対象）を利用し，農民専業合作社の会員・非会員農家の比較，そして野菜栽培農家と伝統作物農家との比較を通じて，合作社への加入効果と野菜栽培の農業純収入への効果を検証する。その際，傾向スコアマッチング（propensity score matching）を利用した処理効果（treatment effect）の計測を行い，合作社の加入効果とハウス野菜の導入効果をより厳密に計測していく。

　そして終章では，各章の議論を総括するとともに，今後の中国農業の持続的発展と農業調整問題の解決に向けた政策的展望を提起していく。

第 1 章

改革開放と食糧流通システムの再編
—— 直接統制から間接統制へ ——

　本章では，計画経済期から改革開放期の食糧流通システムの改革に焦点をあて，第 1 の農業問題である「食料問題」の解決に向けて，中国ではどのような取り組みが実施されてきたのかについて，食糧の需給バランスや流通主体の変化，財政負担と食糧価格の動向に注目しながら考察していく。さらに，食糧の過剰生産と食糧備蓄の増大が深刻化してきた 1990 年代半ば以降，中国の食糧流通政策が一層の自由化と農業生産者保護の方向に進展していることを政策資料と統計データから概観する。

　序章で指摘したように，「食料問題」を克服するため，各国の政府は食料増産を政策的に推進するが，その問題を克服した先進国・中進国は比較劣位化する農業を支援することを目的に，農業保護政策を強化してきている。中国の食糧流通改革も，このような世界的な潮流に沿う形で推し進められていると理解することができる。

　ただし，食糧を含めた農産物流通への政策的介入のあり方は，各国の経済事情や歴史的背景といった経路依存性も強く関連するため，安易な一般化は厳に慎むべきであろう。実際，同じ先進国であっても，日本とアメリカでは農業保護のあり方や具体的な仕組みは大きく異なり，しかも制度や政策に関する時系列的な変化も大きい（佐伯 1987，平澤 2010，大江 2011）。他方，アジアのコメ輸出大国であるインド，ベトナム，タイの間でもその流通制度や政府介入のあり方には顕著な相違がみられる（重冨ほか 2009）。そのため，中国食糧流通制度の国際比較は，本書の分析範囲を超えるものであるが，「2 つの農業問題」の枠組みのなかで中国の食糧流通改革を検討することで，国際比較の糸口も提

示していく。

　本章の構成としては，第1節で計画経済期の食糧流通に焦点をあて，食糧の「統一買付・統一販売」（「統購統銷」）制度が果たしてきた役割について検討する。第2節では，改革開放後の食糧流通に注目し，食糧の直接統制から間接統制に向けた流通改革の政策動向とそれらの政策による農業生産・流通構造の変化について考察する。そして小括では，本章のまとめと第2章との関係について述べる。

　なお，中国の食糧に関する統計では，生産統計としての食糧（「原糧」と呼ばれ，穀物のほかに雑穀，イモ類，豆類も含む）と，流通統計としての食糧（「貿易糧」）の2つが存在する。後者はコメと粟のみ調整後（籾殻除去後）の状態で換算され，その他の食糧は「原糧」で計算されるものである[1]。本章では，必要に応じて両者の統計を使い分けていく。

1　計画経済期の食糧生産・流通

1）中国における食糧生産の意義

　計画経済期の中国では，大躍進運動や文化大革命といった政治的混乱と，比較優位を軽視した重工業中心の経済政策のため，経済成長は低迷するとともに，中国人民の生活は低い水準に抑えられてきた。図1-1には，国家統計局が実施した家計調査（城鎮住戸調査と農村住戸調査）に基づいてエンゲル係数の変化を示した[2]。1954年のエンゲル係数は都市世帯と農村世帯それぞれで58.4％と68.6％，1964年ではそれぞれ59.2％と67.1％（1965年の農村世帯のエンゲル係数は68.5％）であった。1960年代の日本（総務省統計局による家計調査。2人以

---

1) 「貿易糧」の定義については，国家統計局貿易物資統計司編（1993：484頁）に基づく。
2) 新中国建国期から1980年代にかけての家計調査の調査設計と統計データを詳細に分析したMatsuda（1990）によると，1950〜60年代の調査は1980年代以降のものと比較して，抽出世帯数や抽出対象範囲が限定的であるため時系列比較にあたっては，家計調査以外の統計データに基づく推計値との比較が重要であるという。そのため本書でも，可能な範囲で複数のデータソースから推計値のクロスチェックを行うよう心がけた。

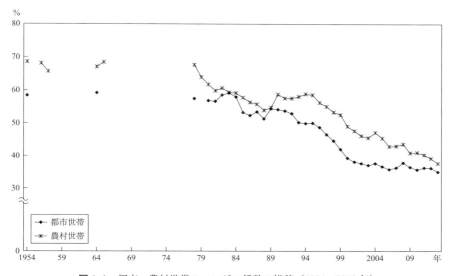

図 1-1 都市・農村世帯のエンゲル係数の推移（1954～2013 年）

出所）国家統計局国民経済総合統計司編 (2010)，『中国統計年鑑』（各年版）より筆者作成。
注 1) 家計調査の「食料消費量」には，農村世帯の自家消費量は含まれるが，都市・農村世帯ともに外食分（品目ごとに分類可能な場合は除く）は消費量に含まれない。
　 2) 国家統計局の家計調査では 2013 年にサンプリングフレームの大幅な変更が行われた。その関係で都市・農村世帯別のエンゲル係数の公式値は，2014 年から公表されていない。

上の非農林漁家世帯）のエンゲル係数値（35～40 %），そして 2010 年の日本のエンゲル係数値（23 %）と比較すると，当時の中国のエンゲル係数が非常に高かったことがわかる[3]。

　政治経済が大きく混乱した文化大革命期には家計調査は実施されなかったため，その時期のエンゲル係数の動向は明らかになっていない。だが，家計調査が再開された 1978 年のデータをみると，都市世帯のエンゲル係数は 57.5 %，農村世帯のそれは 67.7 % で，1964 年の調査結果と大きな変化がみられない。このことから，計画経済期を通じて食料品が家計消費支出のなかで最も重要な位置を占めていたと推察される。そのため，人民に対して安価な食料品を提供することは，中国政府にとって最も重要な政策課題の一つであると同時に，安

---

　3) 日本のエンゲル係数については，総務省統計局ホームページ（http://www.stat.go.jp/data/chouki/index.htm）の「日本の長期統計系列」（2014 年 11 月 12 日閲覧）に基づく。

価な労働力を確保するための必要条件でもあったと考えられる。

　序章で整理したように，労働者の生計費に占める比重が高く，その価格が名目賃金水準に決定的な影響を与える財は「賃金財」と呼ばれ，近代部門（工業部門）と伝統部門（農業部門）との関係を定式化したルイスやラニス＝フェイの二重経済モデルのなかで，賃金財としての農産物の生産が重要な位置を占めている[4]。すなわち，二重経済モデルでは工業部門は一定の生存賃金（subsistence wage）で農村部からの労働力を雇用できること（無制限労働供給：unlimited labor supply），生存賃金はそれぞれの社会の生活習慣からみて，労働者と家族の生存と再生産とを可能にする必要な最低の賃金水準として制度的に決まることを想定する。この生存賃金の水準を決定する重要な要素が，賃金財である。したがって，途上国は経済のテイクオフのためには，工業発展のみならず農業発展も同時に促進することで農産物価格の上昇を抑制し，安価な労働力を利用した工業部門の発展を展開していくことが必要となる（Ranis and Fei 1961, Fei and Ranis 1964, 南 1970, 鳥居 1979）。

　とりわけ，主食である食糧については，生活消費支出のなかで高い割合を占めてきた。中国の農家世帯に関しては，自家消費分の評価という技術的な問題があるため，食品支出に関する詳細なデータが公表されていない[5]。それに対

---

4) 一般に，発展初期段階ほど食料消費支出に占める食料素材価格のコスト（農家の受取価格）が高く，農家販売段階の価格上昇は消費者をより圧迫すると言われ，日本でも明治初期にはエンゲル係数は 70％ に近く，食料素材の食料支出に占める割合も 70％ 程度であった（速水 1986：120 頁）。

5) 国家統計局の農村住戸調査では，農産物の自家消費についても現金換算して純収入に含めることが規定されている（国家統計局編 2013：411-412 頁，Bramall 2001：pp. 694-695）。ただし，Chen and Ravallion（1996：pp. 29-30）によると，1984～90 年の農村住戸調査では，農産物の販売収入分については販売価格が利用される一方で，農産物の自家消費分については市場価格よりも過少評価される「政府による固定価格」（government fixed price）が利用されていたという。そして 1991 年以降は，市場取引が主である農産物については，地元市場の平均価格である混合平均価格（mixed average price）を利用して，農産物の自家消費が推計されるようになったという（Chen and Ravallion 1996：p. 54）。他方，Bramall（2001：p. 695）によると，農村住戸調査の食糧に関する自家消費にあたって，市場価格よりも低い「契約価格」（contract price）が利用されたことが指摘されている。このように農産物の自家消費に利用される価格の定義は，論文によって若干の違いはあるものの，市場価格よりも過少に評価された指標

表 1-1　都市世帯の支出に占める食品関連の比率

年	1957	1964	1981	1986	1991
生活消費支出（元）	222	221	457	799	1,454
商品購入支出（%）	88.6	85.4	92.0	91.9	89.1
食品（%）	58.4	59.2	56.7	52.4	53.8
食糧	22.8	22.4	12.9	8.1	7.1
副食	26.8	28.2	30.7	30.4	32.3
タバコ，酒，茶	4.0	3.5	5.1	5.6	5.9
その他	4.9	5.1	7.9	8.4	8.6

出所）『中国統計年鑑』（各年版）より筆者作成。
注1）構成比（%）はすべて生活費支出に対する割合である。
　2）本表の「食糧」（貿易糧換算）は穀物とその加工品のみで，イモ類・豆類・菓子類は含まれない。

して，都市世帯については計画経済期の一部の年次と改革開放後の時期に関して，食品支出の詳細な内訳データが存在する。その数値を整理した表 1-1 をみると，都市世帯の生活消費支出に占める食糧の割合は，1957 年では 22.8％，1964 年では 22.4％と相対的に高い割合を占めていることがわかる。改革開放後の 1981 年になると，後述する一連の農業・農村改革によって食糧支出の構成比も徐々に低下し，1981 年の 12.9％から 86 年には 8.1％，91 年には 7.1％と顕著な低下がみられる一方で，副食品（肉製品，野菜など）の構成比は漸進的な上昇をみせている。

　ただし，主食は人々の生活の最も基礎的な糧であると同時に，食糧は食料加工品の原料として利用されたり，畜産の飼料用原料として用いられたりするなど，食料品全般との関連性が強い。そのため，中国政府は食糧増産を推し進めると同時に，食糧流通システムの整備と厳格な管理・統制を行ってきた。次節では改革開放期の食糧流通制度の改革を考察していくが，その意義を明確にするために，まず計画経済期の食糧の生産動向と食糧流通制度との関連について，簡潔に整理していく。

　　が利用されている点では一致している。なお，中国の統計制度の特徴とその問題点については，寶劍（2014），*China Economic Review* の特集号（Vol. 30, 2014）を参照されたい。

2) 計画経済期の食糧生産・流通動向

　中国政府は都市に流入する労働者向けの食糧を確保し，その賃金水準を抑制するため，1953年から「統一買付・統一販売」と呼ばれる食糧配給制度を実施した[6]。統一買付・統一販売とは，①食糧生産農家は国家が規定する品目・数量・価格に基づき，余剰食糧の80～90％を供出義務として国家の指定機関に販売する（統一買付），②都市住民と農村の食糧不足農家の自家消費用食糧および食品工業・飲食業などの必要食糧は，国家が国有食糧商店を通じて公定価格で計画的に配給する（統一販売），③食糧流通あるいは加工に携わる国営・公私合営・合作社経営のすべての商店・工場は，国家食糧部門の管理に帰し，独自の活動を禁止され，食糧部門の委託販売あるいは委託加工のみ許される，というものである（池上 1989b：76-77頁，周 2000：21-23頁）。

　この制度は，主食である食糧の流通を国家が独占的に管理・統制するもので，農民から余剰食糧を義務供出として公定価格で国家（国営商業部門）が買い上げ，都市住民らの需要者は国家から食糧配給を受ける形で行われた。その後，油料作物と綿花も統一買付・統一販売の対象農産物に追加された。さらに1955年末から56年にかけて，豚肉をはじめ，主要な果物と水産物，野菜，茶，麻，繭，サトウキビなど100種類を超える食料作物や原料作物に対する「割当買付制度」が実施された。この割当買付制度とは，国が買付農作物の品目，数量，価格を決定し，行政手段によって供給量が強制的に農家や生産者に割りあてられるもので，割当買付任務を達成した残りについては，市場向けの出荷が許可されていた（周 2000：17-20頁）。

　食糧を中心に農産物への直接統制が強化されてきた背景には，1950年代半ば以降の政治的混乱に起因する食糧生産の低迷が存在する。1957年秋からの大躍進運動期には，大干ばつの発生と相まって，食糧生産は大幅な減産に見舞われ，1958年には1億9765万トンあった生産量は，1961年には1億3650万

---

6) 速水（1986）では，強制的な食料配給制度のほかに食料問題を解決する手段として，①農業技術開発による食料供給の増大，②海外からの食料輸入の2つが挙げられ，中国でも実際にそれらの政策が実施された。この政策（特に後者）の詳細については，寶劔（2013）を参照されたい。

トンに激減し，1500万人を超える死者を発生させる事態となった[7]。その後は食糧生産も回復し，緩やかな増加傾向をみせるものの，1960年代から70年代前半の人口自然増加率は3％弱という高い水準にあった。そのため，人口1人あたり食糧生産量は計画経済期を通じて，ほとんど増加することはなかった。このような食糧不足は食糧価格の上昇を引き起こし，工業化を軸とした経済発展を阻害する危険性があったことから，統一買付・統一販売が導入・維持されたと考えられる。

なお，計画経済期から中国は小麦の純輸入国で，1960年代には毎年500万トン前後，1970年代末から90年代半ばにかけて，毎年1000万トン前後の輸入を行ってきた。それに対して，計画経済期のコメとトウモロコシの輸入は極めて限定的で，むしろそれらの穀物の純輸出国であった。ただし国内の食糧生産量に対する輸入食糧の割合は，1960～70年代には3～4％，1980年代には3～5％，1990年代も1～4％にとどまるなど，一国全体の食糧生産量に占める食糧貿易の比重は相対的に小さかった。そのため，本章では中国の食糧貿易について，中心的な課題として取り上げない[8]。

図1-2では，主要食糧（1950～84年までは6品目，1985～88年は4品目の加重

---

[7] 1958年と1961年の食糧生産量については，国家統計局農村社会経済調査総隊（2000b：37頁），大躍進期の死者数については，中兼（1992：224-232頁）に基づく。なお，大躍進期には，その成果を過大に宣伝する政治運動が広がる一方で，地方政府は有意抽出に基づく統計調査（いわゆる「典型調査」）を広範に利用した結果，食糧などの農産物や鉄鋼などの工業製品の生産量が大幅に水増しされていたことが明らかとなっている。大躍進期の統計制度に関する問題を詳細に考察したリー（1964：72-85頁）によると，1958年2月の全国人民代表大会で採択された当該年度の食糧生産計画は1億9600万トンであったが，同年3月にはその目標生産量は2億2350万トンに引き上げられたという。そして1959年4月に国家統計局が発表した1958年の食糧生産量は3億7500万トンであり，1958年3月の目標値を77％も上回るものであったが，1959年8月に国家統計局が発表した1958年の食糧生産量は2億5000万トンと大幅に引き下げられている。

[8] 食糧貿易データについて，計画経済期は中華人民共和国農業部計画司編（1989），改革開放期以降は『中国農業発展報告』（各年版）に依拠した。伝統的に中国の小麦は，普通小麦のうちの中間質小麦（中力粉用）が主体で，国内産硬質小麦は輸入小麦よりも品質的に劣っていた。そのため，中国人の食生活の変化（1980～90年代のパンやインスタントラーメンへの需要増）に国内産小麦が対応できなかったことが，小麦輸入の理由の一つであった（菅沼 2009：160頁）。

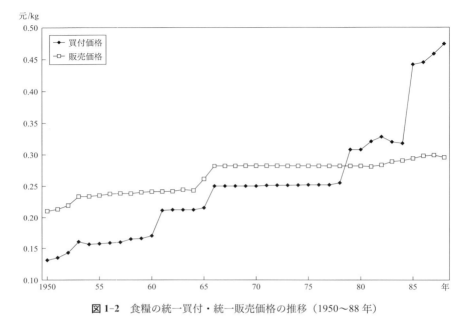

図 1-2 食糧の統一買付・統一販売価格の推移（1950～88 年）

出所）韓・馮等編（1992：101-102 頁）より筆者作成。
注 1）買付・販売価格について，1950～84 年までは小麦・コメ（籾）・粟（籾）・トウモロコシ・コーリャン・大豆の 6 種類の当年買付量に基づく加重平均，1985～88 年は政府買付価格（「定購価格」）で，小麦・コメ（籾）・トウモロコシ・大豆 4 種の加重平均である。
2）販売価格について，1975～84 年は小麦粉・コメ・粟・トウモロコシ・コーリャン・大豆の 5 カ年平均販売量に基づく加重平均，1985～88 年は小麦粉・コメ・トウモロコシ・大豆の当年販売量に基づく加重平均である。
3）「原糧」から「貿易糧」への換算にあたっては，「原糧」については『中国統計年鑑 1993』（609 頁）の「社会買付量」，「貿易糧」については国家統計局貿易物資統計司編（1993：169 頁）の「社会買付量」を利用し，換算率（0.844）を計算した。

平均。「貿易糧換算」）の政府買付価格と販売価格（配給価格）の推移を示した。1950 年から大躍進期まで，食糧の販売価格は農家からの買付価格よりも 4～6 割程度高めに設定されていたことがわかる。この時期の食糧生産は順調に増加していたため，政府が買付価格に一定のマージン率を上乗せすることが可能であったと考えられる（周 2000：64 頁）。

しかし大躍進による深刻な食糧減産を反映して，1961 年に食糧買付価格は対前年比 24.6％ の大幅な引き上げが行われ，文化大革命が始まった 1966 年にも同 16.1％ の引き上げが実施された。他方，食糧販売価格は 1965～66 年に対

前年比でそれぞれ7〜8％引き上げられた以外は，ほぼ一定の水準に保たれたままであった。そのため，1960〜78年までの販売価格の買付価格に対する上乗せ比率は，わずか11〜14％程度にとどまり，実質的な逆ざやになっていたと推測される[9]。また，主要食糧（コメ，小麦，トウモロコシ）に関する生産費調査によると，1950年代の収益率（生産額に対する収益額の比率）は2〜3割程度のプラスであったが，1960〜70年代には一貫して1割弱程度の赤字に陥ってしまった（国家発展改革委価格司編 2003，松村 2011）。

また，計画経済期の農工間資源移転を考察した中兼（1992：第2章）によると，仮想的な労働単価（農業労働者が国有農場の農林漁業労働者，あるいは都市部門の工業労働者と同一賃金で雇用されたと想定）に基づく単位面積あたりのコメの生産コストと単位面積あたり生産額とを比較した結果，①1950年代半ばから理論的生産費が生産額を上回っていること，②1960年代からその赤字額が一層増大し，特に1960年代半ば以降はその格差が一層深刻化していることが明らかとなった。筆者もこの手法を参考に，農産物の生産費調査（国家発展改革委価格司編 2003）を利用して，コメ，小麦，トウモロコシについて仮想的な生産コストと生産額との比較を行ったところ，ほぼ同様の結果が得られた[10]。以上の点から，計画経済期には統一買付・統一販売という直接統制のもとで，都市住民には安価な食糧が供給されていたが，それは農民の深刻な犠牲を伴うものであり，多くの国民は依然として「食料問題」に苛まれていたと評価する

---

9) 南（1990）は農産物価格の順ざやとそれを通じた農業余剰移転を主張したのに対し，中兼（1992）は流通マージンの観点から順ざや論には否定的である。当時の国営の食糧部門に関する経営情報や実際の流通マージンを示す具体的なデータは得られないため，詳細な検証は困難である。ただし，食糧と比べて相対的に管理が緩やかだった卵と豚肉について，販売価格の買付価格に対する上乗せ率（1950〜80年代半ば）を計算したところ，それぞれ25％前後と60％前後であった（データは韓・馮等編 1992）。この結果から考慮すると，1950年代の食糧価格設定は多少の順ざや，1960年代は大きな逆ざやであったと推測される。

10) 筆者の分析結果では，生産額に対する農業利潤の赤字比率（工業労働者賃金を基準）が1960年代前半は100〜140％前後に推移する一方で，1975〜78年は40〜90％とやや低下していることも示された。都市国有部門の農業就業者（「農林水利気象」）と工業就業者の賃金については，『中国統計年鑑1981』426頁，『中国統計年鑑1984』559頁の掲載資料を利用し，平均賃金を365（日）で除して計算した。

ことができる。

2　食糧流通制度の改革と漸進的自由化

　食糧流通への独占的な管理は，食糧販売価格を極めて低い水準に抑制する一方で，食糧生産者に対して多大な負担を課すものであった。さらに，人民公社による集団農業では個々の農業労働者の労働貢献が適切に評価されない傾向が強く，農民の農業生産意欲は低迷し，食糧生産も伸び悩む結果となった（劉・大塚 1987, McMillan et al. 1989, Lin 1992）。

　そのため，中国政府は1978年末から農業生産・流通システムの全面的な改革に取り組んだ。農業全般では，自作農経営を主とする農業生産責任制を導入し，食糧を含む農産物の公定買付価格を政策的に引き上げることで，農民の生産意欲を高めることを目指した。他方，食糧流通については，生産量，販売量，価格をすべて中央政府がコントロールし，市場を通じた自由な取引を極力抑える「直接統制」を全面的に見直し，食糧を含む農産物の市場流通の復活と民間企業の食糧買付・販売への参入認可，食糧買付を独占してきた国営の食糧部門（のちに国有食糧企業へ改組）による市場価格での食糧買付・販売の促進，といった市場取引を推し進める政策が実施されてきた。

　この流通制度改革によって，国有の食糧部門の独占体制に風穴が開けられ，農家の食糧販売先が多元化することで市場機能が高まるようになり，政策的に抑えられてきた食糧価格も実際の需給バランスを反映したものに近づいていった。その意味で，流通制度の市場化自体が農家の食糧生産意欲を高め，増産を通じて「食料問題」を解決する役割を果たしたことが考えられる。本節では，食糧流通の制度改革が食糧生産と価格，そして食糧価格の安定性に対してどのような効果をもたらしたのかについて，制度改革を4つの段階に分け，各段階の政策内容と需給バランスの推移を踏まえながら考察していく。なお，4つの時期の主な政策内容と政策目標については，表1-2に整理した。

表 1-2　食糧流通改革の時期区分と主な政策

年	主　な　政　策	管理方式	政策目標
①1978〜90 年	農業生産責任制の導入，食糧の統一買付制度の維持と買付価格の引き上げ，農産物自由市場の復活。1985 年以降の食糧の複線型流通システム（食糧義務供出と市場販売の併存）の形成	直接・間接統制の混在	消費者保護
②1991〜98 年	「保量放価」政策の導入とその失敗による義務供出の復活，各省の食糧需給均衡と価格安定化のための省長食糧責任制の導入，1996 年以降の食糧需給逼迫による食糧全量買付の実施と食糧の過剰生産・過剰在庫問題の発生		
③1999〜2003 年	契約買仁価格の保護価格への一本化，保護買付対象の食糧品種の範囲縮小，消費地での食糧流通自由化促進，食糧需給の間接コントロールの強化，農業産業化政策の本格的始動	間接統制への移行	農業生産者保護
④2004 年〜	食糧流通の完全自由化，保護価格による食糧の政府買付廃止と農家への食糧直接補助金の支給，食糧需給バランスの大幅な変化に対応した食糧の最低買付価格制度の導入		

出所）寳劍（2003）および周（2000）をもとに，その他資料より筆者作成。

1）食糧直接統制の大幅修正（1978〜90 年）

①食糧政府買付価格の大幅引き上げと財政負担の増大

　1978 年 12 月に開催された中国共産党・第 11 期中央委員会第 3 総会では，大規模な農業・農村改革が打ち出された。食糧流通面では，食糧の政府計画買付価格を 1979 年から 20％引き上げること，計画買付任務達成後の買付に適用される超過買付価格は，計画買付価格をさらに 50％割り増しすること（以前の割増率は 30％），買付価格の引き上げ後も食糧配給価格は動かさないこと，食糧の「徴購基数」（計画買付量に現物農業税の数量を加えた供出任務数量）を 1979 年から全国で 250 万トン削減すること，農村自由市場流通を奨励すること，などの政策がとられた（池上 1989b：77 頁）。

　その結果，食糧は 1982〜84 年の 3 年連続で大幅な増産を実現する一方で，前掲の図 1-2 のように買付価格と販売価格の逆ざやは大幅に拡大していった。図 1-3 では主要穀物（コメ〔精米〕，小麦，トウモロコシ）の需給バランスと期末備蓄量を整理したが，この時期に国内生産量が国内需要量を大きく上回っていたことがわかる[11]。この逆ざやが政府財政にどの程度の負担をもたらしたかについて，図 1-4 の食糧等（綿花，油を含む）価格補填に関する国家財政支出

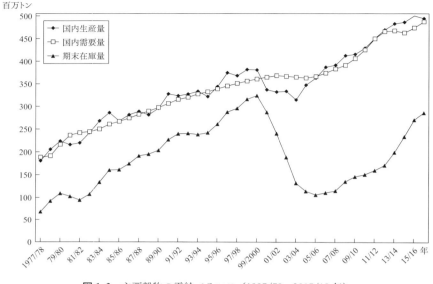

図 1-3　主要穀物の需給バランス（1997/78〜2017/18 年）

出所）USDA PSD Online（http://apps.fas.usda.gov/psdonline/psdHome.aspx）（2016 年 8 月 12 日更新データ，2016 年 8 月 25 日閲覧）より筆者作成。
注）主要穀物とはコメ（精米），小麦，トウモロコシの合計である。USDA はコメの精米換算にあたって，独自の換算率（70 %）を使用している。

額の推移によって示した。この図をみると，食糧等価格補填支出額は 1979 年には 55 億元，1982 年には 142 億元，1984 年には 201 億元にまで増加し，国家財政支出に占める割合も 1979 年には 4.3 %，1982 年には 10.0 %，1984 年には 9.1 % に達するなど，食糧価格補助への財政負担が急速に増大していることがわかる。

　他方，計画買付任務達成後の食糧を生産者が自由市場で販売することが，文化大革命期以降初めて 1979 年に正式に許可された。この時点では県外への販売は禁止されていたが，1983 年には購買販売協同組合（「供銷合作社」）やその他商業組織の食糧流通への参加が許可され，県・省を越えた輸送・販売も正式

11）USDA（United States Department of Agriculture）のデータベースでは，独自の換算率（0.7）を用いて中国のコメ（籾付き）を精米換算している。

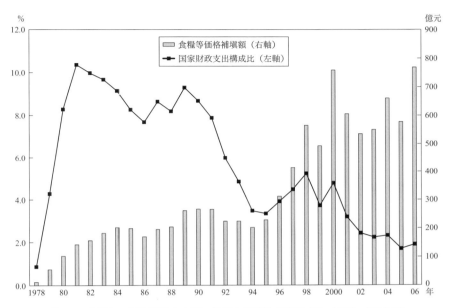

図 1-4 食糧など価格補填支出額の推移と対財政支出構成比（1978〜2006 年）

出所）『中国統計年鑑』（各年版）より筆者作成。
注1）価格補填支出額などの政策性支出について，1985 年以前の『中国統計年鑑』では「負の財政収入」として計上されていたが，1986 年以降は財政支出の項目として計上されている。そのため本図では，1978〜85 年の価格補填支出額を財政支出に組み入れ，価格等補填支出額の対国家財政支出構成比を計算した。
　2）食糧等価格補填支出額は 1978 年以降のデータが公表されてきたが，2007 年から財政支出の分類が変更され，数値が公表されなくなった。

に認められた。さらに 1984 年には，その年の国家買付が開始されると同時に多様な流通機関の市場参入が許可され，計画買付任務達成以前に食糧市場が開放されることとなった（池上 1989b：80-81 頁）。

②契約買付価格制度の導入

そして 1985 年には，食糧の統一買付制度が廃止され，契約買付（「合同定購」）制度が導入された。契約買付とは，国営食糧部門と農民が自由意思によって播種季節前にその年に買い付ける各食糧品目の数量，価格および基準品質に関する契約を結び，その契約にしたがって収穫後に買い付ける方式のことである。契約買付の対象となる食糧品目は，コメ・小麦・トウモロコシと主産地の大豆のみで，野菜や豚，卵，水産物などの主要な副食品の「割当買付制

度」が廃止され，ほぼ完全な自由流通となった。また契約買付のほかに，協議買付制度が創設された。協議買付（「議購」）とは，農家が供出義務（契約買付）を達成したのちに国営食糧部門が行う買付のことで，協議買付価格は自由市場価格を参考に決定され，自由市場価格よりも多少低い水準に設定された（池上1994：8-11頁）。

　契約買付価格は，それまでの統一買付価格よりも35％程度高く設定されたが，統一買付任務達成後の超過買付価格と比べて15％程度低くなっている。1984年度の統一買付量のうち，超過買付価格による買付量が7割を超えていたこと（周 2000：472頁）を考慮すると，1985年の契約買付価格は，前年の買付価格と比べて実質的に引き下げられたと言える。他方，1985年の契約買付による計画買付量は都市住民への食糧配給量と等しい7900万トン（貿易糧）に設定され，前年の統制買付量（統一買付量および超過買付量）の1億149万トンに比べて，22％程度引き下げられている。

　したがって，契約買付制度導入の背景には，都市住民への食糧配給制度を維持しつつ，政府による計画的な食糧買付量を削減することで，食糧の逆ざやや補塡支出の抑制と，自由市場流通部分の増加を実現させるという政策目標が存在したのである。実際，前掲図1-4からわかるように，食糧等価格補塡支出額の絶対額は1985年から減少し，財政支出に占める割合も1983年の9.7％から86年には8％を下回る水準に低下している。他方，契約買付は市場価格よりも低い価格で実行され，実質的に義務供出となったが，収益性の高い野菜・果物など商品作物の流通自由化が実施されたため，食糧作付面積は減少し，1980年代後半の食糧生産は1984年の生産量を下回る状況が続いた。

　その一方で，この時期には食糧買付の市場化も着実に進行してきている。国営食糧部門の食糧買付量と，買付量に占める市場価格買付比率を示した図1-5をみると，1980年代から食糧買付量全体は漸進的に増加しているが，そのなかで市場価格での買付（協議買付）の比率が顕著に上昇していることがわかる。1983～84年には前述のように超過買付価格による買付量が増加したため，市場価格による買付の割合は大きく低下したが，契約買付制度が実施された1985年からその比率が次第に上昇し，1985年の24.8％から1990年には58.1

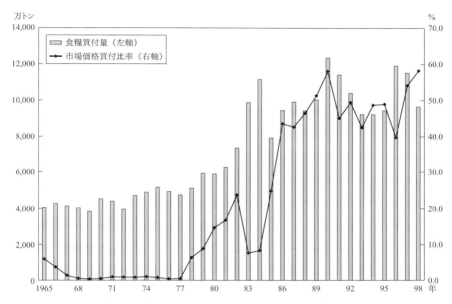

図1-5 国営食糧部門による食糧買付量と市場価格買付比率（1965～98年）

出所）中国糧食経済学会・中国糧食行業協会編（2009：454-455頁）より筆者作成。

％に達した。さらに食糧買付全体のなかで，民間の経済主体（食糧企業，加工企業，仲買人など）の役割も増大している。市場に流通する食糧全体に占める国有企業以外の主体による買付比率は，1983年の4.8％から1986年には17.9％へと顕著に上昇した。

2）直接統制から間接統制への移行期（1991～98年）
①食糧市場流通のインフラ整備と配給価格の引き上げ

1980年代末の食糧の減産と価格上昇を受け，1990年前後から食糧は大幅な増産に転じたが，前掲図1-3で示されるように，生産量は需要量を上回り，生産農家による食糧の販売難が各地で発生した。その問題に対処するため，政府は市場価格よりも高い価格による食糧の無制限買付を行ったが，逆ざや負担が再び財政を圧迫する結果となった。この食糧価格補助による財政負担を軽減す

るため，食糧流通の一層の改革が急務となった。

そこで政府は1991年4月には食糧備蓄局を設置し，「保護価格」（農業生産コストと食糧需給状況に基づき毎年1回確定される食糧買付価格）によって買い付けた食糧をもとに食糧特別備蓄制度（「食糧専項備蓄制度」）を導入した。食糧特別備蓄制度の役割は，自然災害などに備える本来の意味での備蓄保持に加えて，備蓄食糧の放出・買付を通じて市場需給を間接的にコントロールすることにある[12]。

そして1990年以降，全国各地に食糧卸売市場を設立することで，国家の直接統制の外にある食糧の地域間需給を間接的にコントロールすることを目指した。具体的には，唯一の中央政府所管卸売市場である中央食糧卸売市場が，1990年10月に河南省鄭州に設立され，省間の小麦流通の調整を主たる機能として担うこととなった。さらに，黒龍江省ハルビン市，吉林省長春市，江西省九江市，湖北省武漢市，安徽省蕪湖市に地方政府が所管するトウモロコシ・コメの卸売市場が設立された。食糧卸売市場の役割は，単なる省間需給調整にとどまらず，食糧価格をコントロールするための買入および売却をする場として利用された。

食糧特別備蓄制度と食糧卸売市場の整備によって，食糧需給に対する間接的なコントロール手段を獲得したことを背景に，1991年から都市住民に対する食糧配給価格の大幅引き上げが実施された。1991年5月に主要食糧（小麦粉，コメ，トウモロコシ）の配給価格が50キログラムあたり10元引き上げられ，価格引き上げ率は68％にのぼった。さらに1992年4月には，平均で43％の食糧配給価格引き上げが行われ，1991～92年の累計で食糧配給価格は140％引き上げられた（中国商業年鑑社編 1992：I-2頁）。このような大幅な配給価格

---

12) 間接統制の財政的基盤を確保するため，政府は1993年に「食糧リスク基金」（「糧食風険基金」）を設立した。「食糧リスク基金」とは，中央・地方政府の食糧価格支持・補塡・借款を減らした財政資金をあてて設立された基金のことで，積立金は中央政府と地方政府で1.5：1の割合で負担することになっている。食糧リスク基金の機能は，市場で決まる食糧買付価格が保護価格を下回った場合，保護価格での買付を実際に行う国営の食糧部門に対して，保護価格と市場価格との価格差を補塡することにある（葉 1997：6頁）。

の引き上げは1965年以来のことで，食糧買付価格との間の逆ざやを縮小し，価格補塡に対する財政負担を軽減させることを目指したのである。

　この配給価格引き上げに対して，都市部では大きな混乱は発生しなかった。その理由として，①配給価格の引き上げに伴い，1991年に勤労者1人あたり1カ月6元，1992年には5元の食糧価格手当が支給されたこと，②都市世帯の所得上昇と支出に占める食糧消費支出構成比が減少していたこと（生活費支出額に対する食糧支出の割合は7.1％〔前掲表1-1〕），③当時は自由市場を通じた高品質の食糧消費が普及していたため，都市住民に対する実際上の影響が小さかったことが挙げられる（寶劔 2003：47-48頁）。

② 「保量放価」政策の実施とその失敗

　さらに1993年には食糧流通自由化を促進するために，「保量放価」と呼ばれる政策を打ち出した。その主な内容は，①政府買付を公定価格による義務供出から自由市場価格による買付に変更する，②都市住民への配給制度を維持するが，配給価格は自由化する，③中央政府が直接統制していた配給用食糧の過不足分の調整を各省に委ねる，というものである（池上 1994：23-25頁）。しかし，市場価格での食糧買付・販売は，政府の思惑通りには進まなかった。広東省を中心とする経済発展地域での食糧減産によって広東省の米価は高騰し，それを契機に1993年11月以降，全国の食糧価格は急騰した。図1-6では各種の小売価格指数（1985年＝100）を示したが，食糧の小売価格指数は1994年から高騰し，それが小売物価指数全体を押し上げる要因となったことも確認できる。

　この食糧価格の高騰に対処するため，1994年に契約買付が復活し，市場価格よりも安価な公定価格（1993年の保護価格を40％引き上げた水準）で契約買付が実施された結果，生産農家にとっては実質的には食糧の義務供出となった。ただし，この契約買付による食糧確保を実現するにあたって，1994年から96年にかけて契約買付価格を引き上げるなど，生産農家に対する一定の配慮もみられた。

　さらに，省内での食糧需給の均衡化と食糧市場の安定化を目的に，省長食糧責任制（「米袋子省長責任制」）が1995年から正式に導入された（雛形は1993年から存在）。これは，各省の食糧需給に関して各省長の責任において問題が生

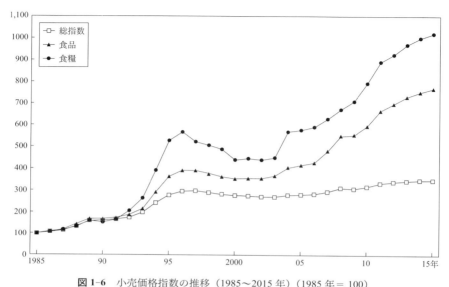

図 1-6　小売価格指数の推移（1985〜2015年）（1985年 = 100）

出所）『中国城市（鎮）生活与価格年鑑』（各年版），『中国統計年鑑』（各年版）より筆者作成。

じないように管理する制度で，農地の工業用地などへの転用を抑制して食糧生産を維持させると同時に，食糧主要消費地での需給逼迫を緩和できるよう，政府による間接コントロール手段を強化することに重点が置かれた。また，食糧自給ができない省は，他省からの購入計画の作成と調整を行うとともに食糧自給率を高め，食糧の市場供給と価格の安定を確保することも規定された（『中国農業発展報告1996』64-65頁，宋等編 2000：90-91頁）[13]。したがって，この時期の食糧政策は絶対量としての食糧不足よりも，経済発展の地域間格差を起因とする食糧の地域間不均衡を解消することに力点が置かれたものであったと言える。

13）省長食糧責任制の具体的な内容として，①食糧作付面積を安定させ，単収の向上と食糧生産量の増産を実現する，②市場管理を強化し，中央から下された契約買付任務，在庫任務，備蓄食糧買付計画や地方政府が決定した市場買付計画を順守する，③国家規定に基づいて地方食糧備蓄と食糧リスク基金を設立し，食糧市場の有効な調整・管理を実施できる体制を構築する，④食糧主産地の省では，国家が規定する省間食糧調整任務を遂行すると同時に，食糧商品化率を高めることが挙げられる。

③食糧生産の急増と政府による食糧の無制限買付

　これらの政策によって，一時低迷していた食糧生産は1995年から再び増加に転じ，1996年には対前年3800万トンの大幅増産となり，中国の歴史上初めて食糧生産量が5億トンを超えた。1997年には生産量が若干減少したが，1998年には再び生産量が5億トンを超え，前掲図1-3に示されるように，供給量は需要量を大きく上回った。このような食糧の急速な増産によって，1994～95年に高騰していた食糧の市場価格は1996年から大きく低下し，生産農家による深刻な食糧販売難が全国各地で発生したのである。

　そこで政府は，まず国家特別備蓄食糧を大幅に積み増すことを決め，さらに食糧市場価格が公定の契約買付価格よりも低い場合には，地方政府は契約買付価格を参考にした保護買付価格を定め，その価格で食糧を無制限に買い付けるよう指示した。その結果，1996年度の国有食糧部門の食糧買付は，前年度より2410万トン多い1億1850万トンに達した（池上1998：73-75頁）。また，国務院は保護価格による買付を促進するため，1997年7月の全国食糧買付販売工作会議において，保護価格の全国統一化と国有食糧部門の保管する過剰在庫に関わる利息と保管費の政府負担を決定した（葉1997：7頁）。

　これら一連の改革によって，前掲図1-5に示されるように，1996～97年にかけて国有食糧部門による買付量が再び大幅に増加し，全国の食糧備蓄は前例がない水準にまで増加した。1997年11月末時点で，国家特別備蓄量は2340万トン増加して6440万トンに達し，商業性在庫も1670万トン増の5650万トンとなった。その結果，食糧系統の赤字は約400億元増加し，累積未処理赤字も約1000億元に達し（中国農業専家論壇1998：5-9頁），1993～98年までの国有食糧企業の累計赤字は2140億元であったという（陳ほか2009：169頁）。そして食糧価格補塡支出額も1990年代半ば以降，再び急速な増加をみせ，1997年には414億元（対財政支出構成比4.5％），1998年には565億元（同5.2％）に達した。

　そのため，中国政府は1998年から相次いで政策を打ち出し，食糧流通改革に取り組み始めた（池上1999）。1998年以降の食糧政策の基本的な方向性を定めたものとして，1998年5月に国務院から公布された「食糧流通体制改革の

一層の深化に関する決定」と同年6月に公布された「糧食買付条例」がある。この「決定」と「条例」の基本原則は,「四つの分離と一つの完全化」(「四分開,一完善」),すなわち食糧流通における政府(政策)と企業(経営)の分離,中央政府と地方政府の責任の分離,備蓄と経営の分離,新旧の債務勘定の分離,そして食糧価格決定における市場メカニズムの強化にある。

　また「四つの分離と一つの完全化」の原則をさらに押し進めた政策原則として,「三つの政策と一つの改革」(「三項政策,一項改革」)が1998年末頃から提唱された。三つの改革とは,農民の余剰食糧の保護価格による無制限買付,国有食糧企業の順ざや食糧販売,食糧買付資金の他目的への流用禁止のことであり,一つの改革とは国有食糧企業の改革を意味し,自主経営と独立採算制導入によって市場競争力を高めることが政策目標として掲げられた。

　これらの政策と関連して特に注目すべき点は,農村部での食糧買付は国有食糧企業の独占とし,私営商人や非国有食糧企業の農村・農家からの直接買付を厳禁し(一部の認可企業を除く),県以上の食糧市場からの購入を義務づけた点である。農村レベルでの市場を封鎖することで,食糧流通を国有食糧企業の独占とするが,その際には買付価格の引き下げが実施されないよう政府が統制する。さらに農村レベルでの買付が独占されると,食糧流通業者や食糧加工企業は,国有食糧企業が提示する価格に基づく食糧購入を余儀なくされる。その意味でこの政策は,農民からの保護価格での買付と,買付を行う国有食糧企業の順ざやでの食糧販売という2つの目的を同時に実現することを目指したものと言える(池上 1999:96-99頁)。

　しかし池上(2000:82頁)が的確に指摘するように,広大な農村を臨機応変に走りまわる膨大な私営商人や,村々に存在する小規模な精米所・製粉所の活動を完全に規制することは不可能であった。実際,政府部門による1998年度の食糧買付量は9605万トンであり,1996年度に比べて2245万トン減少している(『中国農村発展報告1999』52頁)。そのため,農村の実態にそぐわない国有食糧企業による農家からの独占買付政策は,その後修正を求められていく。

3）間接統制への移行強化（1999～2003年）

　食糧備蓄増大による食管赤字の増大を受け，中国政府は1999年から食糧流通の自由化と市場化を一層推し進めることとなった。1999年以降に打ち出された食糧流通政策は，基本的に1998年の「三つの政策と一つの改革」に沿ったものであり，その方向性を一層強化している[14]。これらの政策には1998年の政策路線よりも現状を追認し，食糧流通の自由化・市場化に一層踏み込んだものが含まれている。その背景には，食糧の逆ざやの深刻化による国有食糧企業の赤字の増大が存在する。2001年末の国有食糧企業の累積赤字額は2794億元に達し，1999年から2001年までの年別赤字額もそれぞれ100.3億元，81.4億元，89.6億元で，赤字企業の割合は全体の6割弱であったという（陳ほか2009，160-161頁）。この時期の具体的な政策として，以下の5点が挙げられる。

　第1に保護買付対象品目の範囲が縮小されたことが挙げられる。2000年の新食糧年度（4月）から，黒龍江省，吉林省，遼寧省，内モンゴル自治区東部，河北省東部，山西省北部の春小麦と南方の早稲インディカ米，そして江南の小麦を保護買付対象から除外し，長江流域および長江以南地区のトウモロコシを保護買付の対象から除外することが定められた。さらに2001年の食糧年度から，省レベルの人民政府が山西省・河北省・山東省・河南省などの地区におけるトウモロコシとコメを保護買付の対象範囲から外すことを認めた結果，保護買付の主要な食糧品種は南方の中晩稲，東北地方・内モンゴル東部のトウモロコシとコメ，黄淮海・西北地区の小麦などに限定された。このように保護価格による買付対象品目を縮小することで，保護買付に対する財政負担を削減させると同時に，優良食糧品種への転換を促進することを目指している。

　そして第2に，契約買付価格と保護価格が一本化されたことである。1998年の食糧流通改革で，それまで市場価格と独立に決められていた契約買付価格

---

14) 食糧流通政策に関する1999年から2003年までの主要な通達として，国務院「食糧流通体制改革政策措置を一層完全化させるための通達」（1999年5月）とその「補充通達」（1999年10月），国務院弁公庁「一部の食糧品種を保護価格買付範囲から除外することに関する通達」（2000年2月），国務院「食糧生産と流通に関連する政策措置を一層完全化させることに関する通達」（2000年6月），国務院「食糧流通体制改革を一層深化させることに関する意見」（2001年7月）などが挙げられる。

が，保護価格を基準に設定されるようになった（池上 1999：92-93 頁）。さらに 1999 年には，国務院「食糧流通体制改革政策措置を一層完全化させるための通達」において，契約買付制度の維持を前提に契約買付価格を各地域で調整することが許可され，市場価格が低いときには契約買付価格を保護価格まで引き下げてよいことが明記された。そのため，多くの省で契約買付と保護買付の一本化が可能となり，契約買付価格での買付の負担が軽減された（池上 2000：85-86 頁）。したがって，政府買付価格の決定において，事前に公表される保護価格の重要性が高まったと言える。

　第 3 点目として，食糧買付におけるチャネルが拡大されたことである。企業・商人による農村レベルでの直接買付の禁止政策の失敗を受け，1999 年には農業産業化の主体である龍頭企業や飼料生産企業に対して農村レベルでの直接買付が許可された。さらに 2000 年には，食糧買付・販売ルートの一層の拡大が謳われ，省・市レベルの工商行政管理局から認可を受けた食糧加工企業による農民からの直接買付が許可・奨励された。同時に農民自身による自由市場を通じた販売や，私営商人・食糧加工企業による農村自由市場や卸売市場での販売も許可された。ただし，これは政策によって食糧買付チャネルが拡大されたというよりは，むしろ政策が実態に歩み寄った結果であると評価できる。

　そして第 4 点目は，食糧主要消費地における食糧買付の完全市場化が明記されたことである。国務院「食糧流通体制改革を一層深化させることに関する意見」（2001 年 7 月）では，浙江省，上海市，広東省，北京市，天津市などの経済発展が進む沿海部の食糧主要消費地について，食糧買付価格を完全に市場化することを認めた。同時にそれらの地域には，省長食糧責任制に基づいて，食糧供給の保証と食糧市場の安定化に取り組むことが求められ，消費量の 6 カ月分の食糧備蓄を省レベルで確保することや，食糧主産地との安定的な食糧流通関係を確立することが規定された。他方，食糧主産地では引き続き「三つの政策と一つの改革」を実施し，農民の余剰食糧を保護価格で買い付けることが義務づけられ，加えて消費量の 3 カ月分の食糧備蓄を省レベルで確保することになった。

　最後の第 5 点目として，食糧備蓄や食糧リスク基金など食糧流通市場を間接

的に統制するメカニズムが強化された点である。2001年には，中央レベルのマクロコントロール能力を強化させるため，中央食糧備蓄規模を7500万トンに拡充することが提唱された。具体的には，2001年に1000万トン規模の国家食糧庫を新たに建設することや，中央備蓄管理業務に対する指導の強化と垂直的管理体制の健全化が提起されている[15]。

　これら一連の政策によって，食糧価格にどのような変化が発生したのであろうか。政府による食糧買付は保護買付に一本化されたため，市場価格よりも高く設定されている契約買付価格での買付負担が軽減された結果，買付価格は1999年から実質的に引き下げられた（寶劍 2003：42-43頁）。その結果，前掲図1-3に示されるように穀物生産量は大きく減少する一方で，中国政府は大量の在庫を抱えていた備蓄食糧を市場に放出したため，食糧の小売価格（図1-6）は実質ベースで低迷し，2000〜03年までは低い水準にとどまった。

　他方，食糧などの価格補填支出額（前掲図1-4）については，2000年にその支出額が大きく増加し，その後も年間500〜600億元程度の支出額で推移するなど，価格補填の財政支出は必ずしも抑制されてはいない。しかしながら，財政支出に占める価格補填支出額の割合は，2000年を除くと緩やかに低下する

---

[15] この点と関連して，食糧の需給管理と輸出入計画などを担当していた国家発展計画委員会の食糧コントロール弁公室（「糧食調控弁公室」）と，同委員会の外局で国家食糧備蓄局の食糧備蓄政策等に関する部局が合併され，2000年に国家発展計画委員会の外局として，国家糧食局が新設された。国家糧食局とは，国家発展計画委員会の委託のもと，全国の食糧流通のマクロコントロール，食糧需給バランス，食糧流通の中長期的計画，輸出入計画と買付・販売，中央備蓄食糧の買付・放出などに関する政策提言を行うとともに，食糧流通と中央備蓄食糧の法律・法規の立案と執行の監督を担当する行政機構である。また国家食糧備蓄局のうち，国家糧食局に移行しなかった部局と，国家食糧備蓄局に所属していた企業の一部が合併し，大型の国有企業である中国備蓄食糧管理総公司が設立された。この総公司は，国家の政策・計画・指令に基づき，中央備蓄食糧の買付・保管・輸送・販売・輸出入を行い，国家糧食局の業務指導を受ける（池上 2000：65-70頁）。なお，池上（2012：153-159頁）によると，食糧備蓄について，中国備蓄食糧管理総公司が直接管理する備蓄倉庫の保管容量で不足する分は，一般の地方国有企業などの倉庫を利用して中央備蓄食糧を保管することが，2003年から認められている。そして備蓄食糧の買付費用，保管費用，検査費用，代理保管倉庫の管理費用や，古くなった備蓄食糧を減価処分する際の費用もすべて中央財政から支払われるという。

など，財政全体のなかでの価格補填支出の伸びを抑制しようとする動きも確認することができる。

4) 食糧買付の完全自由化と生産者保護の強化 (2004年〜)

このような間接統制への移行は，2004年5月23日の国務院「食糧流通体制改革を一層深化させることに関する意見」という通達によって完了する。すなわち，食糧買付価格が完全に自由化され，食糧価格の安定化と農家の食糧生産意欲向上のための新たな枠組みが形成されることとなったのである。この「意見」による食糧流通改革の内容は，大きく4つに要約することができる。

第1に，食糧主要消費地のみならず，食糧主産地においても食糧買付を自由化し，国営の食糧部門以外の多様な経営主体が食糧買付を実施できるようにしたことである。これによって，県レベル以上の食糧管理部門による参入資格審査に合格し，工商行政管理部門に登録した民間業者は，自由に食糧買付に参加することが可能となり，食糧価格も基本的に市場の需給バランスによって決定されることとなった。

そして第2に，食糧買付価格の面では保護価格を撤廃する一方で，食糧の需給バランスが大幅に変化した際，食糧供給の確保と農民の利益を保護するため，政府が必要に応じて特定の食糧品目に対して「最低買付価格」を設定することが明記された点である。2004年5月26日に国務院から公布された「糧食流通管理条例」（第二十八条）によると，最低買付価格とは，「食糧需給に重大な変化が発生した際，市場供給を確保するとともに農民の利益を保護するため，供給の不足する食糧品目とその主産地に対して国務院が指定する買付価格」のことである。最低買付価格は収穫期の前に国務院によって公表され，市場価格が最低買付価格を下回る場合には，後者の価格で政府が食糧の買い取りを行う。この最低買付価格は，農産物の生産コストや需給状況，農家への生産意欲などを考慮して決定され，食糧の品種・等級ごとに価格が異なり，買付対象となる地域も指定されている。この制度によって，食糧価格の大幅な下落を抑えるとともに，農家による食糧生産意欲を支えることを目指している。

最低買付価格政策は，中央政府が中国備蓄食糧管理総公司を使って，自ら直

接買付を行い，政策実施に必要な費用もすべて中央財政が負担するものである。食糧主産地は一般に財政状況が厳しく，従来の保護価格買付では地方政府の負担分が大きかったため，地方政府は保護価格買付に消極的であった（池上 2012：165頁）。しかし，最低買付価格政策では地方政府の負担分がなくなるため，政策の実効性が高まったと考えられる。

そして第3に，保護価格による買付を代替するものとして，2004年から食糧販売農家への直接補助金の支出が決定されたことである。保護価格が実施されていた2004年以前は，一部の食糧について農民保護のために市場価格より高い保護価格で購入し，その逆ざやで赤字を被っていた国有食糧企業に対して，食糧リスク基金から補助金が支出されていた。2001年の全国各省の食糧リスク基金の合計額は301.83億元であったが，食糧流通市場の完全自由化によって，国有食糧企業に対する補助金支出を取りやめ，食糧生産農家に対して現金を直接支給することで，食糧生産へのインセンティブを高めることを目指している。なお，この食糧直接補助金の具体的な支給基準は省によって異なるが，食糧主産地に対して補助金が厚く配分されている。農業税課税の基準となる面積や平年生産量に応じて固定額を支払う方法もあれば，食糧の作付面積や販売量に応じて一定額を支払うなど，実際の生産・販売状況と関連の強い方法も採用されているという（池上 2009：52-53頁）。

さらに第4として，国有食糧企業改革が全面的に推し進められ，国有食糧企業の所有制改革や従業員の人事考課強化と従業員の配置転換・リストラ，新旧の債務勘定の分離と旧来の債務処理に対する政府支援強化が行われた点である。国有食糧企業の所有制改革については，小規模の国有食糧企業を中心に合併や私有化・売却などの方法が採用され，国有食糧企業数も1998年の5万3240社から，2003年には4万2485社，2008年には1万8989社へと大幅に減少した。また，国有食糧企業の従業員に対しては人事考課が強化される一方で，従業員に対する大規模な配置転換・リストラが実施された。国有食糧企業の従業員数は1998年の330.6万人から2003年には205.1万人，2008年には69.9万人へと大幅に減少するなど，この10年間で8割以上の従業員が配置転換やリストラされていった（中国糧食経済学会・中国糧食行業協会編 2009：459頁）。

そして新旧の債務勘定の分離では，1992年3月31日以前の食管赤字については規定に基づいて処理すること，1992年4月1日から98年5月31日までに発生した国有食糧企業の赤字に関して，財政状況が良い地域では地方政府が元金を償却し，中央政府がその利息分を全額償却すること，財政状況が厳しい地域では処理期間が2004〜08年の5年間に延長されるとともに，この5年内に新たに発生した食管赤字の利息額分について，中央政府と地方政府が同率で負担することが定められた。また1998年6月1日以降に発生した赤字分に対しては，省政府による審査・分類のもとで，政策性赤字については省政府が元本償却を行うこと，企業による経営性赤字については企業自体で償却することとなった（陳ほか 2009：163-165頁）。

このような1990年代後半からの食糧流通をめぐる一連の政策によって，政府が食糧流通のすべてを管理する直接統制から，食糧市場流通を間接的な手段によってコントロールする間接統制への移行が完了した。その結果，食糧流通と価格決定は市場取引を主とするが，備蓄食糧の放出・買付や最低買付価格によって価格変動を抑制するとともに，食糧生産者への直接補助を通じて生産意欲を高める食糧流通システムが整備されたのである。

その一方で，第2章で考察するように，中国共産党は前述の食糧（主にコメと小麦）の最低買付価格を2008年から大幅に引き上げるなど，食糧生産者の保護を一層推し進めている。その背景には，2007〜08年に発生した世界的な穀物価格の高騰が存在し，この価格高騰を契機に，中国共産党は食料安全保障政策の強化を打ち出してきた（寳劔 2011b）。具体的な政策としては，2008年11月3日に国家発展改革委員会が公表した「国家食糧安全保障中長期計画綱領（2008〜2020年）」が挙げられる。この綱領では，①食糧自給率を95％以上に安定させること，②2010年の食糧生産能力を5億トン以上とし，2020年までにそれを5億4000万トン以上とすること，という2つの目標が掲げられた。そして，これらの目標を実現するため，耕地面積は1億2000万ヘクタール，基本農地面積は1億400万ヘクタールを下回らないよう耕地保護を強化すること，農業基盤整備を強化し，食糧備蓄体系の改善を図ることが定められた[16]。

第 1 章　改革開放と食糧流通システムの再編　45

表 1-3　食糧の生産・流通状況

年	①食糧生産量（万トン）	商品化率（％）	②食糧買取量（万トン）	③国有企業買取量（万トン）	③/②（％）
2003	43,070	39	13,681	9,718	71
2004	46,947	41	15,755	8,919	57
2005	48,402	46	18,225	11,494	63
2006	49,748	50	20,159	12,257	61
2007	50,160	51	20,133	10,167	50
2008	52,871	54	26,576	15,471	58
2009	53,082	56	26,639	15,223	57
2010	54,648	59	27,975	12,406	44
2011	57,121	60	28,243	11,443	41
2012	58,958	62	29,015	12,364	43
2013	60,194	n.a.	31,016	16,862	54
2014	60,703	n.a.	33,537	18,985	57
2015	62,144	n.a.	38,987	24,387	63

出所）『中国糧食発展報告』（各年版），『中国糧食年鑑』（各年版）より筆者作成。

注 1) 生産量は籾重量であるが，食糧買取量と国有企業買取量は脱穀した重量（「貿易糧」）である。
　 2) 2003～05 年の食糧買取量の数値は公表されていない。そのため，籾ベースと貿易糧ベースの双方の食糧買取量が公表されている 2006 年のデータを用いて換算率を割り出し，それを利用して 2003～05 年の食糧買取量を推計した。
　 3) 2014～15 年の食糧買取量の公表値には付記されていないが，本データは籾ベースの数値と推測される。そのため，貿易糧ベースの食糧買取量の推計にあたって，2014 年の籾ベースと貿易糧ベースの国有企業買取量の換算率を利用した。

5）食糧の生産・流通構造の変化

　ではこのような一連の食糧流通システムの改革によって，食糧の流通主体や産地別の生産状況にどのような変化が起きてきたか。以下ではこれらの動向について，統計資料を利用しながら簡潔に整理していく。

　まず食糧流通の主体について，食糧の生産者販売量に占める国有企業の買取量の割合は，2004 年から顕著な低下を示している。表 1-3 では，食糧の商品化率と国有企業による食糧買取比率の推移を整理した。この表からわかるように，国有企業による買取比率は 2003 年の 71％から，2004 年には 57％と大幅

16）基本農地（「基本農田」）とは，一定期間中の国内農産物需要と非建設用地需要の予測に基づき，期間中は農外転用を禁じ，保護しなければならない農地のことである。中国の土地制度における基本農地の意義については，沈（2000）を参照されたい。

に低下し，2007年には50％に達した。第2章で検討する最低買付価格による買取の影響で，2008〜09年にはその割合が57〜58％に上昇するものに，その後は再び低下傾向をみせ2010年には44％にまで低下している。したがって食糧買付の完全自由化以降，食糧買付において民間企業のプレゼンスが高まっていることが指摘できる。他方，食糧の商品化率については，2003年から一貫して上昇傾向を示し，2003年の39％から，2010年には59％になるなど，食糧の市場流通の割合も徐々に上昇してきた。

また，前掲図1-3と図1-6の主要穀物の需給動向と価格動向に示されるように，2003・04年前後から備蓄食糧の放出が限界に達してきたことを受け，2004年には食糧の小売価格が大幅に上昇し，その後も上昇傾向を続けている。この背景には，特に飼料用・工業加工用のトウモロコシ需要の増加が存在し，穀物全体の需要を押し上げている（寶劔 2011b）。それに加えて，前述の最低買付価格制度が実質的な政府支持価格として機能し，食糧価格の下支えとなっていると考えられる。実際，図1-3に示されているように，備蓄食糧が2006/07年前後から増加に転じていることと整合的である。

さらに2010年前後から最低買付価格による食糧価格の下支え傾向が一層顕著になっている。図1-3と図1-6をみると，その時期から食糧生産量が需要量を再び上回り始め，在庫量も明確に増加しているが，それにもかかわらず，食糧の小売価格は上昇を続けているのである。政府による食糧買い支えと食糧備蓄の増大は表1-3の国有企業の買取比率にも如実に表れていて，買取比率は2012年の43％から2013年には54％，2015年には63％へと大幅に上昇している。これらの現象は，国際競争のなかで中国における食糧生産の比較劣位化を示唆するものであり，中国農業がまさしく構造調整の問題に直面していることを物語っている。

他方，前述のように1990年代末から食糧主産地を対象とした保護価格買付や最低買付価格が導入されたり，食糧直接補助金が厚く配分されたりするなど，主産地を優先した政策が採用されてきた[17]。そこで，中国を3つの地域（食糧主産地，食糧主要消費地，その他）に分け，食糧生産量全体に占める各地域の構成比について，表1-4に整理した。

第1章　改革開放と食糧流通システムの再編　47

表1-4　食糧生産量の地域別構成比

(%)

年	1980	1985	1990	1995	2000	2005	2010	2015
食糧主産地	71.3	73.9	74.4	75.9	75.5	78.0	79.5	79.9
コメ	60.6	65.8	66.3	66.8	68.8	72.3	75.2	76.8
小麦	77.2	78.7	77.5	80.3	80.6	82.6	84.0	86.8
トウモロコシ	75.7	77.8	81.3	81.2	76.0	77.9	78.5	79.6
食糧主要消費地	14.2	12.5	11.7	10.6	9.7	7.1	6.1	5.3
コメ	26.1	22.5	21.7	20.5	17.9	13.8	12.6	11.5
小麦	3.9	3.0	3.4	2.6	2.2	1.1	1.1	1.0
トウモロコシ	2.8	2.9	2.5	2.4	2.0	1.8	1.6	1.3
その他	14.5	13.6	13.8	13.5	14.9	14.9	14.4	14.7
コメ	13.3	11.6	12.1	12.8	13.3	13.8	12.3	11.7
小麦	18.9	18.3	19.2	17.0	17.1	16.3	14.9	12.2
トウモロコシ	21.5	19.2	16.2	16.5	22.0	20.3	19.9	19.1

出所）国家統計局農村社会経済調査司編（2009）、『中国統計年鑑』（各年版）より筆者作成。

注1）地域の分類は以下の通りである。食糧主産地（13省・自治区）：河北、内モンゴル、遼寧、吉林、黒龍江、江蘇、安徽、江西、山東、河南、湖北、湖南、四川。食糧主要消費地（7省・市）：北京、天津、上海、浙江、福建、広東、海南。その他（11省・市・自治区）：山西、広西、重慶、貴州、雲南、チベット、陝西、甘粛、青海、寧夏、新疆。

　2）「食糧主産地」とは域内の食糧生産で域内消費を満たし、かつ食糧の移出が可能な地域のこと、「食糧主要消費地」とは域内生産では域内消費を満たせないため、域外からの移入に依存する地域のこと、その他（生産・消費均衡地）とは、域内の食糧生産・消費が均衡している地域のことである。なお、地区の分類と定義については、「国家糧食安全中長期規劃綱要（2008～2020年）」と菅沼（2011：267-268頁）に基づく。

　この表に示されるように、農業生産責任制の導入が進展した1980年代前半には食糧主産地の生産比率が上昇する一方、食糧主要消費地ではその割合が緩やかに低下してきた。しかし、食糧流通改革の実施が難航していた1990年代は、食糧主要消費地では生産比率がやや低下したものの、食糧主産地への生産集中は順調に進まず、75％前後で推移していた。その後の2000年代に食糧流

17）食糧の主産県（「産糧大県」）は一般に工業化が遅れ、法人税などの財政収入が少なく、農業税などの農業関連の税金・費用徴収は2000年代前半から削減・免除が進められてきたことから、財政基盤が相対的に脆弱であった。そのため、財政部は2005年に「中央財政による食糧の主産県に対する奨励規則」（「中央財政対産糧大県奨励弁法」）を打ち出し、食糧の主産県の認定基準を明示したうえで、当該県に対して食糧生産の奨励資金を配分することを定めた。

通の自由化が本格化し始めると，食糧主産地の生産比率は顕著な上昇をみせ，2010年には79.5％，2015年には79.9％へと上昇した。他方，食糧主要消費地の生産比率は大きく低下し，2010年には6.1％，2015年には5.3％となった。

食糧の品目別にみると，食糧主産地ではコメ生産量全体に占める割合が2000年代から顕著な上昇をみせ，2000年の68.8％から2015年には76.8％と8ポイントも上昇している。その一方で，食糧主要消費地ではその割合の低下が著しく，2000年の17.9％から2015年には11.5％へと低下した。この背景には，黒龍江省や吉林省で栽培される東北地方のジャポニカ米への需要が増加する一方，主として南方地域で栽培されてきたインディカ米への需要が低迷してきたことが存在する[18]。小麦とトウモロコシの生産比率の変化でも同様の傾向が観察されるが，コメと比較するとその速度は相対的に緩やかである。

最後に，食糧の産地変化を考察するため，総作付面積と食糧作付面積に基づく特化係数を表1-5に示した。A_{ij}をj地域におけるi作物の栽培面積とすると，j地域におけるi作物の特化係数（SC_{ij}）は，j地域におけるi作物の栽培面積比率を，中国全体の作付面積に対するi作物の栽培面積比率で割ったものである。すなわち，

$$SC_{ij} = \frac{A_{ij}/\sum_i A_{ij}}{\sum_j A_{ij}/\sum_i \sum_j A_{ij}} \tag{1.1}$$

が特化係数であり，この係数が1を上回ると当該作物について特化が進展していることを意味する。表1-5をみると，1980〜90年代にかけて食糧全体では

---

18) 黒龍江省におけるジャポニカ米普及の経緯については，福岡県稲作経営者協議会編（2001）を参照されたい。また，「東北地方」（遼寧省，吉林省，黒龍江省のほかに，内モンゴル自治区も含む）のコメ生産量の構成比は，1990年の5.3％から，2000年には9.9％，2010年には15.0％へと大きく上昇している。後述の特化係数（コメ）でも「東北地方」の躍進は顕著で，1990年の0.37から，2000年には0.62，2010年には0.80となった。なお，通常の地域分類では東北地方に内モンゴル自治区は含まれないが，内モンゴルの東部（大興安嶺山脈に広がる平原地帯）は食糧生産が盛んで，農業地理的な条件が他の東北地方と共通性も強いため，食糧流通政策上も東北三省と同様の施策が適用されることが多いという（池上 2012：27頁）。そのため，本書でも「東北地方」に内モンゴル自治区を含めていく。

第1章　改革開放と食糧流通システムの再編　49

表 1-5　作付面積による食糧の特化係数

年	1980	1985	1990	1995	2000	2005	2010	2015
食糧主産地	0.99	0.99	1.01	1.01	1.01	1.03	1.04	1.06
コメ	0.86	0.87	0.90	0.92	0.95	0.98	1.02	1.05
小麦	1.05	1.06	1.08	1.08	1.08	1.10	1.11	1.14
トウモロコシ	1.04	1.06	1.10	1.11	1.08	1.08	1.08	1.11
食糧主要消費地	0.98	0.98	0.96	0.94	0.92	0.84	0.80	0.78
コメ	2.39	2.37	2.28	2.31	2.20	2.02	1.99	1.92
小麦	0.36	0.29	0.29	0.24	0.22	0.15	0.17	0.16
トウモロコシ	0.22	0.24	0.24	0.24	0.28	0.25	0.25	0.23
その他	1.04	1.03	1.00	0.98	0.99	0.96	0.93	0.88
コメ	0.72	0.74	0.68	0.67	0.68	0.69	0.61	0.57
小麦	1.19	1.17	1.10	1.07	1.06	0.99	0.91	0.84
トウモロコシ	1.27	1.19	1.05	0.98	1.05	1.01	0.99	0.90

出所）表 1-4 と同様。
注）地域の分類は表 1-4 と同様。

　地域間の特化係数に大きな格差は存在せず，いずれの地域でも1前後の水準で推移していたが，特化係数自体は「その他」地域の値の方が相対的に大きいという特徴もみられた。しかし，2000年代から特化係数の緩やかな変化が観察され，食糧主産地の値が1を上回り始める一方，食糧主要消費地とその他地域で特化係数が低下してきた。とりわけ食糧主要消費地ではその傾向が顕著で，2015年には特化係数が0.78に低下した。

　他方，生産量の比率と同様，特化係数についても品目別でみると大きな変化が観察できる。食糧主要消費地に含まれる浙江省，福建省，広東省では，豊富な水資源を利用したコメ栽培が伝統的に行われてきたことから，ほかの地域と比べて特化係数が高く，1980年代には係数値が2を超えていた。しかしながら，前述のように2000年から南方のインディカ米が保護価格買付対象から除外されたこと，そしてより収益性の高い作目への転換が進展してきたことから，食糧主要消費地の特化係数は顕著に低下し，2015年には1.92となった。さらに，食糧主要消費地では小麦とトウモロコシの特化係数はもともと低かったが，2000年代には小麦の特化係数が大きく低下するなど，穀物全般の非特化傾向が示唆される。

それに対して，食糧主産地では東北地方を中心にジャポニカ米の栽培が広がってきた結果，コメの特化係数も 1990 年の 0.90 から 2000 年には 0.95，2010 年には 1.02，2015 年には 1.05 に上昇するなど，コメ栽培の特化が徐々に進展してきた。また，トウモロコシについては特化係数の大きな変化はみられないが，小麦については緩やかながら特化係数の上昇傾向が示されている。また，「その他」地域では，1980 年代には小麦とトウモロコシの特化が相対的に進展していた。しかし，1990 年前後からコメを含めて 3 つの穀物ともに特化係数の低下傾向がみられ，2000 年代には小麦とトウモロコシの特化係数が 1 を下回ってきた。

　このように食糧流通改革，とりわけ 1990 年代末からの流通自由化の促進と食糧主産地への支援強化を契機に，食糧生産の主産地への集中が徐々に進展してきたことが指摘できる。

小　　括

　本章では食糧流通市場に焦点をあて，計画経済期の「統一買付・統一販売」による直接統制から，改革開放後の間接統制への移行過程を概観することで，中国農業が直面する問題の変化について検討してきた。計画経済期には，生活消費支出に占める食糧支出の割合が高く，食糧が工業発展のための賃金財として機能していた。そのため，統一買付・統一販売によって食糧の流通を国家が独占的に管理・統制し，農民から余剰食糧を義務供出させそれを公定価格で国家が買い上げ，都市住民への食糧配給を行ってきた。しかし，政治的な混乱が続いた 1960 年代から 70 年代にかけて，農家からの食糧買付価格が引き上げられる一方で，配給価格は相対的に低い水準に設定されたため，食糧流通は実質的な逆ざやになっていたと推測される。さらに，食糧の生産費調査でも同時期には赤字に陥るなど，食糧の生産・流通は極めて非効率な状況にあった。

　このような状況を受け，中国共産党は 1978 年末から市場調整を主とする間接統制に向けた食糧流通改革を段階的に進めてきた。その際，食糧生産意欲の

向上を目的に改革当初から食糧買付価格を大幅に引き上げる一方で，配給価格は1990年まで低い水準に維持されたため，財政負担が急速に増大し，政府財政を圧迫するようになった。そのような状況を受け，1993年から食糧流通の全面自由化に踏み切ったが，食糧価格の高騰による市場の混乱発生を受け，生産農家に対する義務供出を復活させたり，省レベルで食糧需給を均衡させる省長食糧責任制を導入するなど，政策の揺り戻しも大きい。

さらに1990年代半ば以降は，食糧の生産過剰と政府による保護価格での無制限買付の実施によって，食糧流通関連の財政赤字が再び拡大するなど，政府を主とする食糧買付制度の問題が顕在化してきた。そのため，1999年から食糧の市場流通に向けた改革を強化し，2004年には食糧流通の完全自由化を実現した。この食糧流通の完全自由化によって，民間業者の食糧買付への参入が進展する一方で，生産農家への直接補助と食糧需給の変化に対応した最低買付価格制度が導入されるなど，より生産者を重視した食糧流通政策への転換を窺うことができる。また最低買付価格は食糧主産地を対象に導入され，かつ地方政府の財政負担がないため，2000年代から食糧主産地への生産・栽培の集中度が高まり，比較優位を反映した食糧の産地化が進展してきたと考えられる。

第 2 章

農業調整問題の登場
――食料問題の解決と農業保護政策への転換――

　第1章では1978年以降の食糧流通改革を直接統制から間接統制への移行という視点から考察し，食糧の需給バランスや食糧価格にもたらした影響や，食糧流通への財政負担の変化，そして食糧生産の主産地への集約化について検討してきた。では，このような紆余曲折を経て進められてきた食糧流通改革のなかで，食糧を含めた中国農業全体が直面する問題はどのように変化し，またそれらの課題に対して中国共産党はどのような政策をとってきたのであろうか。

　本章では速水（1986）の提唱する「2つの農業問題」の視点から，中国が直面する農業問題の変化とその対応についてマクロ統計を利用しながら明らかにしていく。さらに，農業保護政策とともに1990年代から推し進められる「農業産業化」政策に焦点をあて，本政策の形成過程を概観したうえで，農業産業化を通じた農業構造調整の進捗状況と地域間の農業発展パターンの相違について検討する。

1　速水理論による中国農業の評価

1）食料問題の解消

　前章で議論したように，中国の食糧生産量は1996年に初めて5億トンを超えるなど食糧生産量は大幅に増加する一方で，代表的な賃金財である食糧の食料消費全体に占める重要性も顕著な低下をみせてきた。そのなかで中国人の食生活には，どのような変化が生じているのか。中国人（香港，マカオは含まず）

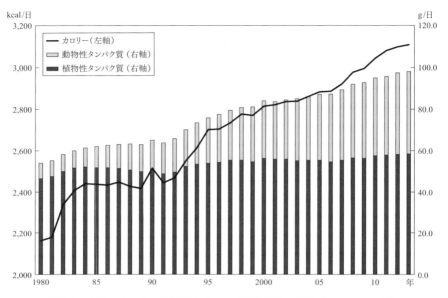

図 2-1 中国のカロリー供給量とタンパク質供給量の推移（1980〜2013年）

出所）FAOSTAT（http://faostat.fao.org/）の食料需給表（2013 Food Balance Sheet）（2016年9月21日閲覧）より筆者作成。
注）データは，食料の廃棄などを含めたカロリーおよびタンパク質の1人1日あたりの供給量である。

のカロリー摂取状況を考察するため，図 2-1 では FAOSTAT の食料需給表（Food Balance Sheet）を利用して，中国人の1人1日あたりカロリー供給量とタンパク質供給量の推移を示した[1]。

まずカロリー供給量（摂取量）をみると，改革開放直後の 1980 年には 2,161 キロカロリーであったが，食糧増産によって 1985 年には 2,437 キロカロリーへと大きな改善をみせている。その後はカロリー供給量の増大は停滞するものの，1990 年前半から再び大きな増加を示し，1995 年には 2,701 キロカロリー，

---

[1] 図 2-1 に示した FAO の食料供給量とは，栄養学的な意味での摂取量ではなく，調理によるロスや食べ残しなども含めた供給量のことである。ただし，中国政府による公式統計ではカロリー摂取量に関するデータが公表されていないこと，また先進国と異なり，途上国や中進国では廃棄によるロスの割合は相対的に低いと考えられるため，本章では供給量を摂取量とみなして議論を進めていく。

2000 年には 2,814 キロカロリーに達した。2000 年代は増加率がやや低下しているものの，カロリー供給量は一貫して増加傾向を示し，2013 年の供給量は 3,044 キロカロリーとなった。同じく FAO の食料需給表のデータによると，2010 年の日本，台湾，韓国のカロリー供給量はそれぞれ 2,692 キロカロリー，2,957 キロカロリー，3,280 キロカロリーである。したがって，マクロの平均値で考察すると，中国のカロリー摂取量は既に東アジア地域と同水準に到達したことがわかる。

さらに，この 1990 年代前半からのカロリー供給量増大の主要な要因として，動物性タンパク質の供給量増大が挙げられる。図 2-1 に示したように，1990 年代前半から，1 人 1 日あたりの植物性タンパク質供給量は 55 グラム前後に停滞する一方で，動物性タンパク質の供給量は 1990 年の 13.2 グラムから，2000 年には 21.3 グラム，2010 年には 37.2 グラムへと顕著な増加をみせてきた[2]。このような動物性タンパク質の摂取量と摂取比率の上昇という傾向は，日本や韓国などの東アジア地域でも等しく観測されている。

中国人の食生活の変化は，同じく FAO データで作成した食品別の食料供給量（表 2-1）からも確認することができる。この表をみると，穀物供給量については 1980 年代後半から低迷し，絶対量でも減少に転じている。その一方で，肉類や卵，ミルクといった畜産物の供給量は 1990 年代から急速な増加を示すなど，動物性タンパク質の消費量が増えていることがわかる。また，野菜や果物については，農産物の自由市場が復活した 1980 年代前半から安定した増加傾向をみせ，魚介類の供給量も 1990 年代から急速な増大を示している。これらのデータから，中国人の食生活が欧米化していること，日本など東アジアの先進国の食生活に近づいていることが窺える。実際，表 2-1 の下段に示した日本，台湾，韓国の品目別食料供給量（2010 年）と比較しても，中国の食料供給量が遜色ないレベルに達していることがわかる。もちろん同じ東アジア地域でも食文化の相違のため，個々の食品の供給量で違いがある。しかし，穀物はも

---

2) FAOSTAT の中国人の油脂供給量に関しても，タンパク質と同様の傾向が観察される。すなわち，植物性油脂の供給量は 1990 年代前後から低迷する一方で，動物性油脂の供給量は緩やかな増加が続いている。

表 2-1 中国の品目別食料供給量の推移

(kg/人/年)

	穀物	野菜	植物油	果物	肉類	卵	ミルク	魚介類
1980 年	154.2	48.7	3.0	5.9	13.6	2.5	2.3	4.4
1985	177.4	78.5	4.1	9.4	18.0	4.5	3.7	6.5
1990	172.5	99.3	5.7	14.1	23.7	6.2	5.0	10.4
1995	168.2	149.3	6.0	29.2	34.3	12.3	6.4	20.3
2000	162.1	243.0	6.2	40.7	44.0	15.4	8.5	24.1
2005	153.5	283.5	7.1	55.6	48.4	16.8	22.7	26.7
2010	150.1	332.3	7.7	74.3	56.9	18.5	30.5	32.2
日本	104.1	98.9	15.5	49.0	47.7	19.0	72.6	53.7
台湾	104.7	111.4	22.5	117.9	77.8	13.1	36.6	30.1
韓国	151.2	196.5	18.5	67.5	59.1	11.0	22.5	58.4

出所）図 2-1 と同様。
注 1) 果物にはワイン，穀物にはビール，ミルクにはバターは含まれない。
　　2) 日本，台湾，韓国の数値は 2010 年のデータである。

とより，肉類や卵といった畜産物や，魚介類に関する中国人の平均消費量は，すでに東アジア地域の平均レベルに達していて，野菜供給量に至っては東アジア地域の平均を大きく上回っている。

　それに加えて，エンゲル係数についても 1990 年代から大きな変化を観察することができる。第 1 章で説明したように，改革開放直後の 1970 年代末には，中国の都市・農村世帯ともにエンゲル係数は 60〜70％前後の高い数値を示していた。第 1 章の図 1-1 をみると，その後の 1980 年代半ば以降は都市・農村世帯ともに，エンゲル係数は上下動したが，1990 年代に入ると都市・農村世帯ともにエンゲル係数が顕著に低下していることがわかる。都市世帯では，エンゲル係数が 1990 年の 54.2％から 1995 年には 50.0％に低下し，2000 年には 39.4％と初めて 40％を下回った。都市世帯のエンゲル係数はその後，緩やかな下落傾向に転じて，2013 年のエンゲル係数は 35.0％となっている。他方，農村世帯のエンゲル係数は 1990 年代前半には 58％前後に推移していたが，1990 年代後半には下落傾向が明確となってきた。すなわち，2000 年のエンゲル係数は初めて 50％を下回る 49.1％となり，2005 年には 45.5％，2012 年には 40％を下回る 39.3％に下落している（2013 年は 37.7％）[3]。

　なお，総務省統計局の家計調査（2 人以上の非農林漁家世帯）によると，日本

でエンゲル係数が40％を下回るのは1960年代半ば頃である[4]。したがって，エンゲル係数から考慮すると，中国においても食料不足の問題が2000年代から大きく緩和されてきたことが窺える。また，中国の家計調査データ（2000年）を利用し，都市世帯の食料支出弾力性を推計したYen et al.（2004）によると，穀物，野菜，果物の支出弾力性は0.6〜0.8前後で推移する一方で，畜産物の支出弾力性は豚肉が0.94，家禽類が1.26，牛肉が1.41と相対的に高い数値をとっている[5]。

これらの点から総合的に考察すると，中国では2000年前後には賃金財としての食糧消費という「食料問題」は基本的に解決する一方で，食生活の高度化に向けた農業構造調整の重要性が高まっていることが指摘できる[6]。

2）農業部門の就業比率と労働生産性

その一方で，中国では農業部門から非農業部門への資源配分の調整，特に就

---

3)『中国農村住戸調査年鑑』（各年版）と国家統計局住戸調査弁公室編（2013）によると，農村世帯に関する所得階層別（5分位，2002〜12年のデータが公表）の農村世帯1人あたりの食糧消費量は，第1分位を含むすべての階層でほぼ一貫して減少している。数値で示すと，第1分位の1人あたり食糧消費量は，2002年の215.4キログラムから2007年には185.3キログラム，2012年には159.8キログラムとなった。そして第1分位のエンゲル係数も，2002年の55.9％から2007年には50.4％，2012年には43.3％になるなど，エンゲル係数が10年間で12.6ポイントも低下している。したがって，2000年代以降，農村世帯の低所得層においても食生活が大きく変化してきたことが窺える。

4) 総務省統計局ホームページ（http://www.stat.go.jp/data/chouki/index.htm）の「日本の長期統計系列」（2014年11月12日閲覧）に基づく。

5) 都市・農村世帯別に1995〜99年の食料消費の需要関数を推計した穆ほか（2001）によると，都市世帯の食料支出弾力性は1を上回ったが，農村世帯では1を下回っている。他方，都市・農村世帯ともに穀物の支出弾力性はそれぞれ0.566，0.6913で1を大きく下回る結果となった。また，1997〜2009年の都市世帯調査を利用して消費関数を推計した範ほか（2012）の研究でも，食品の支出弾力性は0.7前後の数値となっている。

6) ただし，中国の貧困線以下の家計では食料品の価格変動が個人の栄養摂取量に対して有意な影響をもたらしていること，そして中国の都市・農村世帯では世帯構成員間のカロリー摂取量が性別・年齢層によって顕著に異なることが先行研究によって示されている（Shimoklawa 2010a, 2010b）。したがって，特に中国の貧困世帯にとって，「食料問題」が依然として大きな課題であることについては，十分に留意する必要がある。

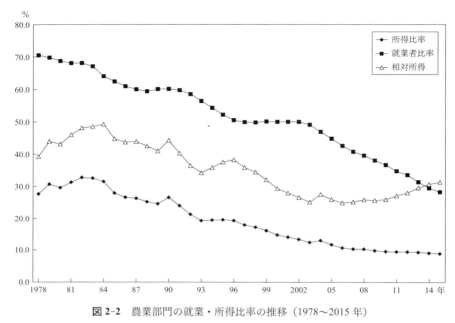

図 2-2　農業部門の就業・所得比率の推移（1978～2015 年）

出所）『中国統計年鑑 2016』より筆者作成。
注1）所得比率は第 1 次産業 GDP の割合，就業者比率は全就業者に対する第 1 次産業就業者の比率，相対所得は所得比率／就業者比率である。
　2）産業別就業者数の定義は 1990 年から変更が加えられた。その結果，第 1 次産業の就業者数は 1989 年の 3 億 3225 万人から 1990 年には 3 億 8914 万に増加するなど，統計数値の不連続性が観測されている。

業構造の転換が遅れているため，農業と非農業，農村と都市との間の経済的な格差が拡大している。図 2-2 では産業別の GDP と就業人口のデータを利用して，「所得比率」（GDP に対する第 1 次産業 GDP の比率），「就業者比率」（全就業者に対する第 1 次産業就業者の比率），「相対所得」（所得比率／就業者比率）を作成した。もし第 1 次産業と他の産業で就業者 1 人あたりの所得が均衡していれば，相対所得は 100％となることが期待される。なお 1990 年に実施された第 4 回人口センサス以降，産業別就業者の定義が変更されているため，1990 年前後の数値の変化には十分な注意が必要である。

　農業生産責任制が導入された 1980 年代前半には，農業所得が相対的に改善したことで所得比率が一時的に上昇し，相対所得も 50％に改善した。その後

は所得比率の減少率が就業者比率のそれを上回っていたため，2003年までほぼ一貫して農業部門の相対所得は低下傾向を示し，2000年には30.1％に下落した。このことは，1980〜90年代にかけて，生産性の面で相対的に劣る農業部門に多くの就業者が滞留し，第2次・第3次産業への労働移動の調整が遅れていることを示唆する。

しかしながら，2000年代前半から農業部門の就業者比率の低下が顕著となっている。その結果，相対所得も若干の持ち直しをみせ，2003年の26.1％から2010年には27.5％に改善した。他方，1991年の第1次産業就業者は3億9098万人であったが，2000年の3億6043万人から2010年には2億7931万人，2015年には2億1919万人になるなど，2000年以降の第1次産業就業者数が著しく減少している。その結果，相対所得は2000年代前半から下落傾向に歯止めがかかり，2010年から相対所得は上昇に転じて，2015年には31.4％に回復した。

では農業部門（第1次産業）と鉱工業部門（第2次産業）との間では，労働生産性の格差がどのように変化し，それはどのような要因によって規定されているのか。本節では，農業と鉱工業の労働生産性（産業別GDP/産業別就業者数）と価格指数（農業と工業の生産者価格指数）を利用して，農業と鉱工業との労働生産性格差の推移とその要因について考察していく。第2次産業に対する第1次産業の「名目比較生産性」について，本間（1994：91-93頁）と高橋（2010：13-16頁）の手法に基づき，以下のように定義する。

$$
\text{名目比較生産性} = \frac{(\text{第1次産業就業者1人あたりGDP}/\text{農業生産者価格指数}) \times \text{農業生産者価格指数}}{(\text{第2次産業就業者1人あたりGDP}/\text{工業生産者価格指数}) \times \text{工業生産者価格指数}}
$$
$$
= (\text{実質比較生産性}) \times (\text{農業の相対価格}) \tag{2.1}
$$

表2-2には，農業と鉱工業に関する名目労働生産性の変化を示した。表からわかるように，2つの部門の間では大きな生産性格差が存在し，1980年代の農業の労働生産性は鉱工業のそれの2割程度にとどまり，1990年代には2割を下回るなど，その格差が拡大してきた。しかしながら，2000年代後半になると比較生産性は若干の回復傾向をみせ，2010年には16％，2015年には22％

表 2-2 農業・鉱工業の名目労働生産性の比較

年	農業(元)	鉱工業(元)	比較生産性(％)
1985	816	3,743	22
1990	1,289	5,589	23
1995	3,383	18,318	18
2000	4,083	28,155	15
2005	6,521	49,580	13
2010	14,093	87,734	16
2015	27,771	123,633	22

出所)『中国統計年鑑』(各年版)より筆者作成。

に上昇している。これは，第1次産業の相対所得を比較した図2-2の分析と同様の結果である。

名目比較生産性に関する要因分解の結果は，図2-3に整理した。この図では，1985年を100とする形で，実質比較生産性，農業の相対価格，名目比較生産性という3つの指標の変化を示している。まず農業の相対価格については，1980年代末と1990年代半ばに一時的な上昇傾向がみられるものの，2000年代前半までは全体的には低下傾向にあり，農業の比較生産性に対してマイナスの要因として機能してきた。さらに，実質比較生産性についても，1990・91年を除くすべての年次で100を下回っていることから，農業部門の実質労働生産性は一貫して鉱工業部門のそれを下回り，その格差が2000年代前半まで拡大してきていることがわかる。

しかし2003年頃から実質比較生産性は横ばいの状況が続く一方で，トウモロコシを中心とした食糧需要の増大と最低買付価格による食糧価格の下支えを反映して，農業の相対価格は2000年代前半から急速な上昇傾向が続いている。その結果，名目比較生産性は2004年頃から上昇傾向に転じるなど，農業部門の労働生産性が徐々に回復している。

3) 農業への保護政策強化

①財政改革と農民負担[7]

1990年代には食糧作物の販売価格が低迷するとともに，1994年の「分税制」導入によって，地方財政の疲弊と「農民負担」の悪化が鮮明となった[8]。分税

---

7) 本項の記述は，寶劍(2010: 157-159頁)を加筆修正したものである。
8)「農民負担」とは，農民が郷鎮政府と村民委員会に納める税金および賦課金(「費用」)のことである。公式には農民負担は農民の所得(「純収入」)の5％に抑えることになっていたが，実際にはそれを大幅に上回る状況にあって農民生活を圧迫していたため，特に1990年代から2000年前半にかけて大きな社会的問題となっていた。

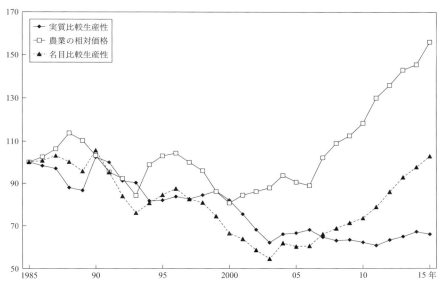

図 2-3　名目比較生産性の要因分解（1985～2015 年）（1985 年 = 100）

出所）産業別 GDP，産業別就業人口，工業の生産者価格指数は『中国統計年鑑』（各年版），農業の生産者価格指数は『中国農産品価格調査年鑑』（各年版）を利用して筆者作成。

制とは各種税収を税目と納税主体により，中央政府の収入と地方政府の収入に分ける制度で，それに伴い中央財政から地方財政への税収還付制度と地方交付金制度を確立するといった財政制度の根本的な改革である。この制度の実施により，地方財政の各レベル（省，地区，県，郷鎮）の予算内収入が減少したが，なかでも打撃が深刻だったのは後進地域の県レベル以下の財政であった。

　企業所得税収入に依存した県財政は，県営企業の経営悪化によって財政収入の減少に直面することとなった。さらに工業化が後れて税源基盤が薄弱な県政府では，その財政収入を郷鎮財政に求め，1990 年代中後期に郷鎮政府の財政運営は極度の困難に直面し，財政収入をさらに農民に転嫁することが行われたのである（池上 2009：45 頁，陳ほか 2008：236-242 頁）。また，地方政府では役人らが自分の親類や友人を勝手に公務員としてしまう行為も横行していた。行政機構の肥大化は財政負担増を引き起こし，財政赤字を補塡するために高利貸

しや銀行，農村幹部などから高金利で借金するなどの行為が広範に行われたことで，財政事情を一層悪化させ，農民負担問題をより深刻なものとしていた[9]。

この農民負担問題を解決するため，中国政府は1998年10月に国務院農村税費改革工作小組を設立し，全国各地で農村税費改革の試験を行った。税費改革の主な内容は，①従来の各種費用を廃止または農業税に統合し，農民負担を農業税に一本化する，②農業税率は過去5年間の農作物の平均生産額の7％とする，③村民委員会が徴収する賦課金である「三提」（公積金，公益金，管理費）を農業税の付加税とし，農業税本税の20％とするといった方針が決められた（池上 2009：45頁）。この税費改革は2000年から安徽省など9省34県市において実施されたが，税収の大幅減の一方で上級政府からの適切な財政移転が実施されなかったため，末端行政機関の正常な運営が損なわれたり，教師への給与未払いなどによって義務教育の実施にも大きなマイナスの影響が生じていた。その結果，2001年に入ると税費改革の試験実施のスピードも抑制せざるを得ない状況に陥った。

しかし2002年11月の第16回党大会と第16期中央委員会第1回総会において，中国共産党の最高指導部として胡錦濤総書記と温家宝首相が選出されたことで，「三農」保護政策はより強固に推し進められることとなった。胡錦濤－温家宝政権の「三農」支援の原則は，「多く与え，少なく取り，制限を緩めて活性化する」（「多予，少取，放活」）という3つが柱となっている。「少なく取る」とは税費改革による農民負担の削減であるが，2004年から農業関連の税（農業税，農業特産税，牧業税）自体を撤廃する動きが各地で進められ，2004年には葉たばこを除く農業特産税が廃止，2005年には牧畜業にかかる牧業税が廃止，2006年1月には農業税条例が廃止され，農業税も廃止された（陳ほか 2008：244-246頁）。そして，農業関連税が撤廃されたことによる郷鎮政府と村民委員会の歳入不足は，中央政府と省政府，地区級政府からの財政移転による補塡と郷鎮政府の人員削減などの自助努力によって補われることとなった（池上 2009：49-51頁）。

---

9) このような1990年代当時の状況を克明に記録したものとして李（2002）が挙げられ，統計調査に基づいて郷村財政の実態を整理したものとして朱ほか（2006）がある。

表 2-3 「四つの補助金」支出額の推移

(億元)

年	合計	食糧直接補助金	優良品種補助金	農業機械購入補助金	農業生産資材総合直接補助金
2004	145	116	29	1	
2005	173	132	38	3	
2006	310	142	42	6	120
2007	514	151	67	20	276
2008	1,029	151	122	40	716
2009	1,275	151	198	130	795
2010	1,226	151	204	155	716
2011	1,406	151	220	178	835
2012	1,668	151	224	215	1,078
2013	1,609	151	226	218	1,014

出所）2004～08年は陳ほか（2008：261-263頁），2009～13年は『中国農業発展報告』（各年版）より筆者作成。

注）食糧直接補助金と農業生産資材総合直接補助金の金額は，2014年から本報告には記載されていない。

②食糧向けの財政支援の強化

　それに対して「多く与える」政策では，食糧生産を中心に農民への直接的な補助が積極的に実施されてきたことが大きな特徴として挙げられる。第1章で議論したように，2004年から食糧流通は完全に自由化され，保護価格による買付も廃止された。その一方で，食糧生産を含めた農家全体を対象とした補助金が大幅に増額されている。農家に対する食糧直接補助金（「直補」）に加え，農家が優良品種を導入するための補助金と農業機械購入に対する補助金の支出が2004年から開始された。さらに2006年からは，農業用ディーゼル油や化学肥料，農業用ビニールといった農業生産資材価格の高騰に対応するため，農業生産資材総合直接補助金（「農資総合直補」）も支給されるようになった。これらの補助金は，「四つの補助金」と総称されている。

　「四つの補助金」の支出状況については表2-3に整理した。この表からわかるように，もともとは食糧直接補助金が農家への直接補助の中心であったが，2007年前後の世界的な石油価格高騰に対応するため，農業生産資材総合直接補助金の支出額が2007年の276億元から2008年には716億元へと大幅に引き上げられた。2008年には石油の国際価格が下落したにもかかわらず，農業生

産資材総合直接補助金はむしろ増額され，2009年には795億元，2012年には1078億元に達した。しかし，世界的な石油価格の下落もあって，2013年の補助金額は1014億元に抑制されている。

この農業生産資材総合直接補助金は，実際の農業生産資材の購入量とは関係なく，食糧の作付面積に応じて農家に支払われている。また，面積あたりの補助金支給額や対象となる食糧の品目については，省によって基準が異なるが，食糧の主産地にはより多くの補助金が中央政府から支給されているという（農林水産省大臣官房国際部国際政策課編 2011：25-27頁）。これらの点を考慮すると，農業生産資材総合直接補助金は実質上，食糧生産農家に対する直接支払いと性格的に近いものと考えることができる[10]。

しかしながら「四つの補助金」は農業生産に従事していなかったり，食糧生産を行っていない請負農家も補助金の受給が可能であるなど，食糧の増産や経営の大規模化に対する効果を疑問視する動きも広がっていた（馬・楊 2005，張 2007，高ほか 2016）。そのような批判を受け，2015年の「一号文件」[11]ではモデル地域（安徽省，山東省，湖南省，四川省，浙江省）において「三つの補助金」（食糧直接補助金，農業生産資材総合直接補助金，優良品種補助金）の一部の資金を「適正規模による農業経営」を行う食糧生産主体向けの補助金として利用することが定められるなど，食糧生産補助金の政策調整も進められている[12]。

---

10) 食糧直接補助金と最低買付価格による食糧の増産・増収効果の既存研究を整理した菅沼（2011，2014）によると，補助金の増産・増収効果は非常に限定的である一方，最低買付価格による価格支持の効果は相対的に高いことが指摘されている。なお，食糧直接補助金の基準面積（請負面積か実際の食糧栽培面積か）や対象農家（食糧生産農家かすべての農村世帯か）については，省（直轄市，自治区）政府が基準を作成しているため，地域によってスキームが大きく異なる（農林水産省大臣官房国際部国際政策課編 2011：11-17頁）。例えば河北省・河南省といった食糧主産地で実施された農村・農家調査によると，食糧直接補助金は請負面積（あるいは農業税計算面積）を基準にムーあたりで均等に支給され，受給対象も実際に農業経営を行う農家ではなく，農地請負権を持つ農家であるという。

11) 「一号文件」とは，中共中央（中国共産党中央委員会）と国務院がその年の最初に公表する政策文書のことで，その年の最重要課題が提起される。なお一号文件では，2004年から17年まで14年間連続で農業問題が取り上げられている。

12) 「三つの補助金」の改革内容は，2015年5月に財政部と農業部が公表した「農業の三つの補助政策を調整・改善することに関する指導意見」に具体的に規定されている。

③食糧の最低買付価格の導入

　他方，第1章で説明したように，2004年から保護価格に代わって最低買付価格が導入された。最低買付価格が実際に発動されたのは2005年のコメの買い取りで，早稲インディカ米457万トンと中晩稲インディカ米795万トンが最低買付価格によって買い取られた。さらに米価が低迷してきた2008年の秋以降，政府はコメの買い支えを強化し，2009年3月末までに国家臨時備蓄の形で1435万トンのコメを購入するとともに，コメ輸送費の補助金も支給された。また，2009年もインディカ米の価格は伸び悩んだことから，早稲インディカ米については277万トン，中晩稲インディカ米では577万トンを最低買付価格で購入している。

　小麦については，2006年から最低買付価格による政府買付品目に追加された。2004年以降の小麦増産で，供給過剰と価格低迷傾向が顕著となってきたことから，政府は大量の最低価格買付を実施している。各年の買付量は，2006年が4070万トン，2007年が2895万トン，2008年が4174万トン，2009年が4004万トンとなっている[13]。

　さらに，最低買付価格については，買付価格の基準面でも大幅な引き上げが行われている。コメと小麦の代表的な品目について，最低買付価格の水準と変化率を表2-4に整理した。この表から読み取れるように，2004年から07年までは最低買付価格は変更されなかったが，2008年から最低買付価格が大幅に

　　その内容は大きく2つから構成される。第1に農業生産資材総合直接補助金の8割分と食糧直接補助金と優良品種補助金の全額を耕地の地力維持を行う請負農家向けに支給すること，第2に農業生産資材総合直接補助金の2割分と食糧大規模生産農家向けの補助金，そして「三つの補助金」増額分を合わせた資金を食糧の適正規模経営を行う生産主体向けの補助金として利用することである。第2の政策については，2016年4月の財政部と農業部による通達（「農業『三つの補助金』の改革工作を全面的に推進することに関する通知」）で，2016年から中国全体で実施することが定められた。
13）2005年以降の最低買付価格，中央備蓄，国家臨時備蓄による政府買付量については，『中国糧食発展報告』（各年版）と鄭州市糧食卸売市場ホームページ（http://www.czgm.com/）の「中国糧食市場月次報告」（2016年12月27日閲覧）に基づく。なお，2008年のコメとトウモロコシの買付量に関して，2つの統計データの間で大きな乖離が存在するが，各種資料と整合性を付き合わせたうえで，本章では後者のデータを優先させている。

表 2-4　コメと小麦の最低買付価格

年	早稲インディカ米（三等級）		中晩稲インディカ米（三等級）		中晩稲ジャポニカ米（三等級）		小麦（三等級，白麦）	
	最低買付価格（元／トン）	変化率（％）	最低買付価格（元／トン）	変化率（％）	最低買付価格（元／トン）	変化率（％）	最低買付価格（元／トン）	変化率（％）
2004	1,400		1,440		1,500			
2005	1,400	0.0	1,440	0.0	1,500	0.0		
2006	1,400	0.0	1,440	0.0	1,500	0.0	1,440	
2007	1,400	0.0	1,440	0.0	1,500	0.0	1,440	0.0
2008	1,540	10.0	1,580	9.7	1,640	9.3	1,540	6.9
2009	1,800	16.9	1,840	16.5	1,900	15.9	1,740	13.0
2010	1,860	3.3	1,940	5.4	2,100	10.5	1,800	3.4
2011	2,040	9.7	2,140	10.3	2,560	21.9	1,900	5.6
2012	2,400	17.6	2,500	16.8	2,800	9.4	2,040	7.4
2013	2,640	10.0	2,700	8.0	3,000	7.1	2,240	9.8
2014	2,700	2.3	2,760	2.2	3,000	3.3	2,360	5.4
2015	2,700	0.0	2,760	0.0	3,100	3.3	2,360	0.0

出所）国家発展和改革委員会・経済貿易司ホームページ（http://jms.ndrc.gov.cn/）および国家糧食局ホームページ（http://www.chinagrain.gov.cn/）（最終閲覧日は 2017 年 6 月 23 日）より筆者作成。

引き上げられた。早稲インディカ米については，2008 年が対前年比 10.0 %，2009 年は同 16.9 % の大幅引き上げとなり，小麦についても 2009 年には同 13.0 % の引き上げが行われた。

　2010 年以降は小麦の最低買付価格が毎年引き上げられるものの，2010 年以降の引き上げ率が 10 % を下回り，2015 年には 8 年ぶりに引き上げ率が 0 % となった。それに対して，コメの最低買付価格の引き上げは 2010 年以降も高い水準を維持してきた。ジャポニカ米については 2009～11 年にかけて最低買付価格が 10 % を上回る水準で引き上げられ，インディカ米の最低買付価格も 2011～13 年にかけて 10 % 前後の引き上げ率を経験している。しかし 2014 年以降は，インディカ・ジャポニカ米ともに引き上げ率は大幅に抑制された。

　他方，トウモロコシについては飼料用・工業用原料としての需要増によって，増産が続くものの，価格は上昇傾向にある。そのため，政府による最低買付価格は現在（2017 年 7 月）まで設定されていない。ただし，世界的な穀物価格の上昇が収束してきた 2008 年には，臨時備蓄として 3574 万トンのトウモロコシの政府買付が行われるなど，政府も備蓄管理を通じてトウモロコシ需給の調整

を行ってきた（寶劔 2011b）。さらに 2010 年以降は中国産トウモロコシの価格高騰が続き，2013 年頃からはアメリカ産トウモロコシの輸入価格が国内価格を下回る状況が広がってきたため，政府は臨時備蓄を通じてトウモロコシの買い支えを行っている。鄭州市食糧卸売市場のレポート（『2014 年中国玉米市場分析』）によると，2012/13 年度のトウモロコシの臨時備蓄量は 3083 万トンであり，さらに 2013/14 年度の臨時備蓄量は生産量の 1/3 に匹敵する 6919 万トンにまで増加している。

④農業保護率の推移

ではこのような食糧生産に対する直接補助と価格政策は，食糧に対する保護政策と評価することができるであろうか。このことを明確にするため，世界銀行（World Bank）が推計した名目保護率（Nominal Rate of Assistance：NRA）と，経済協力開発機構（OECD）が作成する生産者支持推定量（Producer Support Estimates：PSE）を利用する。

NRA とは，特定の農産物に関する卸売価格と国境価格との差の比率をとった数値である。この数値が 0 を上回っていれば当該農作物に農業保護を行っていること（NRA が 1 の場合は，国内価格は国境価格の 2 倍），0 を下回っていれば農業搾取的な政策がとられていることを意味する。また NRA の推計には内外価格差だけではなく，投入財への補助も農業保護の要因として含まれる（Anderson and Valenzuela 2008）。中国については，Huang et al.（2007）によって 2005 年までの推計が行われ，その後に 2010 年までデータが延長されている。

図 2-4 には，コメ，小麦，トウモロコシという中国の代表的な穀物と中国農業全体の NRA の推移を示した。年次による数値の変化が大きいため，数値は 3 カ年の移動平均をとった。図からわかるように，1990 年にはコメとトウモロコシについては NRA が一貫して 0 を大きく下回る一方で，小麦のそれは 0 前後の水準に推移していた。しかし，1990 年代前半から 3 つの穀物ともに NRA の大きな上昇がみられる。その後の 1990 年代半ば以降はコメと小麦で NRA の低下傾向が観察されたが，3 つの穀物ともに 2000 年から 06 年にかけて再び緩やかに上昇している。2007〜08 年は世界的な穀物価格の高騰と中国政府による輸出禁止措置の実施のため（寶劔 2011b），一時的に NRA が大きく低下し

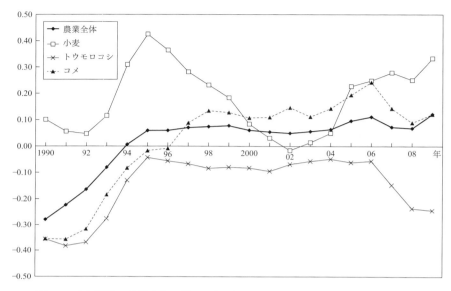

図 2-4 主要穀物と農業全体に関する名目保護率（NRA）の推移（1990～2009 年）

出所）World Bank (Distortions to Agricultural Incentives, http://go.worldbank.org/5XY7ALH40) のデータベース（2014 年 12 月 15 日ダウンロード）より筆者作成。
注）数値は 3 カ年の移動平均である。

たが，単年度の数値でみると 2009 年の NRA は 2000 年代半ばまでの趨勢に戻ってきている[14]。

　他方，農産物の生産額で加重平均をとった農業全体の NRA については，コメとトウモロコシと類似した趨勢をみせている。すなわち，1990 年には －0.3 前後にあった NRA が 1990 年代前半には大きく上昇した。そして 1994 年から 2000 年代半ばまでは，ほぼ 0.1 前後の水準を推移してきたが，2006 年以降は緩やかな上昇傾向が観察される。このことは，中国の農業部門全体が緩やかに保護政策に向かっていることを示唆する[15]。

---

14) 3 カ年の移動平均ではなく，単年度の数値でみると，2009 年と 2010 年の NRA の数値は，トウモロコシがそれぞれ 0.19 と 0.30，コメは －0.30 と －0.03，小麦は 0.44 と 0.39 である。

15) アジア地域（日本を除く）の NRA（農業全体）の単純平均値は，1990 年代には 0.1 から 0.2 へと上昇し，2000 年代前半には 0.3 前後まで上昇したが，その後は 0.1～0.2 の

中国の農業保護政策への移行は，OECD の PSE によっても確認できる。OECD が作成する PSE とは，農業生産者を支援するため，消費者や納税者から移転された金額を農家庭先価格で評価した指数のことで，価格政策や補助金など様々な政策手段の効果が含まれる（OECD Producer and Consumer Support Estimate Database, http://www.oecd.org/）。なお，価格政策については，農家庭先販売価格に関する国内価格と国際価格との差で評価され，PSE の値が負のときは農業搾取的，正のときは農業保護的と判断される。中国の PSE については1995 年以降の数値が公開されている。

　そこで，中国農業全体，および主要穀物（コメ，小麦，トウモロコシ）の PSE の動向を図 2-5 に整理した。農業全体の PSE については農業粗生産額に対する PSE の割合，穀物ごとの指数については農家庭先価格で評価した各穀物の粗生産額に対する移転量（Producer Single Commodity Transfers：PSCT）の割合で表示してある。まず主要穀物についてみると，コメとトウモロコシは 1990 年代末までは PSCT が 0 を下回っていたが，2000 年前後からプラスに転じるなど，保護対象の品目に転換してきたことがわかる。2007〜08 年の世界的な穀物価格の高騰で PSCT は一時的に下がったが，その後は再び上昇に転じ，2014 年時点で 0.2〜0.3 という高い水準を維持している。それに対して小麦は 1990 年代後半から 2000 年代前半には PSCT が 0 を下回ったが，2005 年から PSCT が大幅なプラスに転じ，その後も高い状態が続いている。また，農業全体の PSE をみると，1995 年から 99 年までは 0 前後で推移していたが，2000 年からは緩やかなプラスに転じ，2010 年には 0.12，2014 年には 0.20 に達するなど，近年の上昇は極めて顕著である。

　このように穀物ごとの農業保護の程度やその趨勢には若干の相違はあるものの，NRA と PSE ともに中国経済が農業保護に向かっていることが，統計データからも裏付けられる。ただし中国の農業保護率上昇の背景には，2013〜14 年にかけてのトウモロコシを中心とした穀物の世界的な増産と穀物価格の下落

　　レンジに推移している。それに対して先進国の NRA は，1990 年初頭の 1.0 から 2000 年には 0.5 前後へと大幅な低下をみせ，その後も緩やかな低下傾向を示し，2000 年代後半には 0.2 前後で推移している。

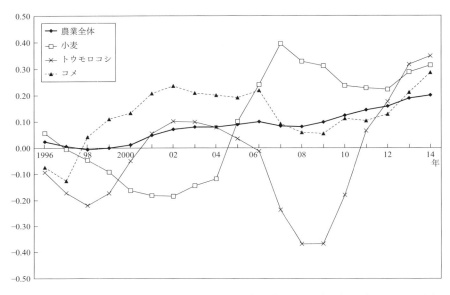

図 2-5　主要穀物と農業全体に関する生産者支持推定量（PSE, PSCT）の推移（1996～2014 年）
出所）OECD Producer and Consumer Support Estimate Database（http://www.oecd.org/）（2016 年 8 月 26 日更新データ）より筆者作成。
注）数値は 3 カ年の移動平均である。

が存在していることも看過すべきでない。USDA（United States Department of Agriculture）データによると，世界の穀物生産量は 2013/14 年度と 2014/15 年度の連続で過去最高記録を更新した。この需要量を上回る穀物の生産増は価格の下落を引き起こし，2012 年 12 月と比較した 2013 年 12 月の小麦，トウモロコシ，コメの価格はそれぞれ 20.8 %，34.5 %，23.1 % の下落となった。穀物価格の下落はその後も続き，2012 年 12 月と比較した 2015 年 12 月の穀物価格はそれぞれ 45.9 %，46.9 %，37.3 % のマイナスで，この 3 年間で主要穀物の国際価格が半額近くに下落したのである。

したがって世界的な穀物市場の動向が，結果として主要穀物に対する中国の保護を高めている側面は否定できない。その一方で前掲表 2-4 に示されているように，国際価格の下落にもかかわらず，2013～14 年には小麦とコメの最低買付価格が引き上げられ，またトウモロコシについても 2009/10 年度から

2013/14 年度までの臨時備蓄による買付価格が一貫して引き上げられてきた。このような国際価格と乖離した穀物買付価格の設定自体が，中国共産党による農業保護政策の証左であると指摘できる。

4) 都市・農村世帯間の所得格差

　農工間の賃金格差を考察する際，職業別の賃金データが必要となるが，中国では農業販売農家を対象とした農業経営全般に関する統計調査（日本の「農業経営統計調査」に相当する調査）が全国的な公式統計調査として実施されていない。そのため，就業者（あるいは世帯）を単位とした標本調査に基づき，農業労働者と製造業などその他産業従事者との間の賃金格差を厳密に比較することは困難である。その一方で，農村世帯を対象とした「農村住戸調査」のなかで，農業経営に関する統計調査が行われてきた。そこで以下では，都市世帯と農村世帯を対象とした家計調査データを利用して，中国における都市と農村との間の世帯レベルでの所得格差について検討していく。

　図 2-6 には都市世帯と農村世帯別の 1 人あたり平均所得（名目値）と，所得格差（都市世帯所得に対する農村世帯所得の比率）を示した[16]。1 人あたり所得に関する都市・農村世帯間の格差は，1980 年代から緩やかに広がってきたが，中国向けの外国資本投資が本格化する 1990 年代前半から，その格差は急速に拡大している。都市世帯所得に対する農村世帯所得の比率は，1985 年の 53.8 % から 90 年には 45.4 %，95 年には 36.8 % へと大きく低下してきた。その後の 1990 年代後半には，農村世帯の非農業所得の増加によって都市・農村間の格差は一時的に縮小し，所得格差の比率も 1997 年には 40.5 % に回復した。し

---

16) 戸籍制度によって都市住民と農村住民に明確に分類されてきた中国では，家計調査も都市世帯（「城鎮住戸」）と農村世帯（「農村住戸」）という異なったサンプリングフレームを利用して実施されてきた。そのため，所得の定義についても都市世帯と農村世帯の間で厳密には若干の違いがある。都市住民の所得は「可支配収入」（可処分所得に相当）と呼ばれるもので，世帯総収入から所得税と個人負担分の社会保障支出，家計調査の記帳補助費を控除した金額である。それに対して農村住民の所得（「家庭純収入」）とは，家庭総収入から自営業経営コスト，課税公課，生産性固定資産の減価償却費，および家計調査の記帳補助費を控除した金額のことである（『中国統計年鑑 2014』182 頁）。

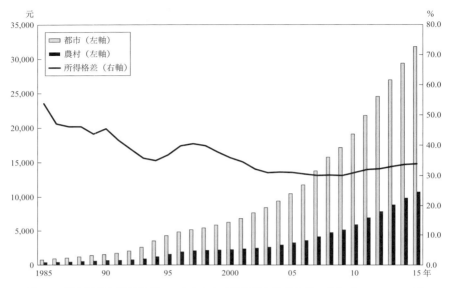

図 2-6 都市世帯と農村世帯の 1 人あたり平均所得と所得格差の推移（1985〜2015 年）

出所）『中国統計年鑑』（各年版）より筆者作成。
注）2013 年以降の数値は、家計調査統合前の所得の定義に基づくものを利用した。

かし、1990 年代末から都市・農村間の所得格差は再び拡大傾向を示し、農村世帯の所得比率も 2000 年には 35.9 %、2005 年には 31.0 % へと低下してきた。ただし 2010 年頃から農村世帯の所得上昇率が都市世帯のそれを再び上回り始め、2015 年には所得格差の比率が 36.6 % になるなど、格差縮小の傾向もみられる。

このような農村世帯所得の低迷の主たる要因は、農業所得の動向にある。図 2-7 では農村世帯の 1 人あたり名目所得を農業所得（「農業経営純収入」）と非農業所得（農業以外の自営業純収入、賃金収入、財産収入、移転収入の合計）に分けて示した。農村世帯では 1990 年代半ばまで農業所得が所得全体の 6 割以上の比率を占めてきた。しかし第 1 章で考察したように、1990 年代後半には食糧価格低迷の影響を受けて、農業所得は絶対額で減少傾向を示し、その状況は 2000 年代前半まで続いた。その一方で、非農業所得は 1990 年代後半から大き

第2章 農業調整問題の登場　73

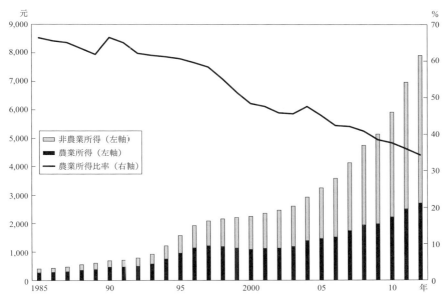

図 2-7 所得源泉別の農村世帯1人あたり所得の推移（1985～2012年）

出所）国家統計局住戸調査弁公室編（2013）より筆者作成。2013年から内訳の分類方法が変更されたため，それ以降の数値は図に含まれていない。

な増加傾向を示し，所得全体に占める割合も1995年の38.8％から2000年には51.6％と農業所得の割合を上回り，2010年には62.3％にまで上昇している。

この非農業所得のなかで，出稼ぎ収入を含めた賃金所得の増加が顕著である。農家所得全体に占める賃金所得の割合も1990年の20.2％から2000年には31.2％へと大きく上昇し，2009年には農業所得の比率（38.6％）を初めて上回る40.0％に達している。さらに1990年代半ば以降の農村世帯所得の変化に対する寄与率を計算したところ，年次による差は比較的大きいものの，1997～2010年までの農村世帯所得の変化に対する賃金所得の寄与率は，年平均値で70.6％を記録している。したがって，1990年代後半以降の農村世帯所得増加の主たる牽引役は農業所得ではなく，賃金所得であったと言える。

この農村世帯の賃金所得増加は，「郷鎮企業」と呼ばれる農村部の企業が1980～90年代にかけて急速に発展してきたことと強く関連している。郷鎮企

表 2-5　郷鎮企業の発展状況と所有形態別構成比

(%)

年	企業数（万社）	集団企業	私営企業	個人企業	就業者数（万人）	集団企業	私営企業	個人企業
1985	1,223	12.8	4.4	82.8	6,979	59.5	6.8	33.7
1990	1,873	7.8	5.2	87.0	9,265	49.6	8.8	41.6
1995	2,203	7.4	4.4	88.3	12,862	47.1	6.8	46.1
2000	2,085	3.8	9.9	86.3	12,820	29.9	25.4	44.7

年	生産額（億元）	集団企業	私営企業	個人企業	付加価値額（億元）	集団企業	私営企業	個人企業
1985	2,728	72.9	6.8	20.3	772	72.9	5.9	21.3
1990	9,780	66.8	7.9	25.3	2,504	66.8	7.9	25.3
1995	69,569	53.6	15.8	30.6	14,595	64.1	5.9	30.0
2000	116,150	34.7	27.8	37.5	27,156	34.7	27.4	37.9

出所）中華人民共和国農業部郷鎮企業局編（2003）より筆者作成。

業とは，農村の末端行政組織である郷鎮政府や自治組織である村民委員会が経営する企業と，農民が共同あるいは単独で経営する企業の総称である[17]。郷鎮企業は計画経済時代の「社隊企業」（人民公社や生産大隊が経営する企業）を起源とするものが多く，改革開放後の生産財・消費財の需要増大に臨機応変に対応しながら急成長を実現してきた。改革開放当初は国有企業と郷鎮企業との競合を恐れ，中央政府は郷鎮企業の発展を容認しつつも抑制的な方針をとってきたが，農村部での労働集約的産業の発展による雇用増大効果を期待して1984年から郷鎮企業の奨励へと方針転換を行った。

　郷鎮企業の動向を整理した表2-5をみると，1985〜95年の時期にはいずれの指標も大幅な増加を示し，所有形態別では個人企業の構成比が高まっていることがわかる。郷鎮企業全体の生産額と付加価値額は1995年以降も順調な増

---

[17] 郷鎮企業の定義については，加藤（1997：56頁）を参照した。なお，郷鎮企業法（1997年から施行）では郷鎮企業は「農村集団経済組織または農家の投資を主とし，郷鎮（所轄の村を含む）で農業支援の義務を担う各種企業」（第二条）と定義されるが，実態との乖離が大きい。また郷鎮企業については，対象とする時期や研究者によってもその定義や対象範囲が若干異なるため，注意が必要である。中国農村工業化の歴史的変遷や郷鎮企業の発展過程を詳細に考察した研究として，石田（1993），大島（1993），厳（2002：第5章），堀口（2015）が挙げられる。

加を実現する一方で，企業数と就業者数では1995年から停滞傾向が明確となり，2000年の2つの指標はいずれも1995年の数値を下回った[18]。その背景には，1990年代半ばから実施された引き締め政策を契機に経済成長が減速したこと，中国経済が全般的なモノ不足を解消する一方で市場競争が激化してきたことが挙げられる。このような経済環境の変化に対応するため，郷鎮企業も技術レベルの向上と経営者能力の向上が必要となり，労働集約的生産から資本・技術集約的生産への転換を図るとともに，集団所有企業の民営化を通じた企業経営改革が進められてきた（今井・渡邉 2006：107-109頁）。その結果，農村部の雇用吸収の面では郷鎮企業の役割が低下する一方で，長江・珠江デルタをはじめとした沿海部に向かう出稼ぎ労働者が着実に増加してきたのである。

2　農業産業化を通じた農業構造問題への対応

1）農業産業化政策の展開

　以上の分析から，中国では2000年頃までに「食料問題」を基本的に解決する一方で，1990年代から2000年代半ばにかけて農業所得が相対的に低迷し，都市・農村世帯間の所得格差が拡大してきたことが示された。ただし，2000年代半ば以降は農産物の相対価格の上昇や，非農業部門への労働移動の促進によって，農業と鉱工業の労働生産性格差と農村・都市世帯間の所得格差がやや縮小してきたことも明らかとなった。このことは，中国農業が1990年代から構造調整問題に直面したことを明確に示唆するものであり，農業保護に舵を切り始めたと考えられる。

　ここで注意すべきは，農業の比較劣位化という問題について，中国共産党も必ずしも手を拱いていたわけではないことである。第1章で議論した食糧流通改革に加えて，1990年代前半から農業競争力の強化と農業の構造調整促進の

---

18)『中国郷鎮企業年鑑』（各年版）によると，郷鎮企業が企業数で1990年代のピークを上回るのは2008年，就業者数では2003年である。ただし2003年以降は，郷鎮企業の定義や対象範囲の変更がみられるため，時系列的比較については注意が必要である。

ため，各種の政策を打ち出している。1992年9月には，都市住民の生活水準向上につれて，需要が高まってきた高品質・高付加価値の農産物生産を促進するため，国務院は「高生産・優良品質・高効率の農業発展に関する決定」を打ち出した。この「決定」では，農業における構造調整の促進とともに，農業のバリューチェーンの強化を通じた農業競争力の向上も提唱されている。この方針は，1993年に承認された中共中央・国務院の決定（「当面の農業・農村経済発展に関する若干の政策措置」）に引き継がれ，「高生産・優良品質・高効率農業」の実現のため，農業モデル地区の設置も定められた[19]。

さらに，1995年の12月11日付『人民日報』の社説には，「農業産業化」という言葉が中国国内で初めて一般に登場した（張 2007：105頁）。この社説記事のなかで，最も早い時期から農業産業化を実施した地域の一つとして，国内有数の農業生産地である山東省濰坊市のブロイラー生産の事例が紹介され，その産業化モデルの普及が強く打ち出された。そして，この山東省における農業産業化の立役者の一人が，1988年に山東省書記に就任した姜春雲であったことは注目に値する。彼は山東省における農村経済発展の功績が認められ，1994年には中央に抜擢されて中国共産党中央書記局書記，1995年には農業担当の副首相に任命された（〜1998年）。この姜春雲の存在が，その後の農業産業化の全国的な展開に重要な役割を果たすこととなる。

その契機となったのが，1998年10月に開催された中国共産党・第15期中央委員会第3総会のなかで，「農業・農村工作の若干の重大問題に関する決定」が承認されたことであった。この「決定」では，農業産業化のインテグレーターとして「龍頭企業」と呼ばれるアグリビジネス企業の存在がこれまで以上に強調され，龍頭企業と農民との間の利益調整を図ることや産業化プロジェクトの重複投資を避けることなど，より具体的な施策が提示された。

さらに2000年1月に中国共産党中央と国務院の連名で公布された「2000年の農業・農村工作に関する意見」では，龍頭企業について従来よりも踏み込んだ記述がなされている。すなわち，生産農家の牽引と農業産業化実現のための

---

19) この農業モデル地区の特徴と，農業モデル地区であることの効果と農民専業合作社への加入効果について，第6章で検討する。

中心的存在として龍頭企業を捉え，有力な龍頭企業に対して基地建設，資材調達，設備導入，農産物輸出の面で中央政府が支援することを明確に打ち出したのである。それを受け，2000年10月には農業部など8部門の連名で「農業産業化経営重点龍頭企業を支援することに関する意見」が提起された。その「意見」では，中央政府が直接支援する国家級龍頭企業の選定基準と支援策（融資・税制面での優遇，基地建設への支援など）が具体的に示されている[20]。

そして2001年12月にWTOに加盟した中国は，加盟時にほとんどの農産物の貿易を自由化・関税化するとともに，その税率を徐々に引き下げている。その一方で，WTO加盟時に穀物（コメ，小麦，トウモロコシ）と食用植物油（2006年以降は関税化），砂糖，羊毛，綿花に関税割当制を導入したが，二次関税率も38～65％と相対的に低い水準に設定されている（池上2015：75頁）。そのため，農産物の国際競争力を高めることが急務となり，地域別の比較優位を活かした農業構造調整が推し進められてきた。

具体的な政策動向として，2003年1月に農業部が「比較優位のある農産物生産地域配置計画（「優勢農産品区域布局規劃」）(2003～2007年)」を公表したことが挙げられる。この「計画」では穀物や野菜・果物，畜産物など11種類の品目を対象に，市場メカニズムと比較優位に基づき，各々の品目の主産地を選定すること，それらの主産地において国際競争力のある産地を形成すること，そのために政府によるインフラ投資や財政支援，龍頭企業の育成を行うことが掲げられた。

さらに，2008年1月にはこの5年間の「計画」を踏まえ，「比較優位のある農産物生産地域配置計画(2008～2015年)」が農業部から打ち出された。この新たな「計画」では，16品目（10品目は同一，1品目は3品目に細分化，3品目が新たに追加）を対象に主産地の選定を実施し，比較優位に基づく産地形成を行い生産比率を高めること，主産地での技術水準の向上やインフラ整備を促進すること，農産物の品質認証の取得や品質レベルを向上させること，龍頭企業・農民専業合作社と農家との連携強化を促進し，そのための政策支援を強化

---

20) 龍頭企業への支援政策の詳細や龍頭企業の発展状況については，渡邉（2009）と寳劔（2015）に詳しい。

することが規定されている。

　そして習近平体制が確立した 2012 年以降,「新しい農業経営体系」(「新型農業経営体系」) と「適正規模による農業経営」(「農業適度規模経営」) という新たなスローガンが打ち出されたことは注目すべき点である。2013 年 11 月に開催された中国共産党・第 18 期中央委員会第 3 総会と 2014 年の一号文件において,家族経営を農業の根幹として堅持しつつ,農地貸借を通じて新規かつ多様な経営主体 (専業大規模農家,「家庭農場」, 農民専業合作社, 農業企業) による集約的な農業経営を発展させるとともに, それを支える農業の社会的サービス体系を整備するという「新しい農業経営体系」の枠組みが提起された[21]。

　さらに 2014 年 11 月の中共中央弁公庁・国務院弁公庁による通達では, 様々な形式による農業の適正規模経営を発展させるため, 正式な市場取引を通じて新たな農業経営主体への農地流動化を促進することも奨励された。農地流動化については第 4 章で詳細に議論するが, 同通達では「農業経営の適正規模」について, 自然経済条件や農村労働力の移転状況, 農業機械化水準などの要素を考慮して, 土地規模経営の適正な基準を各地区で確定することが明記されている。その一方で, 農民の意に反した過度な大規模経営を抑制し, 農工間の所得格差が解消する水準の規模経営を支援することも明記された[22]。

　このように中国の農業構造調整は, 龍頭企業を牽引役とした農業産業化の促

---

21)「家庭農場」という用語は, 2013 年の一号文件 (「現代農業の発展を加速させ, 農村発展の活力をさらに増強することに関する若干の意見」) のなかで初めて登場した概念で, その後の政策文書にも頻繁に使用されている。「家庭農場」の解説については, 農業部弁公室の記者会見 (2014 年 2 月 27 日) で張紅寧司長 (農村経営体制・経営管理司) が行った解説が参考になる。それによると「家庭農場」の基本的特徴は, 家族経営であること, 農業専業であること, 適正規模で経営されていること, という 3 つから構成される。また, 家庭農場 (食糧生産) の適正規模の具体的な数値例として, 安徽省の 13.3 ヘクタール以上, 重慶市の 3.3〜6.7 ヘクタール, 江蘇省の 6.7〜20 ヘクタール, 上海市の 6.7〜10 ヘクタールが言及されている (農業部ホームページ, http://www.moa.gov.cn/, 2014 年 2 月 27 日付記事, 2016 年 8 月 29 日閲覧)。
22) 2014 年 11 月の中共中央弁公庁・国務院弁公庁による通達は,「農村土地経営権の秩序ある移転を指導し, 農業の適正規模経営を発展させることに関する意見」である。本通達では適正規模については,「現段階では, 土地規模経営は当地の世帯平均請負面積の 10〜15 倍に相当し, その農業就業収入は当地の第 2 次・第 3 次産業での就業収入に相当することから, このような規模経営を重点的に支援する」ことが明記された。

進，比較優位に基づく産地形成を中心に展開されていること，そして2013年以降は適正規模で経営を行う新たな農業経営主体が加わったことが指摘できる。

2）農業生産の変容

①作目転換の進展

ではこの農業産業化政策によって，中国農業にどのような変化が発生したのか。以下では生産量や作付面積データなどを利用して，農業構造調整の進捗状況について考察していく[23]。まず，図2-8では総作付面積と食糧作付面積比率（総作付面積に占める食糧作付面積の割合）の変化を示した。総作付面積は食糧流通改革による混乱が発生した1990年代前半を除くと，1980年から2000年前後まで順調な伸びを示してきた。その後，食糧余剰による食糧価格の低迷が続いた2000年代前半には総作付面積が大きく減少したが，2000年代後半から大幅な回復傾向も観察できる。

それに対して，食糧作付面積比率は2000年前後まで漸進的な低下傾向を示し，1980年の80％から1990年には76％，2000年には69％となった。さらに食糧生産の余剰と価格低迷が顕著となった2000年代前半にはその落ち込みが著しく，2003年には65％に低下した。しかし前節で述べた食糧の最低買付価格導入による価格下支えと，2007～08年に発生した世界的な穀物価格の高騰によって食糧作付面積比率は回復傾向を示し，2007年以降は67～68％の水準を維持している。

23）中国では1996年末に第1回農業センサスが実施された。その結果，これまで公表されていた耕地面積（登録上の耕地面積）は実際の耕地面積（センサス集計結果）よりも3割近く過少であったことが明らかになっている。1996年以前の耕地面積については，その後も修正値が出されることはなく，1996年以降に改訂された統計数値との間には統計上の非連続性が存在する。また，『中国統計年鑑』のなかで耕地面積の数値が公表されていたのは2008年末（国土資源部の「第2次全国土地調査」に基づく数値）までで，それ以降は公表されていない。ただし『中国農業統計資料』のなかでは，国土資源部の調査データに基づくものとして2010年以降の耕地面積の数値が公表されているが，『中国統計年鑑』の2008年末の耕地面積と比べて2010年の耕地面積は11％広くなるなど，数値の連続性には大きな問題が存在する。そのため，本章では耕地面積ではなく作付面積の数値を利用している。

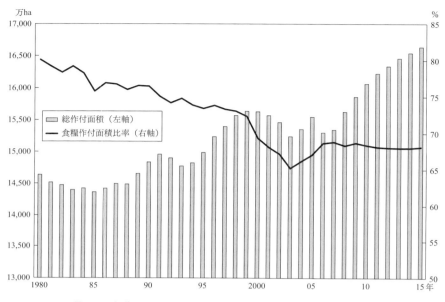

図 2-8 総作付面積と食糧作付面積比率の推移（1980〜2015 年）

出所）国家統計局農村社会経済調査総隊（2000b：34 頁），『中国統計年鑑』（各年版）より筆者作成。

　食糧作付面積比率の低下とは対照的に，野菜，果物といった副食品の作付面積は 1990 年代から大きく増加してきた。野菜の作付面積は 1990 年の 634 万ヘクタールから 1995 年には 952 万ヘクタール，2000 年には 1524 万ヘクタールに達するなど，10 年間で作付面積が倍増した。また，果樹園の面積は野菜の作付面積の増加率には劣るものの，1990 年の 518 万ヘクタールから 2000 年には 893 万ヘクタールへと増加している。2000 年以降は野菜と果樹園ともに作付面積の増加率は低下しているが，2005 年の野菜と果樹園の面積はそれぞれ 1772 万ヘクタールと 1003 万ヘクタールで，2015 年には 2200 万ヘクタールと 1282 万ヘクタールに増加した。

②主要農作物の生産動向

　この作目転換とともに，農産物の生産構成にも大きな変化が起こっている。表 2-6 では主要農作物に関する生産量の変化について，1996 年の生産量を 100

表 2-6　主要農産物の生産動向（1996 年 = 100）

年	食糧	穀物	コメ	小麦	トウモロコシ	大豆	油料作物	野菜	果物	肉類
2000	92	90	96	90	83	117	134	157	144	131
2005	96	95	93	88	109	124	139	219	199	151
2010	108	110	100	104	139	114	146	253	264	173
2015	123	127	107	118	176	89	160	261	337	188

出所）『中国統計年鑑』（各年版），『中国農業統計資料』（各年版），国家統計局農村社会経済調査司編（2009），農業部ホームページ（http://www.moa.gov.cn）2016 年 2 月 1 日付記事（2016 年 8 月 25 日閲覧）より筆者作成。
注）果物には果実的野菜（スイカ，メロン，イチゴなど）が含まれる。

とした指数で示した。1996 年を基準としたのは，果物について同一の定義で数値がとれるのが 1996 年以降のためである。食糧の生産量については，1990 年代後半から低迷が続いていたが，2000 年代半ば以降はトウモロコシの増産に牽引される形で食糧生産量が顕著な回復をみせ，2010～15 年には 1990 年代半ばの水準を 1～2 割程度上回っている。

それに対して 1990 年代後半からの野菜・果物の増産は著しく，1996 年から 2005 年の間に生産量はともに倍増し，その後も高い増加率を継続している。また，1990 年代には耕種業のほかに，畜産業の面でも大きな発展がみられ，肉類の生産指数も 2000 年には 131，2015 年には 188 に上昇している[24]。

このような農家による食糧以外の作物栽培への転換の背景には，作目間の純収入の面での格差が存在する。図 2-9 では国家発展和改革委員会が実施する生産費調査（『全国農産物成本収益資料』）を利用して，主要作物に関する単位面積あたりの純収入の推移を表示した。食糧（籾付きのコメ，トウモロコシ，小麦の穀物平均）の純収入は，特に 1990 年代前半と 2000 年代半ば以降の時期でリンゴや野菜（大中都市近郊）の純収入を大幅に下回っている。なお，1990 年代後

24）中国全体の農業生産総額（「農林牧漁業総産値」）に対する畜産業の構成比は，1980 年の 18.4％ から，1990 年と 2000 年にはそれぞれ 25.7％，29.7％ へと上昇するなど，急速な成長を示している。その一方で，2000 年代は畜産業の構成比が 30％ 前後で推移していて，農業生産総額に占める割合に大きな変化は観察されない（データは『中国統計年鑑』〔各年版〕による）。

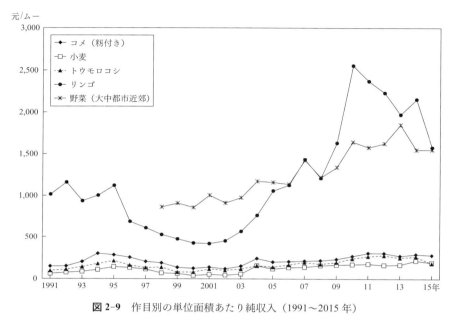

図 2-9 作目別の単位面積あたり純収入（1991〜2015 年）

出所）『全国農産品成本収益資料匯編』（各年版）より筆者作成。
注1）純収入とは，生産総額から直接費用（種子，肥料，農薬などの中間投入費用，賃耕費，燃料費などの合計）と間接費用（減価償却費，保険費，財務費，販売関連費用などの合計），および雇用労働費と支払い地代を差し引いた金額である。したがって純収入には，労賃部分（家族労働費）と地代部分（自作地地代）が含まれる。
2）純収入の数値は，農村消費者物価指数（1991 年＝100）でデフレートした。
3）本調査では 2004 年から調査指標の表記方法が変更された。本図では新指標に基づいて遡及された数値を利用した。

半にリンゴの純収入が低下しているのは，栽培面積の急増によって過剰生産に陥ったことが関係している（山田 2013：76-77 頁）。このような作目間の純収入格差が，伝統的な農作物（食糧）から果物・野菜などより純収入の高い農作物への転作を促進しているのである。

　ここで注意すべきは，食糧栽培の単位面積あたりの労働投入日数は，労働集約的なリンゴ・野菜栽培と比べて非常に少ない点である。2000 年の数値で例示すると，食糧のなかで最も労働集約的なコメについて，ムーあたり労働投入日数は 14.6 日であるのに対し，リンゴと野菜の労働投入日数はそれぞれ 43.9 日と 47.1 日である。2000 年代には賃耕（農業機械の専門業者への耕耘・収穫と

いった農作業の委託）の普及によって，穀物の労働投入日数の減少が顕著で，2010年のコメのムーあたり労働投入日数も7.82日となった。

そこで，労働投入日・単位面積あたりの純収入（元/ムー/日）でコメとリンゴを比較したところ，1994〜98年はリンゴの純収入の方がコメのそれを下回るが，それ以外の時期はリンゴの純収入がコメのそれを一貫して上回っている。ただし，2000年代半ば以降，労働投入量の減少と販売価格の上昇によってコメなど食糧の労働投入日・単位面積あたりの純収入も大きく増加するなど，作目間の労働投入日数あたりの純収入格差は縮小する傾向にある[25]。

③農業労働生産性の分解

最後に，農業部門の労働生産性を規定する要因を考察するため，労働生産性（Y/L）の土地生産性（Y/T）と土地装備率（T/L）への分解を行う。本章のこれまでの分析と同様に，Yについては第1次産業のGDP，Lについては第1次産業就業者数，Tについては総作付面積の数値を利用した。また，第1次産業のGDPは，農業生産者価格指数（1990年＝100）でデフレートした。

農業労働生産性を土地生産性と土地装備率に分解した結果について，図2-10に示した。土地装備率は1990年代前半には0.39 ha/人前後，1995〜2003年までの時期についても0.45 ha/人前後で低迷し，ほぼ横ばい状態が続いていた。しかし2004年を境に土地装備率が増加に転じ，2010年には0.58 ha/人，2015年には0.76 ha/人へと大幅に増加している。それに対して土地生産性では，1990年から95年までは相対的に高い実質成長率（年平均で5.3％）を実現したが，1996年から2000年の成長率は低迷し，年平均の成長率は1.7％にとどまった。しかし土地生産性の実質成長率は2001年以降，再び相対的に高い上

---

25) 図2-9には生産農家が受け取る補助金（食糧直接補助金や農業生産資材総合直接補助金など）は含まれていない。『全国農産品成本収益資料匯編』（各年版）では，2008年までは生産農家の補助金受領額が公表されていたが，2009年から補助金受領額は公表されなくなった。データが公表されている期間の補助金受領額を利用して，コメ（籾付き）に関する単位面積あたり純収入に対する補助金受領額の比率を計算したところ，2004年の2.7％から2008年には11.2％へと大幅に上昇している。それに対して，リンゴ生産農家の補助金受領額比率はいずれの年次も0.1％程度にとどまる。したがって，補助金額を加えた純収入でみると，穀物とリンゴ・野菜との純収入格差はやや縮小することが指摘できる。

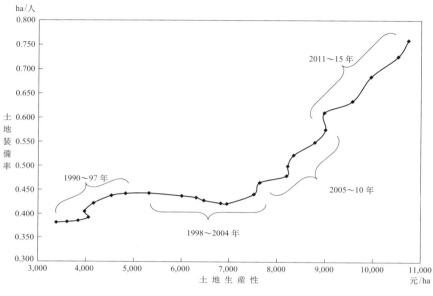

図 2-10　農業労働生産性の要因分解（1990〜2015 年）

出所）『中国統計年鑑』（各年版），『中国農産品価格調査年鑑』（各年版）より筆者作成。
注）第 1 次産業 GDP は農業生産者価格指数（1990 年＝100）でデフレートした。

昇傾向を示し，2000〜05 年の年平均の実質成長率は 4.9％，2005〜10 年には 4.2％，2010〜15 年は 4.5％ を記録している。

　したがって農業労働生産性の向上は，1990 年代後半から 2000 年代前半は主として土地生産性による貢献度が高かったのに対し，2000 年代半ば以降は土地生産性の上昇に加え，土地装備率の上昇，すなわち農業就業者の減少と作付面積の増大による影響が高まっていることが指摘できる。

　各国のマクロデータを利用してアジア農業の発展パターンを分析した山田（1992）によると，土地生産性と土地装備率がともに低い初期段階から，農業は 4 つの局面を経過すること[26]，そしてこの土地生産性と土地装備率との関係

---

26) 第 1 局面は土地生産性と土地装備率がともに上昇する局面で，第 2 局面は農地拡大の余地が次第に限定されるため，土地節約的技術の改善によって労働生産性を高める局面である。そして第 3 局面は，経済発展の深化によって農村からの労働力流出が増大

は直線的ではなく，「S字型発展パターン」(S-Shaped Path of Agricultural Growth) を辿ることが指摘されている。この発展パターンに当てはめると，1990年代後半から2000年代半ばにかけての土地節約的技術を中心とした農業労働生産性の向上（第2局面）から，2000年代半ば以降の土地装備率と土地生産性の双方の上昇を通じた農業労働生産性の向上（第3局面）へと中国農業が移行してきたと考えられる。

ただし，中国では省や地域によって要素賦存状況や経済水準が大きく異なるため，農業発展パターンにも地域間で大きな格差が存在することが予想される。そこで，省（直轄市・自治区。香港・マカオの特別行政区は含まず）別の第1次産業のGDPと就業人口，そして総作付面積のデータを利用して農業労働生産性の要因分解を行い，その結果を図2-11に示した。図2-10で示されるように，農業発展に影響を与える要素は1990年代と2000年代（特に半ば以降）では大きく異なっていることから，1990～2000年と2000～10年という2つの時期に区分し，要因分解を行った。

まず図2-11の（1）1990～2000年についてみると，沿海地域の省（福建省，広東省，浙江省，江蘇省，山東省，上海市など）を中心に土地生産性の上昇を通じた農業労働生産性の上昇が起こっていることがわかる。実際，全国平均ではこの10年間に土地生産性が48.1％上昇した。他方，土地装備率についてはほとんどの省で大きな変化がなく，全国平均でも土地装備率の変化率はわずか1.2％にとどまり，30省（重慶市については四川省に含めた）のうちの10省で土地装備率がマイナスとなっている。

それに対して（2）2000～10年の図をみると，沿海地域を中心に土地生産性が顕著な上昇傾向を示していることは1990～2000年と同様であるが，特に東北地方や西部地区（新疆ウイグル自治区，寧夏回族自治区など）で土地装備率が大きく上昇してきたことが明確に示されている。これは本書の第1章で示した

し，土地装備率が再び上昇するとともに，労働節約的・土地節約的技術の発展によって土地生産性が多く上昇する局面とされる。最後の第4局面は将来の未確定な局面で，基本的に第2局面と同じ経済的背景のもと，急激な労働力流出と不適切な構造調整政策のなかで，土地生産性を低下させたり，急激な都市化の進展によって土地装備率が再び増加するといった可能性が想定されている（山田 1992：254-257頁）。

(1) 1990〜2000年

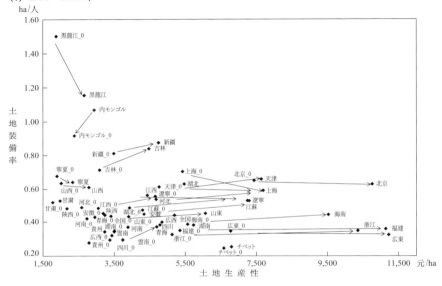

図 2-11　省別農業労働生産性

出所)『新中国六十年統計資料匯編』,『中国統計年鑑』(各年版),『中国農産品価格調査年鑑』(各年版)より筆者
注1)　第1次産業GDPは農業生産者価格指数(1990年=100)で実質化した。矢印の元(_0)は起点(1990年あ
　2)　重慶市は1997年に四川省から独立し,直轄市となった。そのため1990〜2000年については重慶市を四川

ように,食糧主産地である東北地方でコメとトウモロコシの作付面積が大きく増大したこと,そして西部地区の新疆ウイグル自治区では綿花,寧夏回族自治区では食糧(トウモロコシ,イモ類など)と野菜・果物類の栽培面積が増加し,寧夏回族自治区では農業就業者が減少(19.1％減)したことが影響している[27]。また,湖南省や江蘇省では土地生産性と土地装備率の双方がバランスした成長をみせるなど,この時期の農業労働生産性の発展パターンは地域によって大きく異なることがわかる。

---

27)　2000〜10年について,中国全体の第1次産業就業者数は21.5％減少したのに対して,黒龍江省と吉林省ではそれぞれ4.2％と3.1％の減少,遼寧省と内モンゴル自治区ではそれぞれ2.5％と3.1％の増加を示すなど,東北地方の第1次産業就業者数の変化率は相対的に小さい。

(2) 2000〜10年

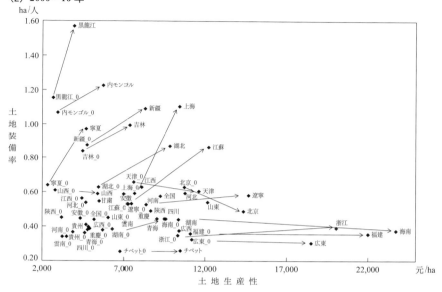

の要因分解（1990〜2010年）

作成。
るいは2000年），矢印の先端に終点（2000年あるいは2010年）を意味する。
省に含める形にデータを調整した。

　前掲図2-10は中国全体の平均を示した図であるため，2000年以降の農業労働生産性の発展経路は，土地生産性と土地装備率の上昇がバランスしたイメージを与える。しかし実際には図2-11に示されるように，沿海地域の土地生産性の上昇を中心とした発展，東北地方と西部地区の土地装備率上昇を中心とした発展，それ以外の地域での比較的緩やかな発展という，様々なパターンの合成によって中国農業の発展が形作られている点に注目する必要がある。

　本書の第3章と第7章では山西省，第4章では浙江省を中心的に取り上げる。山西省は土地装備率が全国平均レベルにあるが，2000年以降は主として土地生産性の上昇を通じて農業労働生産性の上昇を実現する一方で，2010年時点で労働生産性が依然として全国平均を下回っている。それに対して浙江省は，土地装備率が全国平均を下回っているが，土地生産性の飛躍的な上昇によって

中国全体でもトップレベルの農業労働生産性を実現してきた。以下の章では，このような中国全体のなかの調査対象地域の位置づけに注意しながら分析を進めていく。

小　　括

　本章では速水の「2つの農業問題」という視点から，中国農業が直面する農業問題について考察してきた。本章の分析結果は，以下の3点に要約することができる。第1に，中国では2000年前後には「食料問題」を解決する一方で，食生活の大きな変化が発生している点である。中国では，1人あたり平均カロリー供給量（摂取量）が2000年代には東アジア諸国の水準に達し，都市・農村世帯ともにエンゲル係数が40％前後に低下するなど，生活消費支出のなかでの食料消費の重要性は低下している。その一方で，肉類や卵，ミルク，魚介類といった動物性タンパク質の消費が増加し，野菜・果物といった副食品への需要も1990年代から高まるなど，食の高度化が進展してきた。

　第2に，農業部門と鉱工業部門との労働生産性格差が深刻化してきた2000年代前半から，食糧生産向け補助金の増額や食糧の最低買付価格による食糧価格の下支えなど，農業保護政策への転換が進展している点である。鉱工業部門と比較した農業部門の名目労働生産性は一貫して低い水準にあり，1990年から2000年代半ばには緩やかに悪化した。しかし，2000年代半ば以降は農業の相対価格上昇によって，農業部門の名目比較生産性に回復傾向がみられる。また，主要穀物と農業全体の保護率を示すNRAやPSEでも，1990年代半ばまでの国境価格を大きく下回る価格設定は解消され，2000年代前半からはNRAとPSEが0を上回り始めるなど，農業保護政策への緩やかな移行が示唆される。

　第3に，中国では農業の比較劣位化と農業所得の低迷に対応するため，1990年代後半から農業産業化政策を本格化させ，農業の生産構造調整が進展している点である。農業生産では食糧から野菜・果物など，より収益性の高い農産物

への作目転換が1990年代から急速に進行している。さらに，農業就業者の減少と作付面積増加によって，農業就業者1人あたり土地装備率が2000年代半ばから大きく上昇するとともに，土地生産性の増加も継続していることが，2000年代の農業労働生産性の上昇を支えているのである。

ただし農業労働生産性の発展パターンは地域による格差も極めて大きい。すなわち，土地装備率が相対的に低い沿海地域では，作目転換を通じた土地生産性の大幅な上昇を実現する一方で，東北地方では豊富な土地資源を利用し，コメやトウモロコシといった食糧作物の作付面積を拡大させることで，土地装備率と農業労働生産性の上昇を達成している。このように中国農業は1990年代後半から農業産業化と地域の比較優位に基づく産地形成を打ち出すことで，農業構造調整を推し進めてきたと言える。

第3章

変容する農業経営と所得格差
——農家の階層化と教育投資——

　中国の急速な経済発展は都市部のみならず，農村部の社会経済構造に対しても大きな変容をもたらしている。かつては農業生産が中心であった農村部においても，非農業部門の躍進によって農外就業機会が増大し，沿海地域や都市部への労働移動者数も増加の一途を辿っている。このような農村の就業構造の変化は，農家の農業経営のあり方や家計内の労働資源配分にも大きな変容をもたらしてきた。

　農村部では農家内の基幹労働力の農外労働への就業と，それに伴う農外収入を主とする兼業農家の増加，そして農外就業機会のある世帯とそれ以外の世帯との間の所得格差の拡大といった現象もみられる。実際，第2章で検討したように，農家所得に占める農業所得比率は1990年代半ばから持続的な低下傾向を示すなど，農家での非農業所得の重要性が高まっている。また1996年末に実施された第1回農業センサスによると，全農村世帯のうちの約4割が兼業農家と非農業世帯によって占められるなど，農家の兼業化は着実に進行している（全国農業普査弁公室 2000）[1]。

　他方，農業の構造調整を推し進めるためには，生産性が相対的に劣る農家や

---

[1] 第1回農業センサスでは，「兼業農家」は「農業兼業戸」と「非農業兼業戸」の2つの世帯から構成される。前者は「主たる職業が農業である世帯構成員が非農業就業世帯員より多い世帯」で，後者は「主たる職業が農業である世帯構成員が非農業就業世帯員より少ない世帯」のことである。また，「非農業世帯」（「非農業戸」）とは，「世帯構成員全員の主たる職業が非農業である農村世帯」と定義される。なお，第2回農業センサスでは農家の分類法が大幅に変更されたため，同一の基準での2時点間比較は困難な状況にある。

農業労働者の農業部門からの退出を促し，経営能力に富んだ農家や農業経営者に農地を集約化していくことが不可欠である。この農家による非農業部門への就業において重要な役割を果たしているのが，教育投資による労働の再配分効果である。積極的な教育投資を行う農家ほど，農業以外の就業選択の幅が広がり，賃金水準が相対的に高い非農業部門に就業する蓋然性が高まることから，世帯の経済的厚生の改善も期待される。その一方で，教育投資の労働再配分効果は，人的資本の低い労働者の農業部門での滞留という現象を引き起こすことも考えられる。また，農作業の熟練という人的資本を体化した中高年者にとって，非農業部門への就業や離農は大きな機会費用を伴う。そのため，中高齢者は非農業就業に消極的となり，農業構造調整を阻害する要因となりかねない（速水・神門 2002：21頁）。

そこで本章では，農家の非農業就業に焦点をあて，専業農家から兼業農家への農業経営類型の変容を考察し，その経営類型間の移動・選択を規定する要因を計量的に解明することを主たる分析課題とする。その際，教育投資と農業生産要素（農地，農業資本）の効果に注目し，教育投資の労働再配分効果と農業生産要素の非農業就業への抑制効果を中心に分析を進めていく。さらに，農家所得の要因分解法を利用して，農業純収入と非農業所得が農家間の所得格差に与える影響についても計測する。

1　非農業就業と教育効果の研究レビュー

まず第2回農業センサス（2006年）のデータを利用しながら，中国農村部での教育水準と就業状況の関係について簡潔にみていく。「農村常住労働者」（農村部に6カ月以上滞在する農村労働者のうち，3カ月以上就業している労働者）とそのうちの「農業就業者」（主たる職業が農業の就業者）について，教育水準別の構成比を図3-1に示した。図から明らかなように，農村常住労働者全体と比較して，農業就業者の「未就学」と「小学」の割合が高い一方で，「中学」，「高校」，「短期大学（「大専」）以上」の割合はいずれも低くなっている。

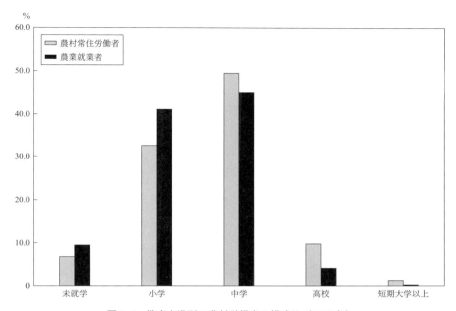

図 3-1　教育水準別の農村労働者の構成比（2006 年）

出所）国務院第二次全国農業普査領導小組弁公室・中華人民共和国国家統計局編（2010）より筆者作成。

とりわけ，「高校」ではその格差が顕著で，農村常住労働者の構成比が 9.8 % であるのに対して，農業就業者の構成比はその半分以下の 4.1 % にとどまる。また同じく農業センサスからは農業労働者の年齢層の高さという結果も示されており，相対的に教育水準が高く年齢層の若い労働者が農業以外の仕事に従事しやすいという全国的な傾向を窺うことができる[2]。

このような途上国における教育投資の労働再配分効果を理論的かつ実証的に分析した代表的な研究としては，Fafchamps and Quisumbing（1999）が挙げられる。また，大塚・黒崎編（2003）では，途上国における教育と経済発展との関

2）第 2 回農業センサスによると，「20 歳以下」と「21～30 歳」の構成比は農村常住労働者がそれぞれ 13.1 % と 17.3 % であるのに対し，農業就業者では 5.3 % と 14.9 % と若年層比率が顕著に低い。その一方で農業就業者の「51～60 歳」と「60 歳以上」の構成比はそれぞれ 21.3 % と 11.2 % で，農村常住労働者の値（17.1 % と 7.9 %）を上回る。

係について，様々な地域のミクロデータを利用して実証する。他方，中国農村を対象とした実証研究も，Jamison and der Gaag (1987)，Wu and Meng (1997)，Yang (1997)，趙 (1997)，寶劔 (2000)，Zhang et al. (2002)，Yang (2004)，南ほか (2008) など，数多くの研究が積み重ねられてきた。これらの実証研究によると，中国では農家の非農業就業機会の獲得において，教育水準などに代表される人的資本の蓄積が大きく影響していることが指摘されている。また，人的資本投資は農業の生産性に対して直接的な影響を持つのではなく，むしろ農業部門から非農業部門への労働再配分を促進する効果を持っていることも明らかになってきた。

その一方で，農家による非農業就業と農業経営類型（専業農家，兼業農家）との関連について，中国を対象に実証分析を行った研究は比較的限られる。史 (2000) と史・黄 (2001) では，山西省と浙江省の農家パネルデータ（「固定観察点調査」，後述）に基づき，農業経営の面では収益性の高い農作物への転作が進展していること，農家自営業全体としては収益性が相対的に低い農業経営から非農業（工業，輸送業，サービス業など）へのシフトが進んでいることを統計的に示した。馬 (2001) では四川省の同様のデータを利用してフロンティア農業生産関数を推計した結果，農家の兼業化が農業生産の技術的効率性に有意な負の効果をもたらしていることを実証した。また Glauben et al. (2008) も，浙江省に関する同様のデータを利用して，家族労働の農外就業の有無と農業労働者の雇用の有無で農家を4つのグループに分類し，多項ロジット・モデルの推計によって決定要因を明らかにしている。

さらに池上 (2005) では，2時点（1990年代前半と2000年代前半）の農家パネルデータ（内陸地域の平均的な4カ村）を利用して，経営面積規模でみた農家階層間の変動を考察するとともに，階層間での農業経営のあり方の差についても検証する。この分析では，1990年代には世帯員数の増減に応じた経営面積の周期的な変動という意味でのチャヤノフ的な農民層分解に近い状況がみられること，階層間における土地生産性や農業経営の性格面での差異は認められないこと，農家全般的に農業経営規模の現状維持傾向が強まり，とりわけ最下層の農家では一種の農業離れの傾向がみられることも示された。

ただし池上（2005）を除く上記の研究では，農家の農業経営類型の変化について，パネルデータの利点を活用した分析（固定効果分析や遷移表分析など）が行われていない。また，農家の非農業就業が農家所得や農業経営のあり方にどのような影響をもたらすのかという点についても分析が不足している。

　他方，所得格差に関する先行研究によると，郷鎮企業への就業による賃金所得や出稼ぎによる送金収入など非農業就業からの所得は，中国における農村内部の所得格差の主要な要因となっていることが指摘されている[3]。ただし，クズネッツの逆U字仮説などで主張されているように，所得水準の向上と所得格差には，必ずしも一貫した正の相関があるわけではない。非農業就業機会の増大に伴う余剰労働力の喪失や農工間賃金格差の解消，あるいは農業産業化を通じた農業生産性の向上によって，所得分配の不平等度が改善されることも考えられる。その意味で，所得分配の時系列的な推移を考察する際には，不平等度の指標を推計するにとどまらず，所得格差の要因や農家が直面する経済環境の変化とあわせて議論する必要がある。

　また，中国農村の所得格差に関する先行研究は中国全体や省などマクロレベルの分析が中心で，行政村レベルに焦点をあて，所得格差の時系列的推移を考察した研究は非常に限定的である。そこで本章では，中共中央政策研究室・農業部農村固定観察点弁公室が実施する行政村・農村世帯に関する定点観測調査である「固定観察点調査」をもとに，京都大学，一橋大学，中国農業部農村経済研究センターの共同研究によって作成されたMHTS（Minor sets of High-quality Time Series）パネルデータを利用する（辻井ほか編 2005）。

　「固定観察点調査」は，全国の約300行政村の農家に対して1986年から継続的に実施する定点観測調査で，毎年の標本規模は2万～3万世帯にのぼる（中

---

3) 代表的な研究として，全国レベルの農家調査（CHIP調査）を利用したGriffin and Zhao eds.（1993），Riskin et al. eds.（2001），趙・Griffin主編（1994），趙ほか主編（1999）の一連の研究や，CHIP調査による分析をベースに中国の所得格差の問題を都市と農村との関係から分析した佐藤（2003），国家統計局の城鎮住戸調査と農村住戸調査の双方を利用して所得格差の全国推計を行ったWorld Bank（1997）などがある。CHIP調査の概要については，本書第6章，Riskin et al. eds.（2001），寶劍（2004），Gustafsson, et al. eds.（2008）を参照されたい。

共中央政策研究室・農業部農村固定観察点弁公室編 2001, 2010)。MHTS パネルデータは，この固定観察点調査の対象地域の村から，世帯数が全調査世帯数の約 20％ になるよう，54 の調査村に所属する調査対象農家すべてを抽出し，パネルデータ化したものである[4]。MHTS パネルデータは，1986〜2001 年という比較的長い期間にわたる農家データが利用可能であり，村内の所得格差を分析するうえで極めて有用な情報である。本章では MHTS パネルデータのうち，山西省の 4 つの行政村の農家データを利用し，農業経営類型の移動分析と所得格差の要因分解を行うことで，農業構造調整のなかで直面する課題と農業産業化の発展への可能性を検討していく。

2 分析対象地域の特徴

本節では，山西省の MHTS パネルデータ（1986〜2001 年）を主として利用し，農家の農業経営類型の変化とその決定要因について分析を進める。山西省を分析対象として選択した理由として，以下の 4 点が挙げられる。すなわち，①各地の固定観察点調査村を実際に訪問し，調査実施状況に関する聞き取り調査を行った結果，山西省の調査実施体系は相対的に優れており，適切な調査運営がなされていることが確認できたこと，②MHTS パネルデータに関して，山西省データは他の地域のデータと比較して入力ミスや数値の不整合などの非標本誤差が少なく，データとしての信頼度も高いうえ，定点観測調査としての継続性も高いこと，③中部地域に属する山西省農村世帯は，所得水準や兼業化率が全国平均に近く，平均的な中国農村のあり方を考察するうえでの代表性が高いこと[5]，④MHTS パネルデータには山西省の調査村が 7 つ含まれており，他の

---

4) 固定観察点調査と MHTS パネルデータの概要については，辻井ほか編（2005）を参照されたい。なお，1992 年と 1994 年には調査自体が実施されなかったため，当該年度のデータは欠損となっている。また，中国国内で実施される他の統計調査と比較した固定観察点調査と MHTS パネルデータの特徴については，寳劔（2004）に詳しい。

5) 1986〜2001 年の山西省の農村世帯 1 人あたり所得は，全国平均より約 2 割程度低い水準に推移している。また 1996 年の第 1 回農業センサスによると，専業農家の割合は山

表 3-1　調査対象村の経済概況

	地勢	総世帯数（戸）		調査世帯数（戸）（1986年）	1人あたり所得（元）	
		1986年	2001年		1986年	2001年
霊丘県A村	山区	75	76	75	215	1,130
定襄県B村	平原	755	756	80	726	2,818
太谷県C村	平原	70	76	70	641	3,085
臨猗県D村	丘陵	246	335	148	361	2,507

出所）固定観察点調査20％抽出データ（MHTSパネルデータ，行政村調査データ）より筆者作成。

省データと比較して同一省内のバリエーションが大きく，省内での経済発展レベルによる差違を明確にできること[6]，という点である。

　山西省MHTSパネルデータの7つの調査村のうち，村の産業構造や経済発展水準が異なる4つの調査村を取り上げて，調査村間の比較を交えながら分析を進めていく。4つの調査村とは霊丘県A村，定襄県B村，太谷県C村，臨猗県D村で，各調査村の経済概況と特徴は表3-1に整理した。以下では分析対象の調査村に関して簡潔に説明する。

　霊丘県A村は，総世帯数が75世帯前後の小規模な行政村である。地理的には「山区」（山林地帯）に属し，民政部によって貧困村に指定されている。村内の産業としては，耕種業（トウモロコシ，粟，ジャガイモ，小麦の栽培が中心），林業，畜産業（羊・豚の肥育が中心）といった農業を主とし，村内の非農業部門の発展は非常に限定的である。また，ほぼすべての農地で灌漑設備が設置されておらず，地理的条件の悪さも影響して農業機械による耕作も進んでいないなど，耕種業の生産条件面で他の地域と比べて劣っている。そして，1990年代になると村外での就業や出稼ぎ労働者の割合が高まり，地元での採掘業の発展もあって，炭坑などに就業する労働者の割合も増える一方で，地理的条件の

　　西省が56.3％，全国平均が59.3％とほぼ同レベルにあるが，「非農業兼業戸」の割合は前者が19.7％，後者が12.8％で山西省が7ポイント程度上回っている（数値は『中国農村住戸調査年鑑』〔各年版〕および全国農業普査弁公室2000に基づく）。
  6）MHTSパネルデータのうち，省別の調査村数が最も多いのは河北省（9村），次いで山西省（7村），安徽省（6村）となっている。河北省については，1990年代後半に調査の管理・運営面で問題のある調査村が存在したため，本章の分析対象としなかった。

悪さから県内の別の農村に家族で移住する農家も増加している[7]。

定襄県B村は、約750世帯を抱える規模の大きい行政村である。経済レベルは県内でも上位に位置し、「小康村」（まずまずの生活水準の村）にも認定されている。B村では合資企業や私営企業の発展が著しく、村内には全体で70を超える企業（5社前後の集団企業、10～14社の合資企業、50社前後の私営企業）が操業していて、企業経営が村経済の発展の原動力となっていた。ただし、2000年前後から村内企業は経営不振に陥り、村外に長期で出稼ぎをする労働者が増加しているため、村内の農家から農地を借り受け、150ムーという大規模農業経営を行う農家も出現している[8]。

他方、太谷県C村は約70世帯、人口300人弱の小規模な行政村である。村の経済は農業生産中心で、小麦・トウモロコシなどの穀物に加え、野菜などの商品作物の栽培や畜産業も盛んである。またC村は地形的に平地が広がり灌漑条件も良く、土壌も肥沃であることから、小麦やトウモロコシの単収も高い。その一方で、村民は総じて保守的で伝統的な栽培方法に依存する傾向が強いという。そのため、2000年代初頭まで野菜生産は露地栽培が中心で、ハウス栽培は非常に限られ、農地流動化率も低い水準にとどまっていた。他方、村内には煉瓦工場がある程度で、集団企業や私営企業など村内の企業はほとんど発展しておらず、農家の非農業収入は周辺地域への出稼ぎ労働（鉄工場での就業、商品の販売など）に依存している。その結果、2000年時点でC村全体の労働力の約4割が出稼ぎ労働をする状態にあった[9]。

---

7) 2006年9月に実施したA村での農家調査と霊丘県農業局の固定観察点調査担当者へのヒアリングに基づく。なお、調査対象農家の移住のため、継続的な調査実施が困難となったことから、A村での固定観察点調査は2002年に終了したという。また、2006年9月時点でA村の総世帯数は30戸前後に減少しているため、村民全体の移住も検討されていた。
8) 2004年7月のB村の幹部へのヒアリングに基づく。
9) 2002年11月の太谷県農業局担当者へのヒアリング、および太谷県任村郷（C村が所属する郷）の郷長へのヒアリングに基づく。なお、2009年5月にC村で実施した調査によると、C村は2005年から県レベルの農業総合開発プロジェクト、2006年には飲料水改善プロジェクトの対象地域となり、県・郷鎮政府からの農業開発や飲料水改善への財政支援が大幅に増強されたという。その結果、地下水を利用した飲料水が普及して村民の健康状態が改善する一方で、村民による野菜ハウス建設や養豚用飼育場の

そして臨猗県D村は，世帯総数が300世帯前後の中規模の行政村である。地理的には丘陵地帯に属し，県内では中レベルの経済水準に位置する。村経済の中心は耕種業を主とする農業であり，もともとは食糧生産が中心であったが，1990年代前半から県・郷鎮政府による果樹（リンゴ，梨，棗など）栽培の普及が積極的に推し進められた。その結果，D村では1992年頃から果物栽培（リンゴと梨）の栽培が大きく広がり，農業生産の中心的な地位を占めている。D村のリンゴ栽培は農家自身の選択によって急速に普及したものであるが，県の農業技術普及ステーションもリンゴ栽培の先進地域である山東省煙台市の栽培農家を技術指導者として雇用したり，リンゴ栽培の専門家を日本から招聘したりするなど，リンゴ栽培の普及をサポートしてきたという[10]。他方，D村内の集団・私営企業などの企業活動は限定的で，自営業もそれほど進展していない[11]。

　各調査村の世帯1人あたり所得（「純収入」）の推移については，図3-2に提示した[12]。4つの調査村に関する全体的な特徴として，自然環境が厳しく経済的に立ち後れているA村，非農業部門の発展が先行していたB村，村の規模や農業産業化の程度は異なるが農業を主要な収入源とするC村とD村，という形で各々の調査村を位置づけることができる。

　　　建設も進展してきた。
10)　2005年11月の臨猗県農業局の担当者およびD村の幹部へのヒアリングに基づく。なお，同時期にD村の産地仲買人と果樹農家に対して行ったヒアリングによると，リンゴの販売は産地仲買人（20～30人程度）を通じて行われ，産地仲買人はリンゴ農家に前金を支払う形でリンゴを確保し，省外から買付に来る商人と交渉してリンゴ販売を行うという。
11)　前掲表3-1に示されるように，臨猗県D村の年末世帯数は1986年の246戸から2001年には335戸へと大幅に増加した。その一方で，D村の総人口数は1986年の1,135人，2001年の1,335人で，人口増加は小幅にとどまる。村幹部へのヒアリング（2005年11月）によると，D村では同時期に村の統廃合も行われていなかったことが確認されたことから，世帯数の増加は主として分家によるものと考えられる。
12)　固定観察点調査の「純収入」とは，世帯総収入から自営経営費支出，課税公課，生産性固定資産減価償却費，調査補助金を差し引いたものである。この定義は，国家統計局の「農村住戸調査」における「純収入」の定義とほぼ同一である。

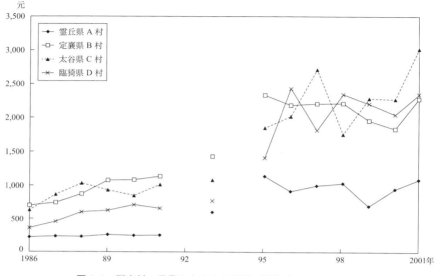

図 3-2 調査村の世帯 1 人あたり所得の推移（1986～2001 年）

出所）MHTS パネルデータより筆者作成。

3 農業経営類型間の移動とその決定要因

1）農家経営の特徴

　1986 年から 2001 年の間で，農家の就業構造はどのように推移しているのか。農家の農業経営類型の変化の動向とその特徴を明確にするため，本章では農業経営の特徴に応じた類型分けを行った。分類の基準として，農業純収入の総所得に占める割合，農業労働日数の全労働日数に対する比率，農家自身による主観的な判断などを利用することが考えられる。本章ではデータの安定性と継続性の観点から，労働投入日数を利用して分類を行った[13]。すなわち，農家を労

13）所得構成比による分類法では，その時々の家計が直面する経営状況やマクロ的な経済ショックによる影響が過度に反映されてしまい，経営類型としての安定性に若干，欠ける面がある。また主観的な判断に基づく分類については，調査票の質問項目が 1993

働投入日数（「投工量」）[14]比率に応じて，「専業農家」，「第Ⅰ種兼業農家」，「第Ⅱ種兼業農家」の3つに分類した。なお，本章における「農業」の定義は，中国の統計分類の「農業」に準拠したものであり，耕種業，林業，畜産業，漁業を含む広い概念である。農村世帯の分類基準は，以下の通りである[15]。

- 「専業農家」：農業（「農林牧畜漁業」）労働投入日数の全労働投入日数に占める割合が90％以上の世帯
- 「第Ⅰ種兼業農家」：農業労働投入日数の全労働投入日数に占める割合が50％以上，90％未満の世帯
- 「第Ⅱ種兼業農家」：農業労働投入日数の全労働投入日数に占める割合が50％未満の世帯

類型ごとの世帯構成比を示した表3-2をみると，B村とC村では時間が経つにつれて兼業農家の割合が上昇していることがわかる。それに対してA村とD村では専業農家の構成比はむしろ上昇してきた。ただし，第Ⅰ種兼業農家の割合はいずれの村でも趨勢的に低下し，専業農家，あるいは第Ⅱ種兼業農家への二極分化が進展している。とりわけ，B村では第Ⅰ種兼業農家の構成比が1986年の29.9％から2001年には7.4％と20ポイント以上低下している

年から変化しているため，1986～2001年の期間で農業経営を一貫して分類することができない。これらの理由から，労働投入日数データを利用して分類を行った。なお，所得構成比率による分類と労働投入比率による分類をクロス表で比較したところ，労働投入比率による分類の方が類型間移動の頻度が低く，兼業化の進度を若干低めに評価するという特徴がみられたが，極端な乖離は存在しなかった。

14) 労働投入日数（「投工量」）とは，農家における家庭経営および家庭外生産（賃労働，出稼ぎ労働）に関する労働投入を日数換算したものである。8時間労働を1労働投入日数として換算している。ただし家事労働は労働投入日数には含まれない。

15) 本章で採用した農業経営の分類方法は，中国や日本の農業センサスの農家分類方法と比較して，以下のような違いがある。すなわち，中国の第1回農業センサスでは農業を主たる職業としている世帯労働力の割合で農家を分類しているのに対して，日本の農業センサスでに兼業従事者の有無と農業所得と兼業所得との大小関係で分類している。また，「農業」の範囲自体も日中間で違いがあり，中国の分類では耕種業以外の農業（林業，畜産業，漁業）が含まれるのに対して，日本の分類では耕種業に限定されている。本章で採用した分類方法は，中国の第1回農業センサスの分類法に比較的近いものであり，農家における農業生産への取り組みの強さを表す指標として利用する。日中の農業センサスの定義については，農林水産省大臣官房統計調査部編（2003）と全国農業普査弁公室（2000）を参照した。

表 3-2　各農業経営類型の構成比に関する推移

霊丘県 A 村　(%)

年	1986	1991	1996	2001
専業農家	50.7	29.3	47.9	64.4
第 I 種兼業農家	36.2	53.3	15.1	15.1
第 II 種兼業農家	13.0	17.3	37.0	20.5

太谷県 C 村　(%)

年	1986	1991	1996	2001
専業農家	59.1	59.2	46.7	17.4
第 I 種兼業農家	25.8	28.2	41.3	15.9
第 II 種兼業農家	15.2	12.7	12.0	66.7

定襄県 B 村　(%)

年	1986	1991	1996	2001
専業農家	40.3	35.0	24.3	22.1
第 I 種兼業農家	29.9	23.8	13.5	7.4
第 II 種兼業農家	29.9	41.3	62.2	70.6

臨猗県 D 村　(%)

年	1986	1991	1996	2001
専業農家	58.5	39.6	78.0	62.1
第 I 種兼業農家	26.1	47.2	13.5	21.4
第 II 種兼業農家	15.5	13.2	8.5	16.6

出所）筆者作成。

のに対し，第 II 種兼業農家の構成比は 2001 年には 70.6 ％ に達した。また C 村では 1996 年頃まで農業経営類型の構成比は比較的安定していたが，1990 年代後半から第 II 種兼業農家の構成比が大幅に上昇し，2001 年にはその構成比が 66.7 ％ となった。この時期，C 村では郷鎮外での非農業就業が大幅に増加したため，それが第 II 種兼業農家の構成比上昇につながったと考えられる。

それに対して所得水準が低い A 村では，1980 年代後半から 90 年代初めまで第 I 種兼業農家割合が高まっていた。国家統計局の貧困線の定義に基づいて A 村の貧困指標（1991 年）を計算したところ，貧困率は 72 ％ と非常に高い値をとり，貧困の深さを示す「貧困ギャップ比率」（Poverty Gap Ratio）と貧困の深刻さを示す「二乗貧困ギャップ比率」（Squared Poverty Gap Ratio）もそれぞれは 0.563 と 0.371 となった[16]。このように A 村では生産性の低い農業によって生計を維持することが困難であったため，出稼ぎなどの農外雇用を生活の糧とし

---

[16] 国家統計局による貧困線は，1990 年代後半にそれまでの基準が改定され，1998 年価格で年間 1 人あたり所得（「純収入」）が 635 元以下の人口が「貧困人口」と定義された（国家統計局農村社会経済調査総隊 2000a：130-131 頁）。本章ではこの貧困基準に基づいて，貧困指標を計算した。なお，国家統計局の定める貧困線は 2008 年から見直しが行われ，旧来の「低収入人口」（2000 年基準で 1 人あたり所得が 865 元以下の人口）を「絶対的貧困人口」とすることが決められた（国家統計局住戸調査弁公室編 2012）。2011 年には貧困線の定義がさらに変更され，2010 年価格で 1 人あたり所得が 2,300 元以下の人口が「貧困人口」と定義されている（国家統計局住戸調査弁公室編 2015）。

表 3-3 農業経営類型間移動の状況（1986～2001 年データ集計）

霊丘県 A 村

t 年の類型		t+1 年の類型			
		専業	兼業 I	兼業 II	計
	専業	0.81	0.16	0.03	1.00
	兼業 I	0.30	0.56	0.14	1.00
	兼業 II	0.11	0.16	0.73	1.00
	計	0.52	0.28	0.20	1.00

太谷県 C 村

t 年の類型		t+1 年の類型			
		専業	兼業 I	兼業 II	計
	専業	0.73	0.21	0.06	1.00
	兼業 I	0.26	0.57	0.17	1.00
	兼業 II	0.08	0.13	0.79	1.00
	計	0.45	0.31	0.24	1.00

定襄県 B 村

t 年の類型		t+1 年の類型			
		専業	兼業 I	兼業 II	計
	専業	0.81	0.10	0.09	1.00
	兼業 I	0.17	0.52	0.31	1.00
	兼業 II	0.05	0.09	0.86	1.00
	計	0.34	0.18	0.48	1.00

臨猗県 D 村

t 年の類型		t+1 年の類型			
		専業	兼業 I	兼業 II	計
	専業	0.80	0.15	0.05	1.00
	兼業 I	0.32	0.58	0.10	1.00
	兼業 II	0.22	0.22	0.55	1.00
	計	0.59	0.28	0.13	1.00

出所）筆者作成。
注）1992・94 年は調査未実施のため，1991～93 年と 1993～95 年の 2 年間隔の数値を利用して計算した。

ていたことが，1990 年代前半の兼業率の高さに表現されていると推察される。他方，1990 年前後の所得が相対的に低い D 村では，A 村と同様に 1986～91 年の時期には兼業化が進んでいた。しかし，1993 年頃から農業生産への労働投入が高まってきており，食糧から果物への作目転換が進展したことで，2001 年の段階でも専業農家の割合が 62.1 % と高い水準を維持している。

では各々の農家に着目したとき，農業経営類型はどの程度の頻度で移動しているのであろうか。そのことを明確にするため，農業経営類型に関する移動表を作成した。すなわち，t 年における農業経営類型別世帯数を行方向に，$t+1$ 年におけるそれを列方向にとり，t 年と $t+1$ 年の間の農業経営類型変化をクロス表の形でまとめ，1986～2001 年までの 1 年間隔の移動データをプールした。そのクロス表を行方向の周辺度数で割って基準化したものが表 3-3 である。

この表からわかるように，対角線上のセルのうち，専業農家と第 II 種兼業農家の移動係数は D 村以外の調査村で 0.7～0.8 の水準にある。このことは，専業農家と第 II 種兼業農家における経営類型間の年次間変動が少なく，安定

表 3-4　農業経営類型間移動の総合開放性係数

	霊丘県 A 村	定襄県 B 村	太谷県 C 村	臨猗県 D 村
1986～2001 年	0.443	0.326	0.449	0.521
1986～1991 年	0.575	0.379	0.417	0.504
1996～2001 年	0.506	0.454	0.585	0.473

出所）筆者作成。
注1）各セルの数値は，1 年間隔の農業経営類型間移動を当該期間についてプールして推計したものである。ただし 1991～93 年，1993～95 年については 2 年間隔の移動の数値を利用した。
　2）総合開放性係数の推計法については，安田（1971）を参照した。

した類型であることを示している。他の調査村と異なり，D 村に関する第 II 種兼業農家の移動係数は 0.55 と低く，第 II 種兼業農家の階層としての安定性は相対的に低いことがわかる。他方，第 I 種兼業農家の移動係数はいずれの調査村でも 0.5 強にとどまっていて，専業農家や第 II 種兼業農家へ移動してしまう割合が相対的に高い。しかし，第 I 種兼業農家の移動係数は移動が無差別に行われる場合の 0.33 を上回っていることから，階層としての安定性は一定程度存在する。

　この類型間移動をより厳密に考察するため，安田（1971）によって提唱された「総合開放性係数」を計算した。総合開放性係数とは，全体の循環移動量（粗移動量と構造移動量との差）を独立循環移動量（階層間移動が独立に発生すると想定した場合の移動量）の総和で割ったものであり，平等移動の状態において最大値 1 をとり，完全封鎖状態では 0 の値をとる係数のことである。表 3-4 では，1 年間隔の移動に関する総合開放性係数の計算結果を提示した[17]。まず 1986～2001 年のデータをプールして計算した結果を見てみると，兼業化の進展が速い B 村の総合開放性係数が 0.326 と最も低く，農業経営類型間の移動が相対的に制約されていることがわかる。一方，専業農家の割合が高い D 村の

17）農業経営類型間の移動は 1 年間隔のみで起こっているわけではなく，ある程度の年数を経て経営類型が変化しているとも想定できる。そこで，3 年間隔，5 年間隔の農業経営類型の変化に関するクロス表を作成するとともに，総合開放性係数の計算も行った。全体的な趨勢として，移動間隔を長くとればとるほど，総合開放性係数は上昇し，経営類型間移動の開放度は高まるが，調査村ごとの総合開放性係数の特徴は 1 年間隔のものとほぼ同様の傾向を示している。

係数が 0.521 と最も高く，移動が比較的頻繁に行われている。A 村と C 村の係数は 0.4 前後で B・D 村のほぼ中間に位置している。

ただし前掲表 3-2 の農業経営類型の推移に示されているように，農業経営類型の移動は 1990 年代中頃から類型間移動の度合いに変化がみられる。そこで，サンプルを 1986～91 年と 1996～2001 年に分けて，各々の期間について総合開放性係数を計算した。再び表 3-4 をみると，1996～2001 年の総合開放性係数は 1986～91 年のそれと比較して，A 村と D 村では係数が低下していることから，この 2 つの村では移動の開放性が低下したことが示唆される。それに対して，B 村と C 村では 1996～2001 年の総合開放性係数の方がそれ以前の係数と比べて高く，移動頻度が高まっていることがわかる。このような係数の変化には，1996 年前後から B 村と C 村における兼業農家の割合の上昇と，A 村と D 村の農業を中心とした経営への移行が影響していると考えられる。

2) 農業労働供給関数の設定

ここまで労働投入日数のデータに基づき，農業経営類型が時系列的にどのように変化し，その移動パターンの特徴について考察を進めてきた。以下では農業・非農業への就業状況に影響を与える要因を明らかにするため，農家の労働供給関数を定式化し，そのモデルに基づき計量分析を行う[18]。農家は家計全体として所得（Y）と余暇（L^L）の選好を行っていると想定し，世帯属性（δ）によって効用関数の形状は影響されるものとする。本章では農家の最大化問題を以下のように定式化した。

$$\text{Max} \quad U = U(Y, L^L; \delta) \quad (3.1)$$
$$\text{s.t.} \quad Y = f^F(L^F, K, T) + h(H, S)L^W \quad (3.2)$$
$$\overline{L} = L^F + L^W + L^L \quad (3.3)$$

農家の収入は農業からの純収入（f^F）と農外収入から構成され，農業につい

---

18) 本章で利用したモデルは寳劒（2000）をベースに，不破（2003）のアイデアを追加する形で修正を加えたものである。ただしモデル自体は静学的なものであり，投資の効果を含めた動学モデルの構築については，今後の課題である。

ては農業労働量（L^F），農業資本（K），農地面積（T）という3つの生産要素による純収入関数を想定している。また農外収入については，人的資本から得られる単位労働あたりの収入（$h(H, S)$）と家庭外非農業労働量（L^W）との積で表現される。単純化のために，非農業自営業はモデルから除外した。Hは人的資本ストックであり，Sは家庭外非農業への就業機会に関する変数である。

　効用関数と農業純収入関数は，各々について限界効用の逓減と限界収益性の逓減を想定する。この最大化問題において，農業労働の限界収入と，余暇と農業純収入との限界代替率が等しいときの賃金率を「留保賃金率」（W_r）とすると，留保賃金率は均衡条件から$W_r = g(K, T, \delta)$という誘導型で示される。したがって賃金労働へ就業するか否かの選択はhとgとの大小関係によって規定されるが，農家による農業労働供給関数は，完全誘導型として以下の形で表すことができる。

$$L^F = L(K, T, H, S, \delta) \tag{3.4}$$

　この農業労働供給関数の被説明変数として，全労働投入日数に占める農業労働投入日数の割合を利用する。そして完全誘導型の説明変数として，Kは「実質農業固定資本額」（山西省の農村消費者物価指数でデフレート[19]），Tは「経営農地面積」（耕地のほかに林地，果樹園も含む），Hは「中卒ダミー」（世帯主の教育水準が中学卒業であれば1，それ以外は0）と「高卒ダミー」（世帯主の教育水準が高卒以上であれば1，それ以外は0）を用いる。ただし，KとTは農業労働供給日数と同時決定の可能が存在するため，KとTについては1期前のラグ変数を利用する。なお，前年に農家調査が実施されなかった1993年と1995年については，本推計に含まれない[20]。そして農業固定資本額と経営農地面積の増加

---

19) 農業固定資本額を実質化する際，本来であれば山西省の農村工業品小売物価指数をデフレーターとして利用するのが望ましい。しかし，公表されている山西省の本指数は1998年までとなっており，本章の分析対象期間をすべてカバーすることができない。そのため，山西省の農村消費者物価指数（1986年＝100）を代理変数として利用した。なお1985～98年のデータを利用して，農村工業品小売物価指数と農村消費者物価指数の相関係数を計算してみたところ，0.73と比較的高い値となった。したがって，農村消費者物価指数を代理変数として利用することは正当化できると考える。

20) 農業労働供給関数（農業労働投入日数比率）について，実質農業固定資本額と経営農

は，農家の留保賃金率を引き上げることが期待されることから，農業労働投入日数比率に対して正の効果をもたらすという仮説を提起する。

　また，世帯全体の教育水準レベルは世帯主の教育水準によって完全に表現されるとは限らないが，各世帯構成員に関する教育水準データが存在しないという制約の下では，最も有効な代理指標であろう[21]。そして世帯主の教育水準の高さは，農外就業の期待賃金水準を引き上げることが期待されることから，「中卒ダミー」と「高卒ダミー」は農業労働供給に対して負の効果をもたらすと想定する。他方，世帯属性δとして「郷村幹部ダミー」（世帯の主要構成員が郷・村レベルの幹部であるか否か），「党員ダミー」（世帯構成員のなかに共産党員がいるか否か），「労働力数」[22]，「負担係数」（世帯人数/労働者数）を設定した[23]。

　寳劔（2000）で考察したように，公的な職業紹介所や求人広告といった労働関連の情報市場が未発達で，かつ労働関連の法制度の整備が後れている途上国において，雇用主や就業者はともに情報の非対称性に直面しがちである。このような状況のもと，非農業部門への就業機会の情報を入手するとき，地縁・血縁，あるいは幹部・党員といったネットワークのあり方が，非農業就業機会へ

　　地面積の１期ラグをとらないモデルの推計も実施した。その結果，ラグ付きモデルとラグなしモデルでは，偏回帰係数に若干の格差が存在するものの，偏回帰係数の符号と有意度について大きな相違はみられなかった。さらに被説明変数の断絶（truncated）を考慮して，トービット・モデルの推計を行ったが，定襄県の実質農業固定資本額と中卒ダミーがそれぞれ有意な正と負の符号となった以外は，ラグ付きの固定効果モデルの結果とほぼ一致した。

21) 調査データには世帯主の教育水準のほかに，世帯内労働力の教育水準別人数データが存在する。そこで，その変数を利用して世帯平均就学年数を中卒・高卒ダミーと置き換え，回帰分析を行った。その方法による推計結果は世帯主の中卒・高卒ダミーを利用した結果とほぼ同一であった。また，世帯主の教育水準を就学年数に換算し，その変数を利用した推計も行ったが，推計結果に大きな変化はなかった。

22) 固定観察点調査では労働力年齢について，男性は満16歳以上60歳以下，女性については満16歳以上55歳以下と定義されている。ただし上記の労働年齢以外でも，日常的に労働活動に参加する世帯員は労働力に換算することが可能であり，逆に労働年齢人口であっても労働能力を喪失している世帯員については労働力として含めないと規定されている。固定観察点調査の調査票，および『調査指標解説書』（内部資料）に基づく。

23) 世帯主の年齢や家族構成などについては，1986～2001年にわたる継続的なデータが含まれていないため，計量分析には利用できなかった。

表 3-5　変数の基本統計量

変　数	霊丘県 A 村		定襄県 B 村		太谷県 C 村		臨猗県 D 村	
	平均	標準偏差	平均	標準偏差	平均	標準偏差	平均	標準偏差
農業労働投入日数比率 (%)	76.1	29.4	55.2	35.9	72.7	29.4	83.0	23.2
経営農地面積 (ムー)	3.64	2.92	11.75	8.32	8.48	3.63	13.25	4.70
実質農業固定資本額 (元)	605	980	159	245	886	1333	572	611
中卒ダミー	0.369		0.298		0.539		0.628	
高卒ダミー	0.125		0.090		0.034		0.116	
労働力数 (人)	1.961	0.856	2.393	0.970	2.469	1.109	2.673	1.058
郷村幹部ダミー	0.112		0.036		0.094		0.037	
党員ダミー	0.385		0.122		0.209		0.115	
負担係数	1.862	0.688	1.710	0.552	1.723	0.566	1.882	0.675

出所) 筆者作成。

のアクセスに対して格差を発生させていることが考えられる。そして，郷村幹部や党員が世帯員にいる農家は，一般の農民に比べて外部と接触する機会が多く，外部の人・組織との間のネットワークが形成され，それを通じて有利な情報を獲得していることが考えられる。したがって，「郷村幹部ダミー」と「党員ダミー」は農業就業日数比率に対して負の効果を持つという仮説を提起する。他方，「労働力数」と「負担係数」について，それらの数値が大きくなるほど，非農業就業へのプッシュ要因となることが考えられることから，農業就業日数比率に対して，負の要因になると想定する。さらに，家庭外就業機会 (S) を示すものとして1986年を起点とするタイムトレンドを説明変数に加え，経済環境の時間的推移をコントロールした。説明変数の基本統計量については，表 3-5 にまとめた。

3) 農業労働供給関数の推計結果

このような変数の設定に基づく回帰分析の推計結果を表 3-6 に示した。パネル推計に際して，プーリング推計 (Ordinary Least Squares：OLS)，ランダム効果推計 (Random Effect Estimation)，固定効果推計 (Fixed Effect Estimation) の3つの手法を利用した。F 検定 (農家別の固定効果が同一であることに関する検定)，Breusch-Pagan 検定，Hausman 検定の結果，4つの調査村ともに固定効果推計

が支持された。したがって，本章では固定効果推計の結果に基づき，推計結果の考察を進めていく。

まず経営農地面積について，4つの調査村ともに有意な正の係数となった。このことは経営農地面積の大きい農家ほど，農業労働投入日数比率が高くなることを示唆しており，仮説を支持する結果となった。4つの調査村のうち，B村とC村では1990年代中頃から農地の貸借（「転包」）が進展している[24]。世帯の経営農地面積に占める賃貸面積の割合でみると，C村では約1割，B村では約4割に達するなど，農地の貸借も広がり，それが農業労働供給に有意な正の効果に影響を与えていると考えられる。

さらに実質農業固定資本額について見てみると，A村とC村では有意な正の係数をとる一方で，B村では係数は正であるが有意ではなく，D村では有意な負の係数となった。農業資本の増加は留保賃金率を高め，農業労働投入日数比率に正の効果をもたらすと予想したが，D村では想定と全く逆の結果であった。D村の実質農業固定資本額の平均値は，1996年の189元から1997年には360元へと大幅に増加し，変動係数も0.932から1.659へと増加していて，1998年以降も実質農業固定資本額の増加傾向が続いている。このような1997年前後の農業資本の動向が推計結果に影響しているものと考えられる[25]。

他方，人的資本の代理変数である中卒ダミーと高卒ダミーの係数は，B村の中卒ダミーを除くと，すべてのケースで有意な負の係数をとっていて，係数値の絶対値も高卒ダミーの方が大きくなっている。教育ダミーのベースラインは「非識字・小学卒」であることから，教育水準の高さが農家の非農業労働投入日数比率を高めるという意味で，教育投資には労働再配分効果が存在することを支持するものといえる。

また，その他の変数について見てみると，世帯の属性を示す労働力数はいず

---

24) 農地流動化について第4章で詳細に検討するが，「転包」とは，農家が農地請負期間内で一定の条件によって第三者に再度，農地を請負に出す方式のことである。
25) D村について，サンプルを1996年以前と1997年以降に分けて回帰分析を行ったところ，実質農業固定資本額の係数は1996年以前では有意な正，1997年以降は負（10％水準で有意でない）という結果となった（ともに固定効果推計を採択）。この推計結果も1997年を境とした農業資本の構造変化を示唆するものである。

表 3-6　農業労働投入日

(1) 霊丘県 A 村

	OLS		Random Effect		Fixed Effect	
	係数	t 値	係数	z 値	係数	t 値
経営農地面積	0.025	6.362**	0.018	4.429**	0.016	3.621**
実質農業固定資本額	7.86E-05	6.718**	4.83E-05	3.803**	4.06E-05	2.839**
中卒ダミー	-0.083	-3.637**	-0.094	-3.686**	-0.102	-3.595**
高卒ダミー	-0.104	-3.130**	-0.188	-4.348**	-0.237	-4.542**
労働力数	-0.097	-6.262**	-0.052	-3.225**	-0.038	-2.114*
郷村幹部ダミー	0.005	0.164	-0.009	-0.277	-0.017	-0.476
党員ダミー	0.038	1.755**	-0.010	-0.341	-0.031	-0.812
タイムトレンド	-0.013	-5.985**	-0.012	-6.525**	-0.012	-6.168**
負担係数	0.005	0.315	-0.005	-0.342	-0.002	-0.110
定数項	27.344	6.163**	25.319	6.732**	25.098	6.361**
サンプルサイズ	760		760		760	
R^2 within			0.112		0.115	
R^2 between			0.198		0.158	
R^2 overall	0.199		0.181		0.156	
Breusch-Pagan 検定	70.27**					
F 検定					7.95**	
Hausman 検定			18.84*			

(2) 定襄県 B 村

	OLS		Random Effect		Fixed Effect	
	係数	t 値	係数	z 値	係数	t 値
経営農地面積	0.016	10.469**	0.010	6.010**	0.008	4.300**
実質農業固定資本額	1.83E-04	3.729**	1.13E-04	2.308*	6.65E-05	1.259
中卒ダミー	-0.103	-4.500**	-0.054	-2.029*	-0.022	-0.737
高卒ダミー	-0.159	-4.360**	-0.175	-3.672**	-0.194	-11.018**
労働力数	-0.199	-15.018**	-0.195	-12.616**	-0.175	-3.044**
郷村幹部ダミー	-0.018	-0.271	0.043	0.724	0.061	0.989
党員ダミー	0.030	0.819	-0.072	-1.473	-0.126	-1.987*
タイムトレンド	-0.013	-6.083**	-0.020	-9.912**	-0.022	-10.692**
負担係数	-0.100	-4.611**	-0.091	-3.921**	-0.096	-3.800**
定数項	27.827	6.283**	40.062	10.112**	45.173	10.873**
サンプルサイズ	799		799		799	
R^2 within			0.312		0.318	
R^2 between			0.416		0.342	
R^2 overall	0.401		0.366		0.319	
Breusch-Pagan 検定	0.65					
F 検定					8.07**	
Hausman 検定			30.28**			

出所）筆者作成。
注）** は 1 % 水準、* は 5 % 水準で有意であることを示す。

第3章　変容する農業経営と所得格差　　III

数比率に関する回帰分析

(3) 太谷県C村

	OLS		Random Effect		Fixed Effect	
	係数	t値	係数	z値	係数	t値
経営農地面積	0.017	5.214**	0.021	5.501**	0.022	4.957**
実質農業固定資本額	3.98E-05	5.032**	2.70E-05	3.245**	1.94E-05	2.106*
中卒ダミー	-0.088	-4.483**	-0.067	-2.837**	-0.069	-2.450*
高卒ダミー	-0.125	-2.141*	-0.198	-2.913**	-0.293	-3.622**
労働力数	-0.126	-10.392**	-0.124	-9.302**	-0.125	-8.311**
郷村幹部ダミー	0.092	2.529*	0.033	0.718	-0.043	-0.773
党員ダミー	-0.005	-0.209	0.007	0.185	0.004	0.080
タイムトレンド	-0.015	-7.326**	-0.017	-8.991**	-0.019	-8.943**
負担係数	-0.032	-1.525	0.000	-0.003	0.014	0.592
定数項	29.911	7.554**	35.323	9.199**	37.865	9.122**
サンプルサイズ	733		733		733	
R^2 within			0.348		0.353	
R^2 between			0.155		0.104	
R^2 overall	0.289		0.286		0.263	
Breusch-Pagan検定	18.24**					
F検定					4.41**	
Hausman検定			29.46**			

(4) 臨猗県D村

	OLS		Random Effect		Fixed Effect	
	係数	t値	係数	z値	係数	t値
経営農地面積	0.005	3.497**	0.005	2.671**	0.004	2.146*
実質農業固定資本額	-1.20E-05	-1.253	-2.08E-05	-2.237*	-2.38E-05	-2.477*
中卒ダミー	0.020	1.477	-0.012	-0.739	-0.049	-2.408*
高卒ダミー	-0.025	-1.214	-0.059	-2.320*	-0.095	-3.131**
労働力数	-0.043	-5.429**	-0.047	-5.331**	-0.048	-4.876**
郷村幹部ダミー	-0.012	-0.378	-0.076	-2.160*	-0.123	-3.127**
党員ダミー	-0.040	-2.188*	0.001	0.033	0.115	2.440*
タイムトレンド	0.008	6.747**	0.007	6.258**	0.006	5.332**
負担係数	0.041	3.585**	0.013	1.036	-0.007	-0.502
定数項	-15.891	-6.404**	-13.460	-5.840**	-11.665	-4.898**
サンプルサイズ	1,543		1,543		1,543	
R^2 within			0.066		0.075	
R^2 between			0.138		0.017	
R^2 overall	0.096		0.085		0.034	
Breusch-Pagan検定	52.16**					
F検定					4.61**	
Hausman検定			40.62**			

れの村でも有意な負の係数をとっており，世帯労働力数の多さは非農業就業へのプッシュ要因となっていると考えられる。それに対して負担係数は，有意な負の係数をとるのはB村だけで，その他の調査村ではいずれも有意ではなかった。したがって，負担係数の農業労働投入日数比率に与える影響は必ずしも一様でなく，調査村によって異なることが示唆される。

一方，党員ダミーと郷村幹部ダミーの係数は全般的に有意なものが少なく，その符号も調査村によって大きく異なる。党員ダミーについてB村では有意な負，D村では有意な正の係数をとる一方で，郷村幹部ダミーはD村のみ有意で，その係数は有意な負となった。この結果は，農業労働投入日数比率に対して政治的ネットワークの有無という経済外的な要因は全般的に影響力が小さいこと，そしてその効果が存在する場合でも，地域によって異なる形で機能していることを示している。また，タイムトレンドはD村を除く3つの調査村ではいずれも有意な負の係数，D村では有意な正の係数であった。すなわち，D村以外では年ごとに就業面で農業離れが進む一方で，D村では緩やかではあるが農業就業への志向が強まっていることが示唆される。

以上の点から，4つの調査村ともに教育投資には労働配分機能が存在し，世帯主の教育水準が高い世帯ほど，農業労働投入日数比率が減少し，非農業就業傾向が強まっていることが明らかとなった。また，農地面積や農業資本といった農業の生産要素は農業労働投入日数比率に対して有意な正の効果をもたらしている。したがって，農業労働供給の比率が高い農家に対して農地と農業資本が集中するという形で，農業経営の分化が進展していると推察される。ただし，D村のように農業産業化が相対的に進展する行政村では，農業資本の効果が異なったり，政治的ネットワークの影響が強かったりするなど，他の3つの調査村と異なる動きをみせている点は注目に値する。

4　非農業就業の所得格差への影響

前節の分析結果から，教育投資は農村世帯の非農業就業に対して重要な機能

を果たしていることが明らかとなった。では農村世帯の農業経営類型の変容に伴い，農村世帯の収入構成と所得格差はどのように変化してきているのか。本節では中国農村全体の所得格差の推移を踏まえたうえで，山西省の所得格差の変動要因について，所得源泉別の要因分解を通じて考察していく。

1）中国農村全体と山西省調査村の所得格差

　図3-3では国家統計局のデータに基づき，中国農村全体の世帯1人あたり所得に関するジニ係数と，都市・農村世帯間の平均所得格差の推移について整理した。まず1人あたり所得に関するジニ係数の推移を見てみると，特に1986年と1990年代前半に農村世帯間の所得格差が拡大している。1985年のジニ係数は0.227であったが，1986年には0.304と大きく上昇し，その後の1980年代後半は同レベルの水準を維持していた。しかし1990年代前半に農村世帯間の所得格差が再び拡大を始め，1995年のジニ係数は0.342，2000年には0.354に達している。

　それに対して，都市世帯と農村世帯の1人あたり所得格差も1990年代前半から拡大している。その後の1990年半ばには所得格差に縮小傾向がみられたが，1990年代末には再び都市・農村世帯間の所得格差は拡大している。このように農工間の賃金格差が存在し，戸籍制度によって地域間労働移動や非農業就業機会が制限されている環境のもとでは，賃金労働など非農業の就業機会を獲得した農村世帯は，それ以外の世帯よりも相対的に高い収入を享受していることが予想される。

　ただし，農村内の就業機会や村外・郷外への出稼ぎ労働の機会が増加するにつれ，農村内の余剰労働力が減少し，農村内部での所得格差が縮小することも考えられる。また，第2章で示したように，農業産業化によって食糧生産から野菜・果物など収益率の高い作目への転換が行われ，農業生産の収益性が向上するケースも出現している。したがって，農業生産を低成長部門と単純化できなくなってきている。そこで，山西省の4つの調査村が直面する経済環境や地域的な特徴に配慮しながら，各々の調査村に関する所得格差の動向とその要因について分析を進める。

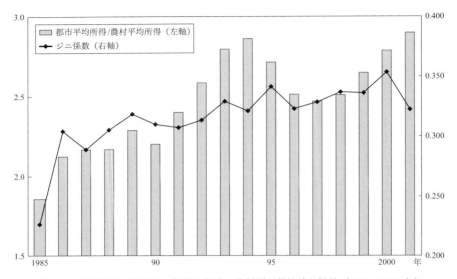

図 3-3 中国農村の所得ジニ係数と都市・農村間所得格差の推移（1985〜2001 年）
出所）『中国農村住戸調査年鑑 2002』および『中国農業発展報告 2002』より筆者作成。

　まず前節で定義した農業経営類型に基づいて，世帯 1 人あたり所得の類型別平均を表 3-7 に整理した。その表からわかるように，専業農家，第 I 種兼業農家，第 II 種兼業農家の順に世帯 1 人あたり所得が高くなっていく。この傾向は D 村を除く 3 つの村でほとんどの年次で観察することができる。とりわけ，専業農家と第 II 種兼業農家との所得格差は顕著で，A 村と B 村では一貫して 2 倍程度の格差が存在している。それに対して D 村は他の調査村と異なり，1990 年代中頃から農業経営類型間の所得格差が明確ではなくなってきた。1996 年と 2001 年では，D 村における専業農家の平均所得が第 I 種兼業農家の平均所得を上回る現象も確認できる。

　農業経営類型間の世帯 1 人あたり所得の平均差に関する t 検定を調査村別・年次別に行ってみたところ，専業農家と第 II 種兼業農家との間の所得差については，いずれの調査村でも 8〜9 割以上のケースで有意差（5％水準）が検出された。それに対して，第 I 種兼業農家と第 II 種兼業農家との平均所得について，有意差が検出されたのは 4 割程度と少なくなり，専業農家と第 I 種兼業農

表 3-7　農業経営類型別の世帯1人あたり平均所得

霊丘県 A 村　　　　　　　　　　　　　(元)

年	1986	1991	1996	2001
専業農家	176	204	571	941
第I種兼業農家	204	213	765	1,105
第II種兼業農家	396	590	1,671	1,741
全世帯平均	215	276	1,007	1,130

太谷県 C 村　　　　　　　　　　　　　(元)

年	1986	1991	1996	2001
専業農家	577	990	1,922	1,973
第I種兼業農家	702	1,011	1,962	3,001
第II種兼業農家	783	1,865	4,426	3,396
全世帯平均	641	1,107	2,239	3,085

定襄県 B 村　　　　　　　　　　　　　(元)

年	1986	1991	1996	2001
専業農家	568	865	1,237	1,212
第I種兼業農家	552	1,063	2,051	1,747
第II種兼業農家	1,114	1,511	2,723	3,432
全世帯平均	726	1,178	2,271	2,818

臨猗県 D 村　　　　　　　　　　　　　(元)

年	1986	1991	1996	2001
専業農家	317	608	2,887	2,363
第I種兼業農家	373	691	2,145	2,224
第II種兼業農家	506	1,216	2,937	3,412
全世帯平均	361	727	2,791	2,507

出所）筆者作成。

家の間に至っては，ほとんどのケースで有意差は観察されていない。したがって，兼業化を通じて獲得した非農業所得は，世帯間の所得格差に少なからぬ影響を与えていると思われる。

2) 所得源泉別の所得格差の要因分解

そこで，ジニ係数に対する所得源泉別の貢献度が計算可能な Shorrocks (1982) の手法を利用して，各調査村内での所得格差の動向とその要因について分析する[26]。この手法を用いた分析は，寶劍 (1999) で既に実施されているが，本章では所得源泉の分類方法を変更した。すなわち，所得源泉を①農業純収入，②自営非農業純収入，③賃金・外出労務収入，④その他所得，⑤課税公課の5つに分類し，推計を行った[27]。

所得源泉別の要因分解については，Shorrocks (1982) と Luo and Sicular

---

26) ジニ係数の推計にあたり，異常値による影響を取り除くため，世帯1人あたり所得の村平均を基準に標準偏差の3倍を超える世帯は，異常値とみなして推計から除外した。
27) 賃金収入と外出労務収入とは性質が異なるため，本来であれば区分けすることが望ましい。しかし，固定観察点調査の「農戸調査票」において，外出労務収入は村外の郷村企業への就業による収入も含むものとして定義されており，賃金労働との区別が曖昧である。そのため，本章ではこれらの値を合計した。

(2013) の手法に依拠する。農家の総所得を Y, 源泉別所得を Y_k ($k=1,…,5: Y=\sum_k Y_k$) と定義すると, 総所得のジニ係数 $G(Y)$ は, 以下の式 (3.5) のように表現することができる。

$$G(Y) = \sum_k S_k = \sum_k u_k G(Y_k) R_k \tag{3.5}$$

ただし, u_k は総所得に対する所得源泉 k のシェア, S_k は各所得源泉のジニ係数への貢献, $G(Y_k)$ は所得源泉 k について計算したジニ係数, R_k は所得源泉 k と総所得との間の順位相関係数である。また R_k は, 以下のように定義される ($F(.)$ は総所得, あるいは源泉別所得の累積分布)。

$$R_k = \frac{\text{cov}(Y_k, F(Y))}{\text{cov}(Y_k, F(Y_k))} \tag{3.6}$$

したがって, 所得源泉 k の総所得のジニ係数への貢献度 (s_k) は次のように求めることができる ($\overline{G}_k(Y)$ は所得源泉 k の擬似ジニ係数〔Pseudo Gini Coefficient〕, c_k は集中度係数)[28]。

$$s_k = \sum_k u_k \frac{G(Y_k) R_k}{G(Y)} = \sum_k u_k \frac{\overline{G}_k(Y)}{G(Y)} = \sum_k u_k c_k \tag{3.7}$$

初めに 1986 年から 2001 年までの 4 つの調査村に関する世帯 1 人あたり所得のジニ係数を推計し, 所得格差の推移をまとめた (図3-4)。ジニ係数の動向をみると, 係数値の全般的な上昇傾向は窺えるものの, いずれの調査村でもジニ係数が単線的に上昇する特徴は観察できない。ただし, 1993 年前後で C 村を

---

[28] Shorrocks (1982) による不平等の要因分解法の問題として, 所得格差に関する「均一付加の特性」(property of uniform additions), すなわちすべての世帯に対して一定額の所得移転 (所得控除) があった場合, 不平等度が縮小 (拡大) するという特性を満たさないことが指摘されている (Morduch and Sicular 2002, 孟 2012)。そこで, 各年の村別課税額の世帯間格差を確認するため, 課税公課に限定したジニ係数を推計した。年次や調査村による相違は存在するものの, 課税公課に関するジニ係数は概ね 0.2〜0.4 の範囲に推移するなど, 必ずしも一定額の所得控除が行われているわけではない。したがって, 一定額の所得控除による要因分解への影響は本データに関して軽微であると言える。

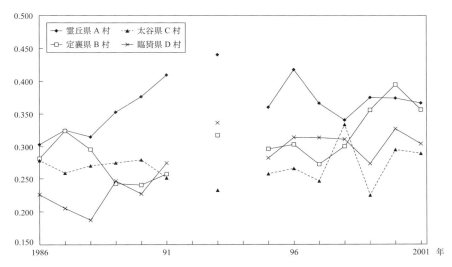

図 3-4 調査村における世帯 1 人あたり所得ジニ係数の推移（1986〜2001 年）

出所）MHTS パネルデータより筆者作成。

除く 3 つの村において，ジニ係数がジャンプする傾向を示している点は共通している。また，C 村ではジニ係数の変化が他の調査村と比較して小さく，相対的に安定した不平等を維持していたが，1990 年代末からのジニ係数の変動は大きくなっている。それに対して，A・B・D 村では，1990 年代後半からジニ係数が上昇する傾向を示している。

次に各所得源泉の擬似ジニ係数と貢献度を推計し，その結果を表 3-8 にまとめた。本章では 5 年ごとの計算結果のみを掲載したが，各調査村の所得格差要因の趨勢は，この表でかなりの部分が表現されている。また，所得源泉別の貢献度に関する時系列的変化については，図 3-5 に示した。なお，所得源泉の④と⑤は所得に占める比重は相対的に小さく，所得格差に対する貢献度も大きくないため，表では省略した。

表 3-8 をみると，A・B の 2 つの調査村では賃金・外出労務収入の所得構成比は年を追うごとに上昇する傾向にあり，いずれの調査年次においても賃金・外出労務収入の不平等への貢献度が最も大きくなっていることがわかる。ただ

表 3-8 所得源泉別世帯1人

霊丘県 A 村	1986年				1991年			
	所得		擬似ジニ係数	貢献度(%)	所得		擬似ジニ係数	貢献度(%)
	金額(元)	構成比(%)			金額(元)	構成比(%)		
所得合計	220	100	0.303	100	247	100	0.409	100
①農業純収入	135	61	0.148	30	96	39	0.116	11
②自営非農業純収入	11	5	0.433	7	26	10	0.490	12
③賃金・外出労務収入	46	21	0.675	46	77	31	0.722	55

定襄県 B 村	1986年				1991年			
	所得		擬似ジニ係数	貢献度(%)	所得		擬似ジニ係数	貢献度(%)
	金額(元)	構成比(%)			金額(元)	構成比(%)		
所得合計	703	100	0.281	100	1,133	100	0.257	100
①農業純収入	321	46	0.068	11	559	49	0.122	23
②自営非農業純収入	62	9	0.479	15	108	10	0.626	23
③賃金・外出労務収入	233	33	0.615	72	437	39	0.364	55

太谷県 C 村	1986年				1991年			
	所得		擬似ジニ係数	貢献度(%)	所得		擬似ジニ係数	貢献度(%)
	金額(元)	構成比(%)			金額(元)	構成比(%)		
所得合計	634	100	0.278	100	1,011	100	0.251	100
①農業純収入	453	71	0.228	59	801	79	0.229	72
②自営非農業純収入	35	6	0.835	17	45	4	0.314	6
③賃金・外出労務収入	142	22	0.339	27	186	18	0.283	21

臨猗県 D 村	1986年				1991年			
	所得		擬似ジニ係数	貢献度(%)	所得		擬似ジニ係数	貢献度(%)
	金額(元)	構成比(%)			金額(元)	構成比(%)		
所得合計	358	100	0.226	100	658	100	0.274	100
①農業純収入	307	86	0.176	67	464	71	0.168	43
②自営非農業純収入	18	5	0.631	14	88	13	0.651	32
③賃金・外出労務収入	60	17	0.282	21	147	22	0.281	23

出所）筆者作成。
注）課税公課による負の所得が存在するため，内訳の合計が全体の合計を上回るケースが存在する。

あたり所得のジニ係数要因分解

1996年				2001年			
所得		擬似ジニ係数	貢献度(%)	所得		擬似ジニ係数	貢献度(%)
金額(元)	構成比(%)			金額(元)	構成比(%)		
915	100	0.418	100	1,085	100	0.367	100
359	39	0.122	11	607	56	0.195	30
51	6	0.257	3	114	10	0.435	12
440	48	0.634	73	346	32	0.574	50

1996年				2001年			
所得		擬似ジニ係数	貢献度(%)	所得		擬似ジニ係数	貢献度(%)
金額(元)	構成比(%)			金額(元)	構成比(%)		
2,184	100	0.303	100	2,276	100	0.357	100
720	33	0.114	12	773	34	0.137	13
195	9	0.523	15	177	8	0.717	16
1,006	46	0.377	57	1,238	54	0.452	69

1996年				2001年			
所得		擬似ジニ係数	貢献度(%)	所得		擬似ジニ係数	貢献度(%)
金額(元)	構成比(%)			金額(元)	構成比(%)		
2,018	100	0.266	100	3,018	100	0.290	100
1,390	69	0.173	45	1,357	45	0.160	25
118	6	0.141	3	354	12	0.556	23
485	24	0.506	46	1,196	40	0.331	45

1996年				2001年			
所得		擬似ジニ係数	貢献度(%)	所得		擬似ジニ係数	貢献度(%)
金額(元)	構成比(%)			金額(元)	構成比(%)		
2,432	100	0.314	100	2,340	100	0.304	100
2,375	98	0.321	100	1,661	71	0.241	56
63	3	−0.065	−1	318	14	0.402	18
126	5	0.181	3	373	16	0.507	27

(1) 霊丘県A村

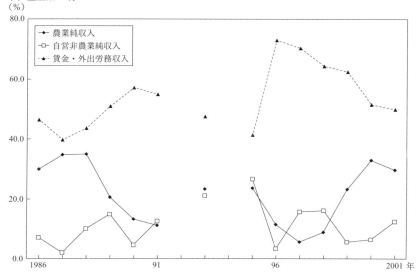

(2) 定襄県B村

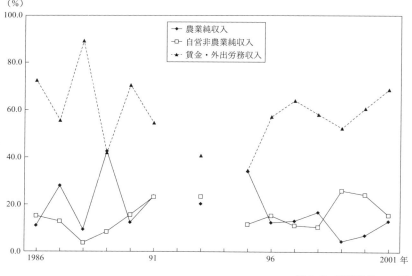

図 3-5 所得格差への貢

出所）MHTS パネルデータより筆者作成。

第3章　変容する農業経営と所得格差　121

(3) 太谷県 C 村

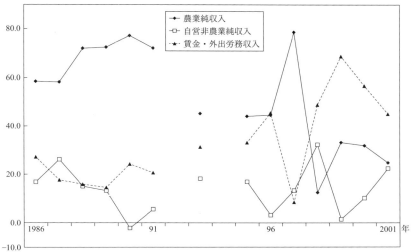

(4) 臨猗県 D 村

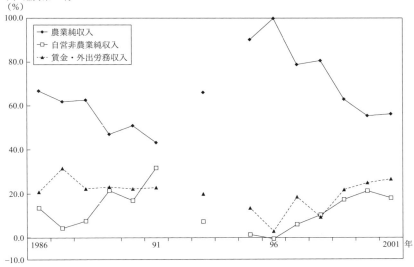

献度（1986〜2001年）

しA村では，1990年代半ばから後半にかけて賃金・外出労務収入比率が48％に上昇したが，2000年前後から再び30％前後に低下している。そのため，1996年のA村の賃金・外出労務収入の貢献度は73％に上昇したのち，2001年には50％に下がった。

B村では賃金・外出労務収入の構成比が年々上昇する一方，1990年代前半から中盤にかけて不平等への貢献度は5割前後の水準に低迷している。その理由として，当該源泉の擬似ジニ係数の低下，すなわち賃金・外出労務収入に関する世帯間格差が縮小したことで，賃金・外出労務収入の構成比の上昇効果が相殺され，貢献度の上昇が抑制されたと考えられる。また，A・B村ともに自営非農業純収入の所得構成比は10％前後の水準にとどまっている。ただし，自営非農業純収入の擬似ジニ係数は相対的に高い値をとっているため，所得格差への貢献度はA村では10％前後，B村では15～20％に達しており，農村内所得格差の拡大に一定程度の影響を与えている。

それに対して，農業生産が中心であるC村とD村では所得に占める農業純収入の割合が高いため，農業純収入の不平等への貢献度も高く，その傾向は図3-5で明確に示されている。とりわけ，D村では農業純収入の所得構成比が一貫して70％を超えていることから，所得格差への貢献度も高い。また農業生産にも変化があり，1993年前後からD村では農業純収入の擬似ジニ係数が0.2を上回る水準を維持している。これは農業生産の構造調整の進展を示唆しており，食糧生産から果物生産へのシフトが影響していると考えられる。

一方，D村の自営非農業純収入と賃金・外出労務収入の所得構成比は，1991年までは上昇傾向を示し，2つの源泉を合わせて30％前後となり，不平等度への貢献度も5割を超えた。だが1993年前後から非農業所得の所得構成比は低下し始め，1996年にはほとんどの収入が農業純収入で占められるに至った。ただし，2000年前後には農業以外からの所得の構成比が再び3割程度まで上昇してきたことから，農業純収入による不平等度への貢献度は5割前後に低下している。

またC村では，表3-8で示されるように1996年まで農業純収入の所得構成比が70％前後の水準を維持してきた。しかし，1998年から賃金・外出労務収

入と自営非農業純収入の所得構成比が大幅に上昇し，2001年には合わせて50％を上回った。これは2001年の第Ⅱ種兼業農家比率の上昇（前掲表3-2参照）と動きが一致している。それに伴い，賃金・外出労務収入と自営非農業純収入を合計した不平等度への貢献度も2001年には68％に達し，農村内所得格差の主要な源泉となっていることがわかる。

以上のように，ジニ係数の要因分解を行った結果，所得水準が低く非農業就業機会が限定されていたA村と，非農業部門の発展で先行していたB村において，農外収入，とりわけ賃金・外出労務収入が農村内の所得格差の主要な源泉となってきたことが明らかになった。他方，農業生産が主要な所得源泉であったC村とD村では非農業所得の所得格差への貢献度は低い。しかし，1990年代後半にはC村で賃金・外出労務収入の所得構成比率が上昇し，村内の所得格差が広がる一方，D村のように農業構造調整によって農業純収入の擬似ジニ係数が大きくなるなど，調査村の所得格差の要因にも変化がみられる。

小　　括

本章では，山西省4調査村のMHTSパネルデータを利用して，教育投資の労働再配分効果に着目し，農家の農業経営類型の推移と農業労働供給に関する計量分析を行ってきた。さらに，ジニ係数の要因分解法によって各所得源泉の所得格差への貢献度を推計し，非農業所得の所得格差への影響を考察した。本章における分析結果は，以下の3点に要約される。第1に，専業農家から兼業農家への移行がすべての村で単線的に進行しているわけではないが，第Ⅰ種兼業農家の割合はいずれの村でも趨勢的に低下してきており，専業農家，あるいは第Ⅱ種兼業農家への農家の分化が進展してきたことである。

第2に，農業労働供給関数を推計した結果，教育には労働配分機能が存在し，世帯主の教育水準が高い世帯ほど，農業労働投入日数比率が減少し，非農業就業傾向が強まっていることが明らかとなった。さらに，農地面積や農業固定資本といった農業の生産要素は農業労働投入日数比率に対して，概ね有意な正の

効果をもたらしていることから、農業への労働供給比率が高い農家に対して農地と農業資本が集中してきたことが指摘できる。ただし、D村のように農業産業化が進展する行政村では、農業資本の効果が異なること、政治的ネットワークの有無という経済外的な要因は全般的に影響力が小さく、その効果が存在する場合でも、地域によって異なる形で機能している点には留意が必要である。

そして第3に、ジニ係数の要因分解によると、賃金・外出労務収入など非農業所得の擬似ジニ係数は農業所得のそれに比べて全般的に高く、所得格差に対する貢献度も大きくなっていることである。その一方で、農業の構造調整によって農業純収入の擬似ジニ係数も近年上昇する傾向を示しており、所得格差への貢献度が高まっていることも指摘できる。

以上の点から、農家の農業経営類型の選択において教育投資の労働再配分効果が機能し、比較優位に基づいて就業形態が選択されており、農業経営における専業農家と第II種兼業農家への二極分化が進行していると言える。また、農外就業からの所得が農村内部での所得格差、とりわけ専業農家と第II種兼業農家との所得格差の重要な要因となっているが、その程度は農業産業化の度合いや農外雇用機会の多寡によって影響され、必ずしも一様ではないことも注目すべき結果である。

第4章

農地流動化の急拡大とそのインパクト
―― 農業産業化の前提 ――

　零細な自作農が経営する農地を経営能力の高い生産者に集約化させ，農業生産性の向上を促進することは，中国の農業構造調整における最も重要な政策課題の一つである。そして高度経済成長に伴う中国人の生活水準の急速な向上とともに，都市住民を中心に高品質で安全性の高い農産物に対する需要が高まりをみせていることは，経営能力の高い農業経営者にとって農業収益を増大させる大きなチャンスとなっている。そのため，中国共産党は農業産業化に向けた振興策を強化し，専門的な農業の担い手を積極的に支援している。

　ただし1990年代中頃までは，規模経営の前提となる農地貸借は全般的に低迷し，実際の貸借も親類・友人の間の互助的なものにとどまっていた。その背景には，農村部では失業保険や養老保険制度の整備が進まず，生活の糧として農地が重要な役割を果たしてきたことが挙げられる。また，農地に関する権利保護の法制化の後れが農地使用権に対する農民の不安感を高め，長期的な視点での農地改良への投資や農地使用権の貸借を抑制させてきた（姚 1998，兪ほか 2003，Jacoby et al. 2002）。

　その一方で，製造業を中心とする近年の中国経済の高度成長によって，都市セクターに吸収される農村出身の労働者の増加は著しく，若年層を中心に多くの農村労働者が出稼ぎ労働の形で農村部を離れ始めている。序章で示したように，地元の郷鎮から半年以上離れた農民工は，2005年には1億2578万人，2015年には1億6884万人に達し，農村就業者に対する割合も2015年には4割を上回っている[1]。また，農地に関する法制度についても1990年代後半から整備が進められ，農民の農地に関する権利保護も強化されてきた。

このような農業を取り巻く構造変化に呼応する形で，2000年代に入ると沿海地域の農村を中心に，農家間の農地貸借や地元政府の仲介による農地流動化も顕著に進展し，農業経営の特徴や農地利用にも大きな変化が発生している。

そこで本章では，農地流動化の先進地域である浙江省を分析対象として取り上げ，農地流動化の実態と特徴を整理するとともに，農地賃貸市場の発展状況と農地利用の効率性について，農地の限界生産性と実際の地代との統計的比較によって検証していく。実証分析では，農地流動化が農家主導で進展する奉化市と，地元政府主導で展開する徳清市という2つの地域を取り上げる。この2つの地域の比較分析を通じて，流動化形態の相違が農地利用の効率性や地代に与える影響について解明していく。

1 農地流動化の進捗状況と制度的枠組み

1) 農地流動化の現状

中国全体の農地流動化に関する時系列的な推移を考察する際，第3章で取り上げた「固定観察点調査」が参考になる。図4-1では，固定観察点調査を利用して1986年以降の農地流動化率（耕地面積に対する転包面積比率）の推移を整理した。まず全国の集計値を見てみると，1986年の農地流動化率はわずか3.4％で，その後も1990年代前半は3〜4％前後の水準にとどまっていた。しかし，流動化率は1990年代中頃から上昇傾向をみせ，1995年の4.5％から2000年には8.3％，2007年には16.3％に達した。2008年以降はやや低下したものの，2009年には流動化率が14.9％となった。

その後の農地流動化状況について，農業部の公表データに基づいて図4-1に示した。図から明らかなように，流動化面積比率（請負耕地面積に対する流動化耕地の割合）は急速な増加傾向をみせ，2009年の12.0％から2012年には21.2％，2015年には33.3％に達した。この急上昇の背景には，後述の農地流動化

---

1) 国家統計局ホームページ（http://www.stats.gov.cn/）の「2015年全国農民工監測調査報告」（2016年5月22日閲覧），および『中国統計年鑑』（各年版）に基づく。

第4章 農地流動化の急拡大とそのインパクト 127

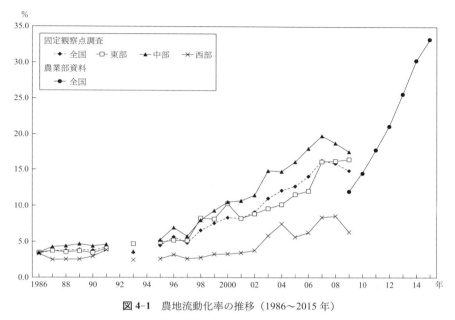

図 4-1 農地流動化率の推移（1986〜2015年）

出所）中共中央政策研究室・農業部農村固定観察点弁公室編（2001, 2010），『中国農業発展報告』（各年版），『中国農業統計資料』（各年版）より筆者作成。

促進政策が想定されるが，その一方で既存の私的な貸借がフォーマルな取引として公認された部分も含まれると考えられる。

再び固定観察点調査に戻り，図4-1の地区別の動向をみると，1990年代前半まで地区間の流動化率の格差はそれほど大きくなかったが，その後は東部地区と中部地区で沅動化が顕著に進んでいる。とりわけ中部地区では，2000年の流動化率が10％を上回り，2005年には14.8％に達するなど流動化の進展が著しい。東部地区をみると，2000年代前半の流動化率は8〜10％を推移してきたが，2000年代後半には16％を上回り，中部地区の水準に近づいている。それに対して，西部地区の流動化率は1990年代には3％前後で推移し，2000年代前半も4％弱にとどまっていたが，2000年代中頃から上昇し始め，2008年には8.6％，2009年には6.4％となった。

この農地流動化率の地域間格差は，農業センサス（第2回）でより明確に示

されている（国務院第二次全国農業普査領導小組弁公室・中華人民共和国国家統計局編 2010）。農業センサスによると，2006 年の全国の流動化率（耕地面積に対する借入〔「租入，包入，転入」〕面積比率）は 10.8％ で，固定観察点調査の結果と整合的である。さらに省別にみていくと，経済発展の進展する沿海地域では 20％ を超える流動化率が軒並み観測され，特に上海市では 27.6％，浙江省では 24.3％，福建省でも 21.7％ となっている。また，黒龍江省と吉林省の流動化率はそれぞれ 27.9％ と 15.0％ に達するなど，農民 1 人あたり耕地面積の大きい東北地方でも，農地流動化が相対的に進展していることがわかる。他方，新疆ウイグル自治区の流動化率は 20.5％，四川省と重慶市の流動化率はそれぞれ 12.6％，13.4％ と比較的高い値をとっているが，その他の中部地区や西部地区の多くの省では 10％ の流動化率を下回るなど，流動化率の省別格差は非常に大きい[2]。

　以上の考察から，中国の全体的な農地流動化の傾向として，流動化は 1990 年代末から徐々に広がり，2010 年前後から流動化率の伸びが顕著なこと，そして経済発展が著しい沿海部や大規模経営が普及する東北地方を中心に，高い流動化率を実現していることが指摘できる。

2）農地に関する法的権利の変遷

　では，中国の法令や通達のなかで農地流動化はどのように位置づけられているのか，そしてどのような形式によって流動化が行われているのか。以下では農地関連の法制度と政策を振り返りながら，農地流動化の位置づけの変化と流動化形態の特徴について，簡潔に整理していく[3]。

　まず中国では，「農地」（農村および都市郊外の土地）の私的所有は認められておらず，農地はすべて集団所有となっている。そして農民は，農地の使用権を

2）固定観察点調査では中国を 3 つの地区（東部，中部，西部）に分類するのに対し，農業センサスでは東北 3 省を別立てとする分類方法（東部，中部，西部，東北部）を採用している。なお，固定観察点調査では東北 3 省のうち，黒龍江省と吉林省は中部地区，遼寧省は東部地区に含まれる。

3）農地制度の概要については，主として仙田（2005b : 4-7 頁）に依拠するが，陳ほか（2008）や関連法規の原典を参照しながら再構成した。

集団から一定の契約期間で請け負う（「承包」）という農業生産責任制のもと，農業生産を行っている。この農地の請負については，基本的に行政村，あるいは村民小組を単位として行われ，人口に応じて均等に配分する方法，あるいは人口に応じた土地の配分（「口糧田」）と労働力数に応じた土地の配分（「責任田」）を組み合わせた方法（「両田制」）が採用されてきた。

そして農業生産責任制が実施された1980年代前半には，農地請負の契約年数は15年間と規定された。しかし1993年に承認された中国共産党・国務院の決定（「当面の農業・農村経済発展に関する若干の政策措置」）によって，請負期間を30年間（草地は30～50年，林地は30～70年）に延長することが決まった。この請負期間の30年への延長は，1998年に改訂された土地管理法（第十四条）で法制化されている。

さらに，第1回請負から15年目を経過する1998年前後にかけて，第2回の農地請負権の再配分が大多数の農村で実施された。この再配分にあたって，1997年8月27日に中国共産党中央弁公庁・国務院弁公庁の連名で，「農村土地請負関係の一層の安定化と改善を進めることに関する通知」が出された。この通知では，農地請負年数は30年とすること，農地の再配分は小規模な調整にとどめること（「大穏定，小調整」），「両田制」を奨励しないこと，村民委員会が将来的な再配分用に保有する「機動田」は耕地面積全体の5％以内とすること，といった再配分に関する方針が定められている[4]。

他方，農地請負権の30年への延長や第2回目の農地請負権の再配分実施にあわせて，集団と農家との間で「請負契約書」（「承包合同書」，農業部が管理）と「農地請負経営証書」（「土地承包経営権証」，土地管理局が管理）を取り交わす作業も行われてきた。さらに2003年から農民の農地請負権に対する物権的保護を主たる目的とする「農村土地承包法」が施行されたことで，農地に対する

---

4) 人民大学とアメリカ農村発展研究所（RDI）が実施した農家調査（豊ほか 2013）によると，2000年までに第2回請負権の再配分を行った行政村の割合は85.2％で，とりわけ1995年と1998～99年の時期に集中的に実施されたという。また，第2回請負権再配分が実施された行政村のうち，請負年数が30年間と回答した行政村の割合が77％，30年間ではないと回答した村の割合が14％（うち40年間と10年間がそれぞれ6％）であった。

農民の権利保障も強化されてきている（中国研究所編 2004：94 頁）。またこの法律では，農地請負権のほかに，請け負った農地で農業経営を行う権利である農地請負経営権が規定された。

　それに対して農地請負権の賃貸・移転は，1984 年から一貫して容認されてきた。実際に 1984 年の一号文件では，有能な農家に農地を集積することを奨励し，それに対する代償（公定価格の自給用食糧の提供）も容認している。また1986 年に制定された土地管理法では農地の集団所有制が明記され，1988 年改訂では農地請負権の法に基づく移転も認可された。さらに 1990 年代の農地に対する権利保護の強化と軌を一にする形で，2000 年代前半から農地流動化の規範化に向けた政策が強化されている。農村部では，農家の意思に反する農地流動化の強制とそれによる農家利益の毀損，農地流動化の名目での農地転用が広がっていることを受け，2001 年 11 月に中共中央は「農家の請負農地使用権の流動化業務を完成させることに関する通知」を打ち出した。この「通知」では，農地使用権の流動化は法に基づき，農家の自由意思かつ有償の原則が堅持されなければならないこと（「必須堅持依法，自願，有償的原則」），いかなる組織・個人も農家に農地流動化を強制したり，農家による合法的な流動化を阻害したりしてはならないことが明記された[5]。

　この「通知」による農地流動化の方針を受け，2003 年に施行された農村土地承包法では，請負農家による法に基づく自由意思かつ有償による農地請負経営権の流動化を国が保護すること（第十条），貸出元の農家以外の組織・個人が流動化から得た収益を差し止めたり，控除したりしてはならないこと（第三十六条），農家の自由意思による農地請負経営権の株式化を認めること（第四十二条）などが明記された。さらに 2005 年から施行された「農村土地承包経営権流転管理弁法」では，農地流動化に際しては貸し手と借り手の双方の合意のもと，農地請負経営権の移転時契約書を取り交わす必要があること，各省の農

---

5) この「通知」では，流動化による収益は貸出農家に帰するもので，その収益を無断で差し止めたり控除したりしてはならないこと，農業・農村の安定化のために，中央政府は工業・商業企業による長期間・大規模面積での農地借入を推奨しないこと，地方政府は都市住民による請負農地の借入を促進してはならないことも規定されている。

業主管部門が定めた農地流動化に関する様式にしたがって契約書を交わし，郷鎮政府がその登記と管理を行うことが定められた[6]。

そして2008年10月に中共中央から公布された「農村改革発展を推進することに関する若干の重大問題の決定」のなかでも，農地流動化の方針について明確な方針が示されている。具体的には，農地流動化は農民の自由意思かつ有償で行われること，農地は集団所有であること，土地用途を変更しないこと，農民の土地請負権益を阻害しないこと，という条件のもとで農地請負経営権の移転と大規模農業経営を促進することが明記された。さらに，この「決定」では請負経営権移転のための市場整備が提唱されたことを受け，各地で土地流動化センター（「農村土地流轉服務中心」）と呼ばれる仲介組織が設立され，農地流動化の促進とその規範化が進められている。

他方，2013年11月の中国共産党・第18期中央委員会第3総会では，請負経営権の抵当・担保権能を農民に付与するが定められた。そして様々な形式による農業規模経営を発展させるため，専業大規模農家，家庭農場，農民合作社，農業企業といった農業産業化の担い手への正式な市場取引を通じた農地流動化を促進することも奨励されている。また2014年の一号文件では，請負経営権を担保とした融資を実施するため，関連部門はその実施規則を早急に作成すること，抵当資産の処理機構の設立と関連法律・法規の改定を進めることも提起された。

さらに2014年11月20日に中共中央弁公庁・国務院弁公庁から公布された通達（「農村土地経営権の秩序ある移転を指導し，農業の適正規模経営を発展させることに関する意見」）では農地に関する3つの権利，すなわち集団所有権（「集体所有権」），農家請負権（「農戸承包権」），農地経営権（「土地経営権」）の3つを明確に区分したうえで，農村の農地集団所有の堅持，農家請負権の安定，農地経営権の活用という原則のもと，農家による農地の請負経営を根幹としつつ，多様な形式による農業を発展させることも提起されている。

---

6) ただし農村土地承包法（第三十九条）では，期間が1年未満の代理耕作については，書面で契約書を取り交わす必要がないと規定されている。

表 4-1　農地流動化の類型

①農家間での相対を主とする取引形態

転包	農家が同一村内の経営者に対し，農地請負期間内で一定の条件によって第三者に再度，農地を請負に出す方式
譲渡	当該農地を請け負っていた農家が，集団の承諾のもとで第三者に集団との契約をそのまま譲り渡す方式
交換	農家間のみ，あるいは集団が仲介して承包された農地を交換する方式
村外貸出	基本的に転包と同様であるが，再請負の対象者が村外の農業経営者である場合の貸出方式
委託経営	農地の運用を他人に委託する方式で，例えば出稼ぎに出るものの自己が請け負っている農地を手放したくないときに使用される方式

②集団が主として介在する取引形態

反租倒包	使用権を郷あるいは集団が回収し，回収した農地を集団が元々の承包されていた農家や別の農家，あるいは組織に対し新たに貸し出し，統一的な生産，経営を行う方式
株式化	農家の農地請負権と農業経営権を集団に上納し，一定の株式と交換する方式
荒廃地のオークション	荒地荒山（「四荒」）など元々農家に配分されていなかった農地を集団がオークションによって一定期間貸し出す方式（機動田のオークションも含む）

出所）仙田（2005b），賈ほか（2003）などより筆者作成。

3）農地流動化の形態

　では，農地流動化は実際にどのような形式を通じて行われているのか。先行研究や関連法令に基づいて整理すると，農地流動化の形式は表 4-1 のように分類することができる。まず農地流動化の形式は，①農家間の相対（あいたい）で行う方法と，②集団（村民委員会，郷鎮政府）が主として介在する方法の 2 つに分類することができる。①には，「転包」，「譲渡」（「転譲」），「交換」（「互換」），「村外貸出」（「出租」），「委託経営」の 5 つがあり，②には「反租倒包」，「株式化」（「入股」），「荒廃地のオークション」（「荒地拍賣」）の 3 つが含まれる。

　農民が親類・友人間などの私的な関係に基づいて農地の賃借を行う際，①の方式（主に転包）を採用することが多い。それに対して，龍頭企業や大規模経営農家が村民委員会を通じてまとまった農地を借り入れる際には，②の方式を利用するケースが増えてきている。なお，2001 年の「通知」と 2008 年の一号文件のなかで，郷鎮政府や村民委員会による「反租倒包」を利用した農地経営

表 4-2　農地流動化の類型と貸出先の構成比

(%)

年	2009	2010	2011	2012	2013	2014	2015
流動化率	12.0	14.7	17.8	21.2	25.7	30.4	33.3
流動化の類型別構成比							
転包	n.a.	51.6	51.1	49.3	46.9	46.6	47.0
譲渡	n.a.	5.0	4.4	4.0	3.3	3.0	2.8
交換	n.a.	5.1	6.4	6.5	6.2	5.8	5.4
村外貸出	n.a.	26.3	27.1	28.9	31.7	33.1	34.3
株式化	n.a.	6.0	5.6	5.9	6.9	6.7	6.1
その他	n.a.	5.9	5.5	5.5	5.1	4.8	4.4
貸出先の構成比							
農家	71.6	69.2	67.6	64.7	60.3	58.4	58.6
農民専業合作社	8.9	11.9	13.4	15.8	20.4	21.9	21.8
企業	8.9	8.1	8.4	9.2	9.4	9.6	9.5
その他	10.7	10.9	10.6	10.3	9.9	10.1	10.1
契約書締結の比率	53.2	56.7	61.1	65.2	65.9	66.7	67.8

出所）『中国農業発展報告 2012』171 頁，『中国農業統計資料』(各年版) より筆者作成。

権の侵害を抑制することが明記された。ただし実際には，農家の権利保護を配慮しつつも，依然として多くの地域でこの形式による流動化が行われていることが指摘されている（田・鄒 2003，王・郭 2010，李 2012）。また，「株式化」の形式は経済発展が著しい浙江省紹興市などで広く採用された農地取引方法であったが（買ほか 2003），近年の農民専業合作社の普及とともに四川省成都市近郊農村など内陸部でも，農地の株式化の動きが観察されている（寳劔 2009）。

　さらに表 4-2 では，前掲図 4-1 でも使用した農業部資料に基づき中国全体の 2009 年以降の流動化類型別の構成比を整理した。本表をみると，転包の比率が 2010 年の 51.6％から 2015 年には 47.0％に低下する一方で，村外貸出の比率が 26.3％から 34.3％に約 8 ポイント上昇していることがわかる。このことは，農地流動化は依然として同一村内の取引が主であるが，村外の農業経営者への農地貸出の割合が高まっていることを示唆している。なお，本統計では反租倒包と荒廃地のオークションの割合は捕捉されていないが，株式化の割合は 6％前後で推移するなど，集団を介在した流動化は面積の絶対値では増加しているものの，全体的に低い水準にとどまる。

他方，流動化した農地の貸出先比率でみても近年の変化は顕著である。農家向けに貸し出された農地の割合は 2009 年の 71.6％ から 2015 年には 58.6％ へと大幅に低下したが，その一方で農民専業合作社向けの流動化比率は 8.9％ から 21.8％ へと大きく上昇した。農民専業合作社については第 5 章以降で詳細に考察していくが，農地流動化の中心的存在として台頭してきたことは注目すべき動向である。また，流動化にあたって契約書を締結する割合も 2009 年の 53.2％ から 2015 年には 67.8％ に上昇するなど，流動化のフォーマル化が進展していることも表から読み取れる。

4) 農地流動化と地代

農地の流動化状況に関する調査研究は数多く存在する一方で，地代の支払い方法や地代の取り決め方，具体的な地代の金額に関する大規模調査研究は非常に限られている。例外的な研究として，17 省・1,656 県・1,773 世帯の農家調査（2008 年）を行った葉ほか（2010）が挙げられる。同調査によると，地代については「補償なし」の割合が 38.6％ と相対的に高い割合を占める一方で，「現金による支払い」が 42.9％，「食糧による支払い」が 16.7％ を占め，地代の授受がある場合には「現金による支払い」が中心であることがわかる。また「現金による支払い」の割合は，同チームによる過去の調査結果（2001 年は 26.1％，2005 年は 33.6％）と比較して顕著に上昇し，農地貸借は徐々にフォーマル化が進行してきたことも指摘できる。そして，平均地代はムーあたり 248 元（貸出地代と借入地代のメディアンの単純平均）で，2005 年の平均値（133 元/ムー）と比較して大きな増加がみられる。

他方，地代の支払い時期について，専門的な調査研究は筆者の知る限りほとんど存在せず，断片的なヒアリング結果が存在するにとどまる。四川省成都市郊外の農業地帯（郫県）で実施された現地調査（北京天則経済研究所≪中国土地問題≫課題組 2010）によると，2008 年に大規模農場を設立するにあたって農地を流動化する際，地代についてはムーあたり 500 キログラムのコメ（中等）を基準とすること，そしてコメの価格は当該年の 9 月中旬・下旬のコメ（中等）市場価格とし，地代の支払いは村民委員会を通じて 2 期（当年の 6 月 30 日と 9

月30日以前）で支払い，それぞれの割合は40％と60％とすることが定められている。

地代の水準について，現金による固定支払いが一般的であるが，四川省郫県のケースのように，地元で生産される食糧価格を基準に現金支払額が変動する事例は多くの地域でみられる。筆者が2011年に調査を行った成都市郊外（新都区）の花卉農場や，同じく2015年に訪問した四川省眉山市の家庭農場，そして後述の浙江省徳清県でも同様の方法が採用されていた。

このように，地代の設定については多くのバリエーションが存在するが，相対的に高い割合で固定地代が採用される一方，農地の貸し手と借り手の間で収益を分割する分益小作の普及度は低い。さらに農村では，天候不順による収量リスクは借り手が負担することが一般的で，かつ第2章で考察したように主要穀物には最低買付価格（臨時備蓄の買付も含む）が設定されている。そのため，食糧価格の変動が地代に反映する農地貸借の契約を行っている場合でも，貸し手は専ら食糧価格上昇のメリットを享受できる立場にあると言える。

5）中国農地流動化の研究サーベイ

農地に関する農民の権利問題や農業生産性の低迷が顕在化してきた1990年代から，農地流動化に関する研究は盛んになってきた。その研究テーマの中心には，村民委員会（あるいは村民小組）による農地の調整や再配分といった農地使用権に関する不安定性と不確実性が，農家による農業への投資行動にどのような影響をもたらすのかという点にあった。この分野では，欧米の研究者と欧米で研究活動を行ってきた中国人研究者が優れた研究業績を残している。

姚（1998）は土地制度の特徴を数量化したうえで，その違いが農業経営に与える効果を農業生産関数や労働投入関数，緑肥投入関数の推計を通じて実証している。また，Carter and Yao（1999）は農地の流動化に関する権利状況の違いが，請負地に対する農家の投資に与える影響を計量的に検証した。同様の視点からの研究として，Li et al.（1998）やJacoby et al.（2002），兪ほか（2003）が挙げられ，いずれの研究も農地使用権の安定性が土壌肥沃度を長期的に高める農業投資を促進することを示している。これらの研究と同時に，ハウスホール

ド・モデルに基づく中国農家の農地流動化の定式化の試みも続けられてきた。この分野では，Yao（1999, 2000），Carter and Yao（2002）がモデル化の先鞭をつけ，その枠組みに Deininger and Jin（2005, 2009）が生産農家の経営能力を取り入れる形で発展してきた。

それに対して，中国国内の研究者はこのような研究動向を意識しつつも，ロジット分析や相関係数の推計，クロス表分析といった簡易な統計手法を用いて，農地取引の決定要因や農地への投資行動を分析している。例えば黎ほか（2009）は，3省6郷鎮12行政村の617世帯の農家に対して行った農家調査データを利用して，農地の借入・貸出に関する決定要因をロジット分析によって考察した。劉ほか（2010）は，上海市郊外の3つの区・県での農家調査（約500世帯）に基づき，農地権利の安定性が農民の土地への長期投資の積極性を高める効果を持つことを示した。また，馬（2009）は農地権利の安定性が農民の土壌保護投資（緑肥の栽培・投入など）に与える影響について，江西省の288戸の水稲農家データから明らかにしている。

さらに，記述統計の整理が中心であるが，葉ほか（2006b, 2010）は，それぞれ2005年と2008年に17省で実施した約1,700〜1,900世帯に対する農家調査に基づき，請負や流動化に関する契約書の締結が農家の農地投資に対して与える影響を考察している。一方，葉ほか（2006a）では農地関係の契約書の締結が農地流動化と正の関係を持つこと，地方政府による農地調整や大規模経営の促進，「反租倒包」といった政策が農地流動化とその規範化に影響することを明らかにしている。

これらの先行研究の全般的な特徴として，欧米を中心とした研究は理論的な定式化や厳密な実証分析の面で優れる一方で，流動化の形式や地代の決定要因，農家の非農業就業と農地流動化との関係といった中国農村の実態に関する考察が不足する傾向がある。他方，中国国内の研究は，農地流動化の実際の形式などについて，調査データに基づく詳細な検討が行われるが，理論モデルの構築と計量分析の厳密性の面で不十分であるといった問題点を抱えている。

それに対して，丸川（2010）と仙田（2005a）はシンプルな理論的枠組みと農家調査データを利用しながら，農地流動化の実態を統計的に考察している。丸

川（2010）は四川省江油市の農家調査データに基づき，実際の地代は理論的な地代に比べて非常に低いため，農地流動化が進展していないこと，農家は請負権を守るために限界生産性が低くても農業経営を維持していると主張する。また仙田（2005a）は，固定観察点調査のMHTSパネルデータから推計された土地限界生産性を利用して，借り手からの地代決定要因を分析するとともに，農産物価格，農外賃金，貸し手の農業依存度といった要因から貸し手の地代決定要因を考察している。

　本章の問題意識と分析手法は，丸川（2010）と仙田（2005a）に連なるものである。ただし，以下の2点について新たな貢献が存在する。第1に，農地流動化の進展が著しい浙江省を取り上げ，生産関数分析の結果に基づき，土地の限界生産性を推計し，実際の地代との統計的比較を行っている点である。先行研究では農地の借入パターンに関する推計が中心で，実際の地代データを利用した農地流動化の効率性を検討した研究は筆者の知る限り存在しない。そして第2に，農地流動化の形式が異なる2つの地域に関するデータを利用している点である。詳細は次節で述べるが，農地の流動化が農民の自由意思で行われているケースと，地方政府の介入によって強制的に行われているケースを取り上げる。この2つの地域の比較を通じて，地方政府が農地賃貸市場の価格決定に与える効果を明らかにする。

2　浙江省調査地域の農地流動化の特徴

　農地流動化に関する全国的な状況と法的枠組みを踏まえ，本節と次節では浙江省で実施した農家調査の個票データを利用して農地賃貸市場の効率性について検証していく。この浙江省農家調査では流動化の割合は相対的に高いが，農地流動化の類型が異なる2つの地域（奉化市と徳清県）を分析対象としている。すなわち，奉化市では転包など農家間でのやり取りを中心に流動化が行われているのに対し，徳清県では「反租倒包」という村民委員会と村民小組が中心となった流動化の比率が高いといった違いが存在する。

詳細な分析に入る前に，まず奉化市と徳清県の概要と農家調査の調査設計について説明していく。

1) 調査地域の概要[7]

寧波市（浙江省北東部）の南部に位置する奉化市は，人口は約48万人（2009年末）の県級市（県レベルの市）で，蔣介石の故郷としても知られる。奉化市は土地が肥沃であることから，特色ある農業地域として全国的にも有名で，稲作の他に水蜜桃，里芋，花卉類，雷竹，イチゴなどの商品作物の栽培が盛んに行われ，奉化市東部では水産養殖も進んでいる。また奉化市は山林資源も豊富で，その面積は耕地面積を大きく上回り，市全体の森林覆蓋率は62.6％である。他方，奉化市では近年，工業化の進展も著しく，携帯電話の波導（BIRD）公司や服飾業の羅蒙公司，愛伊美公司など全国的に有名な企業も市内に立地している。そのため，工業部門やサービス部門への就業者の割合も高く，奉化市の2009年の第2次産業就業者比率は52％で，全国平均の27％を大きく上回っている。

もう一つの調査地である徳清県は，浙江省北部の湖州市（地区レベルの市）に所属する県で，人口数は約43万人（2009年末）である。徳清県は山林資源と水資源が豊富で，山林面積の全土地面積に対する割合は36.6％，水域面積も15.5％を占める。地理的には，海抜が比較的高い県西部から中部の丘陵地帯，そして水資源の豊富な東部の平原地帯に向かって緩やかに傾斜する地形となっている。また，徳清県は亜熱帯湿潤気候に属することから，農業生産も盛んである。県全体で普及する穀物栽培と養蚕のほかに，標高の高い西部地域では孟宗竹（「毛竹」），茶葉，高原野菜や果物の栽培，丘陵地の多い中部では筍・茶葉の栽培と畜産，水路が網の目のように入り組んでいる東部では水産養殖が普及している。その一方で，徳清県では工業やサービス業の発展も顕著で，薬

---

[7] 奉化市と徳清県の地域概況については，浙江省統計局編（2010），奉化市政府ホームページ（http://www.fh.gov.cn），徳清県政府ホームページ（http://www.deqing.gov.cn/），徳清県統計局ホームページ（http://www.dqzc.gov.cn/）（いずれも2011年9月8日閲覧）に基づく。

品工業，電子機械産業，食品加工業，建材業などが県産業の中心となっていて，近年は観光業と不動産業の発展も著しい。

2) 調査農家の概要

　浙江省農家調査については，神戸大学の科学研究費研究の一環として，現地の研究機関に委託する形で行われた[8]。実際の農家調査は，奉化市では2008年8月，徳清県では2011年1月と3月に実施した。

　農家調査の手順としては，まず2つの地域の調査農家数をそれぞれ450戸と定め，郷鎮・街道－行政村－農家という3段階で標本農家の抽出を行った。郷鎮・街道については，奉化市と徳清県を代表するものを各々3つ選定したうえで，奉化市については各郷鎮・街道から5つの行政村，徳清県では各郷鎮から3つの行政村を選出している。そして，各行政村から奉化市では30戸，徳清県では50戸の農家を無作為に抽出した。村あたりの平均農家数が2つの地域で大きく異なるため，抽出方法にこのような調整を加えている[9]。農家の抽出に際しては，調査対象村に関する村民名簿を事前に入手し，ランダムスタートによる系統抽出法によって調査農家を選定した。なお，調査時に対象農家が不在の場合には，代替標本の農家に調査を行った。また，農家調査のほかに，調査対象村の幹部（書記，村会計）に対するアンケート調査とヒアリング調査も実施し，調査対象村に関する詳細な情報も収集している。

　まず，調査対象農家の基本的状況を表4-3に整理した。世帯員数をみると，奉化市の方が徳清県よりも世帯員数が1人ほど少なく，労働力数でも0.5人程度の格差が存在する。就業先の構成については，2つの地域ともに農業就業者の割合が2～3割程度にとどまる一方で，非農業就業の割合が高く，奉化市では製造業，徳清県では商業・サービス業への就業者比率も高い。なお，両地域ともに県（市）内で産業が発展しているため，「農外就業の就業先が県内」と

---

8) 本調査は，科学研究費（基盤研究A・海外学術，平成20～23年度，「中国における農村都市化の実証研究——企業・土地・労働力の集積と地方政府」，研究代表者：加藤弘之）の研究成果の一部である。
9) 調査対象村の平均農家数は，奉化市が278戸，徳清県が517戸である。

表 4-3　浙江省農家調査の概要

	奉化市	徳清県
平均世帯員数（人）	3.32	4.38
世帯あたり労働力数（人）	2.16	2.70
就業先の構成（％）		
農業	30	23
採掘業	0	6
製造業	35	28
建設・運輸業	9	12
商業・サービス業	14	24
1人あたり所得（元）	12,723	15,474
世帯あたり請負面積（ムー）	2.64	3.77

出所）浙江省奉化市・徳清県農家調査より筆者作成（以下、同様）。
注）徳清県の所得は、浙江省農村消費者物価指数（2007年＝100）で実質化した。

回答した労働者の割合が8～9割を占め、とりわけ徳清県では8割を超える非農業就業者が地元の郷鎮で働いている。

他方、農民1人あたり所得（「純収入」）（2007年価格）でみると、徳清県農家の所得が奉化市農家のそれを上回っているが、調査時期のラグがあるため、必ずしも徳清県農家の方が経済的に恵まれているとは限らない点に注意されたい。また、農家平均の請負面積（耕地と一部の林地などが含まれる）は2つの地域で1ムー程度の格差が存在するが、全国平均（2010年）の世帯平均耕地面積である9.12ムーを大きく下回っている[10]。

次に、農家経営の農地面積とその構成比について、表4-4で整理した。2つの地域で農地面積について大きな格差がみられ、徳清県の農地面積が奉化市のそれの1.7倍程度となっている。農地の構成比をみると、奉化市では果樹園とその他（主に養殖池）、徳清県では耕地と林地の構成比が相対的に高い。奉化市では水蜜桃やイチゴといった果物栽培が盛んで、魚介類の養殖も広範に行われる一方で、山林資源の多い徳清県では孟宗竹や茶葉の栽培が普及していることが、調査データからも確認できる。

それに対して、農地面積に対する貸出面積比率でみると、奉化市は17％、徳清県は19％とほとんど格差がみられない。しかし、奉化市ではそのほとんどが「転包」によるものであるのに対し、徳清県では貸出面積の半分以上が「反租倒包」の形で行われている[11]。また、農地の借入比率でみると、奉化市

---

10) 2010年の農村世帯耕地面積の全国平均は、国家統計局住戸調査弁公室（2013）による。
11) 農家調査を行った調査機関の担当者によると、徳清県の調査農家のうち、村民委員会に対して農地を貸し出していた多くの農家は、貸出後の農地利用について十分な情報

第 4 章　農地流動化の急拡大とそのインパクト　141

表 4-4　農地の利用方法と流動化状況

	奉化市		徳清県	
	面積（ムー）	構成比（%）	面積（ムー）	構成比（%）
農地面積	4.93	100	8.12	100
耕地	1.59	32	3.17	39
水田	0.92	19	2.22	27
畑	0.63	13	0.94	12
林地	0.78	16	3.16	39
果樹園	0.91	18	0.30	4
その他	1.64	33	1.48	18
貸出	0.84	17	1.55	19
反租倒包	0.00	0	0.89	11
借入	2.28	46	1.53	19
ジニ係数				
請負面積	0.32		0.33	
農地面積	0.67		0.63	

の借入比率は 46％ に達し，徳清県の 19％ を大きく上回っている。この格差の主たる理由として，奉化市では村外から借り入れた農地（70〜80 ムー程度）で大規模な水産養殖と果樹栽培を行う農家がサンプルに入っていることが挙げられる。その農家（5 世帯）を除くと平均借入面積は 1.46 ムーとなり，格差は大幅に縮小する。

さらに，村民小組から配分された請負面積と，農家が実際に経営している農地面積のジニ係数を比較すると，2 つの値に大きな開きがあることがわかる。すなわち，農地面積のジニ係数は請負面積のそれを大きく上回り，経営農地面積に関する農家間格差が非常に大きいことである。このことは，請負面積については世帯員数や労働者数で相対的に均等に配分されていたが，その後の農地流動化や農地転用などによって，農地配分の不平等化が進んだこと，そして林地面積は村民全員の請負の対象とならず，特定の農家に請け負わせる形で配分

を持っていなかったため，調査員に対して「転包」と回答していたという。しかしながら，村民委員会への調査を通じて，村民委員会に「転包」された農地は，実際には龍頭企業や大規模経営農家に一括して貸し出されていたことが明らかとなった。そのため，調査期間中に調査担当者が開催した会議で，このケースは「反租倒包」として取り扱うことを決定したという。

されたことが関係していると考えられる。

3) 農地流動化の特徴

では，農地流動化の契約はどのような形式で行われ，どのような内容の契約が交わされているのか。表4-5では，賃借に関する詳細な契約内容を整理した。表4-5の（1）の農地貸出をみると，奉化市について農地の貸出（転包）を行っている世帯比率は39％で，徳清県の21％を大きく上回っているが，徳清県ではそれに加えて22％の農家が反租倒包の形式で農地を貸し出している。平均的な貸出面積は奉化市が2ムー程度であるのに対し，徳清県では3～4ムーと相対的に大きい。また，徳清県のムーあたり地代は転包が503元，反租倒包が465元と奉化市の374元を上回っていることに加え，徳清県の地代の変動係数は相対的に小さい。

貸出地代のヒストグラムについては，図4-2に整理した。この図からわかるように奉化市の貸出地代は300～400元と500元前後に2つのピークがみられるが，全般的に地代に散らばりが大きい。それに対して徳清県の貸出地代をみると，反租倒包の地代は500元前後に非常に集中していること，転包の地代分布は反租倒包ほどではないものの，450～550元での集中度が高いが，100元未満や700元以上のケースも相対的に多く，全体として裾野の広い分布であるといった特徴が指摘できる。

他方，契約期間についても奉化市の9.85年と比較して，徳清県では12～14年間と長く，地代の受取のないケースも徳清県の方が圧倒的に少ない[12]。表には記載していないが，農地の貸出相手先について，奉化市では親類・友人の割合が34％であるのに対し，徳清県ではその割合は7％と低く，その一方で専業農家への貸出は50％，龍頭企業への貸出は41％と高い割合を占めている。

次に表4-5（2）の農地借入を見てみると，借入を行っている世帯比率は奉化市の方が徳清県を大きく上回っているが，農家あたりの借入面積は徳清県の方が圧倒的に大きい。このことは，徳清県では農地流動化を通じて，より限定

---

12) 農地貸出について書面で契約を交わしている貸出農家の割合は，奉化市では51％であるのに対し，徳清県では78％と相対的に高い割合を占めている。

表 4-5 農地賃貸の基本状況

(1) 農地貸出

	形式	世帯比率(%)	面積（ムー）		地代（元/ムー）		契約期間(年)	地代受け取りなし(%)
			平均	変動係数	平均	変動係数		
奉化市	転包	39	2.15	0.55	374	0.40	9.85	25
徳清県	転包	21	3.13	0.52	503	0.30	14.07	4
	反租倒包	22	3.98	0.52	465	0.22	12.49	0

(2) 農地借入

	世帯比率(%)	面積（ムー）		地代（元/ムー）		契約期間(年)	地代支払いなし(%)
		平均	変動係数	平均	変動係数		
奉化市	26	5.65	1.46	305	0.62	11.00	28
徳清県	11	13.28	1.26	245	0.63	11.28	8

注1）流動化面積が60ムーを超える農家は集計から除外した。
　2）地代について、現金の授受がない農家は集計から除外した。
　3）徳清県の平均地代は浙江省農村消費者物価指数（2007年＝100）で実質化した。

された専業農家に農地が集約化されていることを示唆する。また、地代支払いについては、「支払いなし」の比率が奉化市では28％と高いが、徳清県では8％と低い。奉化市では親類・友人からの農地の借入比率が56％（徳清県は29％）と高く、そのことが地代支払いの有無に関連していると推測される[13]。

さらに、(2)の農地借入の平均地代に注目すると、奉化市と徳清県ではそれぞれ305元と245元となっていて、(1)の農地貸出の平均地代より2つの地域ともに少なく、借入地代と貸出地代の差は徳清県でより顕著である。借入地代のヒストグラムを示した図4-3をみると、2つの地域ともに貸出地代は200元以下に集中していることがわかる。ただし奉化市の貸出地代は、400元前後にもう一つピークがみられるのに対して、徳清県では地代分布が200元以下の水準に偏っているといった特徴が窺える。徳清県の借入地代が相対的に低い理由の一つとして、徳清県では反租倒包が実施されるなど、村民小組からの農地借入比率が相対的に高いため（徳清県は22％、奉化市は10％）、地方政府が借入農家に対して優遇価格で地代を提供していることが考えられる。

13）調査データによると、奉化市農家で親類・友人から農地を借り入れている人のうち、約7割の農家が地代の支払いを行っていないという結果となった。

(1) 奉化市

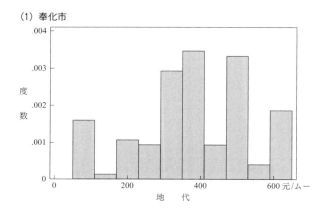

(2) 徳清県

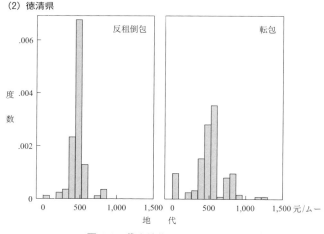

図4-2 貸出地代のヒストグラム

　また，徳清県の農地貸出の多くが，地方政府の強制力によって行われている点も注目すべきであろう。貸出農家に対する農地の貸出理由（単一選択）の回答結果によると，奉化市では農地貸出の理由として，「労働力不足」と「農業の割の悪さ」がそれぞれ4割程度の比重を占めているのに対し，徳清県では約7割の貸出農家は「集団の指導のため強制的に流動化」を選択している。このような農家の意思に反した非自発的な農地流動化に対する補償として，貸出農

(1) 奉化市

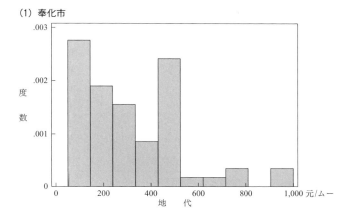

(2) 徳清県

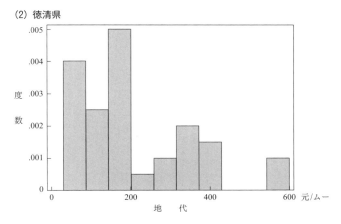

図 4-3 借入地代のヒストグラム

家に対して相対的に高い地代を提供している可能性も想定される[14]。

---

14) その他の理由として、農地の質の違いが考えられる。しかし本調査では、農地一筆（plot）ごとの質に関する調査項目が含まれていないため、農地の質をコントロールできていない。この点については、今後の研究課題としたい。

3　農地流動化による地代水準の効率性

　前節では浙江省の2つの調査地域のデータを利用して，農地流動化の進捗状況とその特徴について整理してきた。分析の結果，2つの地域ともに全国平均と比較して高い割合で農地流動化が行われていること，地域によって流動化の形式や契約内容に大きな格差が存在することが明らかとなった。しかし流動化率が高いことと，農地賃貸市場が効率的に機能していることは必ずしも同義ではなく，効率性を検証するためには経済理論に基づく分析が不可欠である。

　そこで本節では，生産農家に関する農業粗収入関数の推計結果に基づいて，農地取引の効率性を検証していく。具体的な検定方法としては，農地貸借形態別に推計した農業粗収入関数から土地限界生産性を計測し，実際の地代との統計的比較を行う。ミクロ経済学の生産理論によると，農地賃貸市場が十分に機能していれば，農地は賃貸市場で適正な価格で評価され，農業経営によって獲得可能な農地の追加的な収益と，農地の賃借によって得られる（支払う）地代が均衡することが期待される。

　もちろん，化学肥料や労働といった他の投入財と異なり，農地賦存量は短期的には一定で，生産農家も投入量をフレキシブルに変更することは困難であろう。そのため，農地流動化によって長期的な資源配分の効率性が達成されていたとしても，一時点の横断面データでは，実際に計測される土地限界生産性と地代との間に乖離が発生する可能性もある。さらに仙田（2005a）が指摘するように，地代水準は土地限界生産性や生産物価格のほかに，借り手・貸し手の世帯属性や村の農地政策といった要因にも影響される。

　ただし，農地賃貸市場が適切に機能していれば，一時点の農地の限界生産性と地代とは完全に一致しなくても，両者の間には強い相関が存在していることが期待される。そこで本節では，両者の統計的な比較を通じて市場機能の検証を行う。なお，実証結果を考察するにあたって，2つの地域間の農地賃貸市場の相違が，上記の分析枠組みによる農地利用の効率性にどのような影響をもたらすのかに注目しながら，実証分析を展開していく[15]。

1） 実証方法

本節では，農地の借入状況に応じて農家を2つのグループ（「借入あり農家」と「借入なし農家」）に分類し，農地賃貸市場の効率性の検証を行う[16]。推計作業の手順としては，①農家による農地賃貸市場への参加に影響を与える要因を考慮するため，農地借入の有無に関するプロビット分析を行う，②農地の借入形態ごとにセレクションバイアスをミルズ比の逆数（inverse Mill's ratio）で補正した農業粗収入関数を推計し，農地の生産弾力性のパラメータを導き出す，③弾力性のパラメータに農地の平均生産性（農業粗収入は実際の数値ではなく，農業粗収入関数からの推計値〔fitted value〕を利用）を乗じて土地限界生産性を計算する，④農家の土地限界生産性と実際の地代（借入，貸出）との差を統計的に検定する，というものである[17]。

農業粗収入関数については，農業労働投入月数，農地面積，中間投入の3つを生産要素とするコブ＝ダグラス型を設定した。本来であれば生産要素として農業資本を追加することが一般的である。ただし調査対象地域では，トラクターなどの農業機械を保有する農家の割合は奉化市では6％，徳清県では14％と低く，農業機械を所有する専門業者に耕起・収穫といった作業を委託することが広く普及している。そのため，農業資本は中間投入の一部に反映されると考え，生産要素に農業資本を含めず，3つの生産要素による推計を行った（i は農家，k は調査村）[18]。実際の推計モデルは以下の通りである。

---

15) 農地流動化に関する農家の貸借決定について，寳劔（2011a）とHoken（2012）ではハウスホールド・モデルに基づく定式化を行っている。
16) 請負農地の「貸出あり農家」のうち，奉化市では65％，徳清県では36％の農家が請け負ったすべての農地を貸し出しているため，奉化市については「貸出あり農家」のみでは生産関数の安定的な推計は得られなかった。そのため，本章では「農業生産を継続する貸出あり農家」を「借入なし農家」に含める形で推計作業を行った。
17) 限界生産性の推計方法は，Kurosaki and Khan（2006），南・馬（2009），丸川（2010）を参照した。
18) Olley and Pakes（1996）が指摘するように，クロスセクションデータによる生産関数（粗収入関数）の推計では，生産性ショックによる生産要素の投入水準決定への影響という内生性の問題が存在する。本章ではそれをコントロールするための操作変数を検討したが，適切な指標を得ることはできなかった。したがって，本章の推計結果には内生性の問題が存在することについて筆者も認識している。

$$\ln Y_i = \alpha_i + \beta_1 \ln L_i + \beta_2 \ln T_i + \beta_3 \ln M_i + \delta Z_i + \rho_j \hat{\lambda}_{hj} + \sum_k \gamma_k V_k + \varepsilon_i \quad (4.1)$$

Y：農業粗収入（作物栽培，畜産業，水産養殖業の粗収入の合計）[19]
L：農業労働投入月数（農家世帯員と雇用労働者の農業労働月数の合計）
T：農地面積（耕地面積，林地面積，果樹面積，水産養殖面積の合計）
M：中間投入（農薬・肥料購入費，灌漑・農業機械耕作費などの合計）
$\hat{\lambda}_{hj}$：ミルズ比の逆数
Z：世帯主の属性ベクトル（年齢，教育年数）
V：調査村ダミー
ε：誤差項

2）農地借入に関するプロビット分析

　ここでは農地を借り入れて農業経営を行う農家と，それ以外の農家との間で農業経営に関して質的な差が存在することを想定し，プロビット・モデルを利用してその決定要因を考察していく。農地の借入決定を考慮するうえで，世帯全体の属性，世帯主の属性，地域（行政村）の特性という3種類の指標を利用して推計を行う。世帯全体の属性に関する指標として，請負面積，労働力数，世帯全体の教育水準，幼児・高齢者ダミーを利用する。世帯主の属性に関する指標として，年齢，教育水準，健康指数を利用した。他方，地域の特性を代表する指標として，行政村別の世帯あたり請負面積のジニ係数，人口1人あたり請負面積，地形ダミー（平地をベースラインとした丘陵地と山地のダミー），郷鎮ダミーを用いた。

　これらの変数に関する定義と基本統計量について，表4-6に整理した。奉化市について見てみると，「借入あり」と「借入なし」世帯の間で平均値が有意に異なるのは，世帯主の年齢，高齢者ダミー，健康指数，村の請負面積のジニ

---

[19] 農業生産の技術的特性を考慮した場合，作物栽培，畜産業，水産養殖業に分けて推計作業を行う方が望ましい。しかし，調査票には農産物ごとの労働投入や中間投入財のデータは存在しないため，本章では農業粗収入すべてを合算した形で推計を行った。なお，コメについては自家消費の割合が高いため，自家消費分については調査農家のコメ販売農家の平均市場価格で評価したうえで粗収入に追加した。

第 4 章　農地流動化の急拡大とそのインパクト　149

表 4-6　農地借入プロビットの基本統計量

	奉化市					徳清県				
	借入あり		借入なし		平均差のt検定	借入あり		借入なし		平均差のt検定
	平均	標準偏差	平均	標準偏差		平均	標準偏差	平均	標準偏差	
請負面積（ムー）	2.515	1.159	2.727	1.727	-1.119	3.863	2.211	3.892	3.523	-0.054
労働力数（人）	2.298	1.014	2.118	1.075	1.447	3.065	1.041	2.629	1.084	2.581**
世帯主の年齢（歳）	53.4	9.0	55.9	11.1	-1.967**	52.0	9.5	51.4	11.3	0.365
世帯主の教育年数（年）	6.543	2.746	6.927	2.921	-1.141	6.457	3.345	6.497	3.468	-0.075
党員ダミー（世帯主が党員=1、それ以外=0）	0.160	0.368	0.191	0.394	-0.691	0.196	0.401	0.129	0.336	1.237
高卒以上比率（世帯内労働者の高卒以上の比率）	0.159	0.134	0.148	0.159	0.602	0.188	0.137	0.178	0.117	0.522
幼児ダミー（世帯内に 5 歳未満の幼児がいる=1、いない=0）	0.128	0.335	0.142	0.350	-0.364	0.261	0.444	0.203	0.403	0.902
高齢者ダミー（世帯内に 75 歳以上の世帯員がいる=1、いない=0）	0.106	0.310	0.191	0.394	-1.919**	0.152	0.363	0.302	0.460	-2.130**
健康指数（1=健康不良、2=普通、3=良好）	2.564	0.665	2.391	0.741	2.041**	2.717	0.544	2.651	0.600	0.713
村の請負面積のジニ係数	0.264	0.071	0.284	0.076	-2.356**	0.263	0.068	0.266	0.063	-0.365
村の 1 人あたり請負面積（ムー）	0.846	0.168	0.863	0.147	-0.958	1.196	0.417	1.258	0.365	-1.057
丘陵地ダミー	0.756		0.713			0.689		0.664		
山地ダミー	0.222		0.195			0.111		0.120		
標本規模	94		330			46		364		

注）** は 5 ％水準で有意であることを示す。

係数という 4 つの指標で，「借入あり」世帯の方が世帯主の年齢が若く，健康状態もよく，そして高齢者が世帯内にいる割合も低いこと，そして村全体の請負面積の格差が有意に小さいことが示されている。他方，徳清県については「借入あり」農家の方が労働力数は有意に多い一方で，高齢者が世帯内にいる割合が有意に低いことが示された。

このデータを利用して農地借入の有無に関するプロビット分析を行った結果が，表 4-7 に整理されている。推計結果の全体的な特徴として，奉化市の方が有意な係数の数が多く，モデルのあてはまり度合いを示す Psudo R^2 の数値も 0.131 と相対的に高いことがわかる。まず奉化市の結果をみると，請負面積の大きさは農地借入に対して有意な負の効果，すなわち請負面積が少ない農家ほど，より農地の借入を行うことが示された。また，地域の特性を示す指標では，村の 1 人あたり請負面積は有意な負の符号，丘陵地ダミーと山地ダミーは有意

表 4-7　農地の借入決定に関するプロビット分析の推計結果

	奉化市		徳清県	
	係数	z 値	係数	z 値
請負面積	-0.102	-2.095**	-0.003	-0.142
労働力数	0.084	1.083	0.188	2.482**
世帯主の年齢	0.126	1.474	0.080	1.097
世帯主の年齢（二乗）	-0.001	-1.514	-0.001	-1.138
世帯主の教育年数	-0.043	-1.442	-0.015	-0.530
党員ダミー	-0.093	-0.483	0.405	1.660*
高卒以上比率	-0.221	-0.422	-0.462	-0.611
幼児ダミー（5歳未満）	-0.283	-1.310	0.126	0.605
高齢者ダミー（75歳以上）	-0.160	-0.558	-0.278	-1.176
健康指数	0.136	1.237	0.161	1.062
村の請負面積のジニ係数	1.181	0.707	-2.311	-0.550
村の1人あたり請負面積	-1.553	-2.647***	-0.100	-0.238
丘陵地ダミー	1.533	3.745***	0.135	0.245
山地ダミー	1.534	3.419***	-0.080	-0.108
郷鎮ダミー1	0.152	0.535	-0.872	-2.511**
郷鎮ダミー2	1.188	3.308***	-0.040	-0.061
定数項	-4.736	-1.972**	-3.136	-1.333
標本規模	424		410	
log llikelihood	-195.0***		-128.9***	
Wald 検定	51.3***		32.6***	
Pseudo R^2	0.131		0.105	

注）***は1％水準，**は5％水準，*は10％水準で有意であることを示す。

な正の符号をとっている。このことは，1人あたり請負面積が大きい村では農地借入の確率が低い一方で，平地と比べて丘陵地や山地ではより多くの農地借入が行われていることを示している。

　それに対して徳清県では有意な係数は，労働力数，党員ダミー，郷鎮ダミーの3つだけである。労働力については奉化市と同様，その人数が多くなればなるほど農地借入の確率が上昇する一方，党員が農地借入を行う確率は非党員よりも有意に高いという結果となった。前述のように徳清県では反租倒包が広範に行われるなど，地方政府による農地市場への介入度合いが高く，世帯主が党員である場合にはより積極的に農地を借り入れていることを示唆している。

3）農地賃貸市場の推計結果

　農地借入のプロビット分析の結果を利用して，以下では農業粗収入関数と土地限界生産性の推計を行っていく。農業粗収入関数の推計に利用するデータの基本統計量について，表4-8に提示した。なお，異常値による偏回帰係数への影響を抑えるため，標準偏差の±4倍（±4σ）のレンジを外れる世帯については，推計から除外した[20]。2つの地域ともに借入あり農家の農業粗収入と農業投入要素の平均値は借入なし農家のそれらと比べて，有意に高いことがわかる。また，徳清県の農業粗収入と中間投入の金額は奉化市のそれらを大きく上回っている。さらに，農業粗収入に対する中間投入支出の割合を2つの地域で比較すると，徳清県では約4割と高いのに対し，奉化市のそれは2割程度となっている。したがって，基本統計量に関する2つの地域の比較から，農業の生産構造には大きな違いが存在することが示されている。

　表4-9では，2つの地域について農地借入の有無別に推計した農業粗収入関数の結果を示した。まず農地面積の弾力性をみると，奉化市では借入の有無にかかわらず，0.501と0.409という相対的に高い有意な値となった。それに対して徳清県では「借入なし農家」の土地弾力性は0.398と有意であったが，借入あり農家の土地弾力性は0.236と相対的に低く，有意でもなかった。

　一方で，農業労働投入の弾力性は農地面積のそれと比較すると相対的に低く，係数が有意であったのは奉化市の「借入あり農家」と徳清県の「借入なし農家」の場合にとどまった。さらに中間投入をみると，奉化市の「借入あり農家」を除くと弾力性は相対的に高く，徳清県の「借入あり農家」のケースでは0.679と非常に大きな値をとっていることがわかる。なお規模に関する収穫一定に関するF検定を行ったところ，いずれのケースも収穫一定の帰無仮説は有意水準10％で棄却されなかった。

　他方，世帯主の年齢について奉化市のケースのみが有意で，「借入あり農家」では逆U字，「借入なし農家」ではU字型の関係にあるという結果となった。

20）異常値の基準変化による影響を考慮するため，±3σを基準とした推計も行った。±4σの推計結果と比較して，農業粗収入関数の標本規模はそれぞれのケースで1～2の減少となるが，偏回帰係数の値や有意度にはほとんど変化がみられなかった。

表 4-8 農業粗収入関数データの基本統計量

	奉化市					徳清県				
	借入あり		借入なし		平均差のt検定	借入あり		借入なし		平均差のt検定
	平均	標準偏差	平均	標準偏差		平均	標準偏差	平均	標準偏差	
農業粗収入(元)	26,046	27,286	8,059	15,241	6.142***	32,355	38,265	12,107	28,941	3.589***
農業労働投入(月)	7.71	6.49	4.21	7.19	3.559***	17.56	15.12	7.08	7.15	6.395***
農地面積(ムー)	11.15	7.99	8.85	7.52	2.099**	14.18	10.24	8.91	6.76	3.854***
中間投入(元)	5,103	7,774	2,883	8,452	1.908*	11,478	18,697	3,151	7,438	4.484***
世帯主の年齢(歳)	53.33	8.49	57.69	10.28	−3.187***	51.80	7.83	51.39	10.43	0.223
世帯主の教育年数(年)	6.60	2.63	6.40	3.00	0.481	6.34	3.24	6.20	3.45	0.225

注1) ***は1%水準, **は5%水準, *は10%水準で有意であることを示す.
2) 数値はすべて名目価格表示である.

表 4-9 農業粗収入関数の推計結果

	奉化市				徳清県			
	借入あり		借入なし		借入あり		借入なし	
	係数	z値	係数	z値	係数	z値	係数	z値
ln_農業労働投入	0.241	2.078**	0.141	1.615	0.164	0.860	0.365	3.508***
ln_農地面積	0.501	3.474***	0.409	3.592***	0.236	1.073	0.398	2.517**
ln_中間投入	0.304	2.444**	0.659	12.158***	0.679	4.539***	0.436	4.124***
年齢	0.234	2.061**	−0.137	−2.142**	−0.015	−0.112	−0.011	−0.177
年齢×年齢	−2.08E-03	−2.034**	1.21E-03	2.108**	2.89E-04	0.210	9.60E-05	0.159
教育年数	−0.038	−1.005	0.005	0.198	0.047	0.921	0.022	1.001
Inverse Mill's ratio	−0.281	−0.100	−3.040	−1.549	2.241	0.741	−1.170	−0.646
定数項	−1.407	−0.411	8.208	3.154***	1.742	0.561	5.318	2.041**
標本規模	80		131		35		184	
F検定	11.23***		19.87***		6.68***		9.49***	
adjusted R^2	0.803		0.793		0.700		0.459	

注1) ***は1%水準, **は5%水準, *は10%水準で有意であることを示す.
2) 標準誤差はWhite = Huber法によって修正した.
3) 村ダミーは省略した.

それに対して世帯主の教育年数はすべてのケースで有意ではなく，教育投資は農業粗収入に対して直接的な効果がないことが示されている。またミルズ比の逆数は，いずれのケースでも有意な結果とならなかった。

この農業粗収入関数の推計結果に基づき，表4-10では土地限界生産性と地代（貸出，あるいは借入の地代）との比較結果を示した。なお，本表に含まれる農家は，「借入あり農家」のうちで地代の授受がある世帯と，「借入なし農家」

表 4-10 土地限界生産性と地代との比較結果

			標本規模	平均	標準偏差	平均差の t 検定	ウィルコクソンの符号化順位検定	相関係数
奉化市	借入あり	土地限界生産性 借入地代	49	1,729 331	185 32	7.958***	5.864***	0.373***
	借入なし	土地限界生産性 貸出地代	27	518 367	128 29	1.191	0.721	0.129
徳清県	借入あり	土地限界生産性 借入地代	26	443 237	60 30	3.788***	3.187***	0.417**
	借入なし	土地限界生産性 貸出地代	78	505 531	40 21	−0.574	−1.553	0.011

注）***は1％水準，**は5％水準，*は10％水準で有意であることを示す。

のうちで農地を貸し出し（地代の支払い受取あり）つつ，自身でも農業生産を行っている世帯のみである。そのため，特に奉化市では対象サンプルが限定的であることに注意されたい。

　まず奉化市の比較結果をみると，「借入あり農家」の土地限界生産性の平均額は借入地代のそれを1,000元程度上回り，いずれの検定方法（t検定と符号化順位検定）でも統計的な有意差が確認できる。それに対して「借入なし農家」について，平均差のt検定と符号化順位検定ともに土地限界生産性と貸出地代の間に有意差が観察されなかった。この結果は，「借入あり農家」は農地流動化を通じて地代を大きく上回る高い収益を実現する一方で，「借入なし農家」のうち，実際に農地を貸し出している農家は自営農業の収益性に見合った水準の地代を受け取っていることを示唆している。

　他方，徳清県の推計結果をみると，「借入あり農家」の土地限界生産性と実際の借入地代の格差は，奉化市のそれと比較して相対的に小さいが，平均差のt検定と符号化順位検定のいずれでも1％水準で有意差が確認された。他方，「借入なし農家」の土地限界生産性の平均値は505元で，実際の貸出地代の平均値である531元を下回っているが，平均差のt検定と符号化順位検定のいずれでも有意差が確認されなかった。また，「借入なし農家」の土地限界生産性の平均値が借入あり農家のそれを上回っている点は，奉化市の結果と明確に異

なっている。

　以上の推計結果から，農家間の相対取引が中心である奉化市では，貸出地代が農家の土地限界生産性に見合った水準に設定されることが明らかとなった。それに対して地元政府による介入度の高い徳清県では，農地貸出が政府によって強制的に行われる傾向があるものの，貸出農家に対して農地利用の機会費用と同等の地代が支払われていると理解することができる。ただし，政府による強制的な貸出の場合，農地の質にかかわらず同じ農村内では一律の地代が設定され，農地の限界生産性と地代との間に乖離が生じてしまうことも多い。実際，徳清県の「借入なし農家」に関して，土地限界生産性と地代との相関係数が有意でないことや，前掲表4-4の反租倒包に関する貸出地代の変動係数の小ささもそのことの証左である。

　それに対して，農業生産に伴う価格・収量リスクの大きさや，大規模経営に必要な初期投資などの理由から，農地を借り入れる農家が比較的少数にとどまっている。そのため，農地貸借での借り手は強い交渉力を持ち，土地限界生産性が借入地代を大きく上回る高い収益を得ていると考えられる。ただし，この借り手による寡占的な利潤の程度は，奉化市よりも徳清県の方が相対的に小さく，かつ徳清県では農地を貸し出す農家も相対的に高い地代を享受している。これらの点は，農地取引に対する政府による介入の一定の合理性を示唆するものである。

小　　括

　本章は，中国における農地流動化の変遷と特徴を踏まえたうえで，浙江省の奉化市と徳清県で実施した農家調査データを利用して，農地流動化の実態と賃貸市場の効率性を考察してきた。本章の主な分析結果は，以下の3点に要約することができる。第1に，中国全体の農地流動化は1990年代半ば頃まで低い水準にとどまっていたが，1990年代末頃から東部・中部地区を中心に顕著な増加をみせていることである。その背景には，農地に関する農家の権利保護が

強化されてきたことや，農地流動化の規範化と大規模農業経営の展開が政策的に促進されてきたことが存在する。

　第2に，調査対象地域である浙江省の奉化市と徳清県では農地流動化が進展する一方で，流動化の契約内容や農地の集約化の方式で大きな差異が存在することである。奉化市では転包による農家間の農地取引の形で行われているのに対し，徳清県では地元政府が直接的に介入する反租倒包のケースも多いことから，賃貸の契約年数も相対的に長く，地代の授受も高い割合で行われている。また，奉化市では中規模の経営規模農家を形成する方向で農地集約化が進んでいるのに対し，徳清県では比較的少数の大規模農家に農地が集中する形で進展している。

　そして第3に，農地利用の効率性は農地の需給バランスに加え，農地取引形態の違いにも強く影響されていることである。土地限界生産性と地代との比較の結果，2つの地域ともに「借入あり農家」の土地限界生産性が地代を有意に上回ったが，農地貸出と農業生産を同時に行う「借入なし農家」について，農民間の私的な貸借が中心の奉化市と政府の介入度の強い徳清県ともに，土地限界生産性と貸出地代との間に有意差が認められなかった。このことは，調査対象地域では農地の機会費用と同等の貸出地代が設定されるという意味で，貸し手にとって効率的かつ公正な農地賃貸市場が成立する一方で，借り手の土地限界生産性が借入地代を大きく上回る借り手寡占的な状況も共存していると解釈することができる。ただし，政府の介入のもとで大規模農家への農地集約化が進んでいる徳清県では，借り手の寡占的利潤の程度が相対的に小さく，かつ貸し手農家が享受する地代も有利な水準に設定されるなど，借り手寡占的な状況がむしろ緩和されている。

　したがって，地元政府の農地賃貸市場への介入は，必ずしも農地取引を歪めるものではなく，農地賃貸市場の活性化と農地集約化，そして賃貸取引の規範化や農地の貸し手の権利保護の面で有効な手段の一つとして機能していると理解することができる。中国農村部のように，農地請負権の保有者の数が多く，かつ地理的にも分散している状況では，農地取引に対する政府の介入は農地賃借に関わる取引費用を抑制し，効率的な農地利用を促進する効果がある。その

一方で，農地集約化によるメリットが農家に対する追加的な補償コストを十分にカバーするものであるかについては，今後の一層の調査研究が求められる。

　さらに，農地流動化による農地利用の効率化と農業産業化を一層推し進め，農地の借り手寡占的な状況を改善していくためには，企業家精神を持つ農業経営者を育成することは非常に重要である。それに加えて，農業特有の価格・生産リスク負担を軽減させるような保険制度の整備や土地流動化センターによる情報収集機能と需給マッチング機能を強化していくことも不可欠と言える。

第5章

農業産業化のもとでの農民専業合作社
──産業化の担い手とその現在──

　第2の農業問題である「農業調整問題」に直面する中国において，農工間の労働移動（第3章）と農地の集約化（第4章）を推し進めると同時に，農業産業化を通じて農業の高付加価値と農家の所得増進を実現していくことは，その問題解消のための必要不可欠な政策課題である。1990年代末から本格的に推進されてきた農業産業化政策では，アグリビジネス企業である龍頭企業が牽引役として期待され，多くの支援策も提唱されてきた。ただし当時の農家の経営規模は依然として零細で，かつ農地も細分化されていたため，栽培管理や集荷活動などの面で企業は大きなコスト負担を余儀なくされてきた。

　その一方で，中国では農作物の販売先が特定の加工企業や仲買人に限定されることが多く，生産農家の価格交渉力も抑制されてきた。そのため，農民に対する権利保護の強化や，龍頭企業と農民との利害関係の調整を目的に，中国共産党は「農民専業合作社」と呼ばれる農業協同組合的な組織の普及を精力的に推し進めている。合作社は，1980年代前半の集団農業体制の解体による公的な農業技術普及体制の弱体化を受け，主として農業技術普及を目的に自然発生的に形成されてきたものである。農業産業化の深化とともに合作社数は急速に増加し，農家向けの様々なサービスを提供することで，農業生産の効率性向上や販売収入の増大に寄与する組織も増加してきた。その一方で，各種の財政支援や税制上の優遇を享受するため，経営実態が存在しない名目だけの組織が設立されたり，合作社が実際には企業の下請機関となっていたりするなど，その具体的な運営内容や経済的機能については詳細かつ客観的な検討が求められている。

そこで本章と続く2つの章（第6章・第7章）では農民専業合作社を取り上げ，その運営実態と経済的機能について検討していく。本章では，合作社に関する各種の統計調査と，筆者による実地調査に基づき，合作社の設立過程やその事業内容の特徴を整理するとともに，合作社の会員農家への経済効果を生み出す具体的な仕組みとその問題点を明らかにする。そして第6章と第7章では，農家のミクロデータを利用し，合作社加入による会員農家への増収効果を定量的に実証することで，合作社の意義と限界を考察していく。

1　農民専業合作社の変遷と政策的支援

1）農民専業合作社の発展過程と法制化

　中国における農民専業合作社の形成は，1980年代以降に実施されてきた一連の農村改革と密接に関連する。中国の農村では，人民公社による集団農業から農業生産責任制による農家請負経営に転換が図られたことで，膨大な数の小規模経営農家が出現した。その一方で，集団農業体制の解体によって農業基盤整備のための公的積み立ても減額され，技術普及組織に対する予算削減や独立採算化も行われた。その結果，農業の技術普及や水利管理，生産資材の共同購入や農作物の共同販売などの農家に対する公的サービスも大幅に後退するといった問題が発生し，とりわけ財政力の弱い内陸農村地域ではその影響が深刻であった（池上 1989a，辻ほか 1996，厳 1997，胡・黄 2001）[1]。

　このような問題に対処するため，全国各地で設立されてきた中間組織の一つが，農民専業合作社と呼ばれるものである。最も早く設立された合作社としては，四川省郫県の養蜂協会や広東省恩平県のハイブリッド米研究会（ともに1980年に設立）が挙げられる。また合作社は，1980年代中盤から中国科学技術

---

[1] 4つの省（黒龍江省，河南省，四川省，浙江省）の農業技術普及ステーションに対する調査を行った胡・黄（2001）によると，農業技術普及ステーションあたりの実質平均経費（1985年＝100とする全国消費者物価指数で実質化）は，1985年から95年にかけてすべての省で一貫して減少傾向を示している。

協会の系統をはじめとした関連部門から支援を受けるようになり，中央政府の政策方針のなかでも合作社が取り上げられるようになってきた（潘・杜 1998：104-105 頁）。

　農産物の市場流通が浸透してきた1990年代前半には，専業協会や専業合作社が数多く設立され，1990年の農民専業合作社（専業協会や研究会など，多様な名称の組織を含む）は，7万7000社あまりにのぼったという（坂下 2005：75頁）。そのため，中国共産党も農民専業合作社に対する権利保護や支援に乗り出した。具体的には，中国共産党中央・国務院から公布された1990年末の「1991年農業・農村工作に関する通知」と，1993年の「当面の農業・農村経済発展に関する若干の政策措置」のなかで，専業協会や研究会といった農民組織を農業生産関連の総合的サービス体系（「農業社会化服務体系」）の新たな担い手として認め，農民組織に対する支援と法的保護を行うことが明記された[2]。また1994年には，合作社の主管部門が農業部であることを国務院が認定し，農業部は幾つかの省で実験地域などを認定して農民に対する組織化活動を推し進めていった（韓主編 2007：4-5頁，潘・杜 1998：104-107頁）。

　1990年代半ば以降になると，第1章で示した食糧政策の揺り戻しや農産物価格の低迷によって，合作社の発展は停滞傾向を示した。だが，1990年代末から農業産業化政策が本格化するとともに，合作社が生産農家を主導する「専業合作社＋農家」や，アグリビジネス企業と農家との間に合作社が入って仲介的な役割を担い農業発展を推し進める「公司＋専業合作社＋農家」といったモデルが提起され，中央・地方政府からの政策的支援も強化されてきた（牛 1997，宋主編 2008：96-99頁）。

　その一方で，農民専業合作社に対して明確な法的根拠が一貫して与えられず，合作社の育成・管理には「供銷合作社」[3]系統や農村経済管理部門，科学技術協

---

[2] 1991年10月に国務院から「農業社会化サービス体系建設を強化することに関する通知」が出された。この「通知」では，政府が農民組織を積極的に支援し，その権利を保護するとともに管理を強化し，農民組織の健全な発展を指導することが明記された。

[3] 「供銷合作社」とは1950年代に設立された購買販売協同組合のことで，国際協同組合同盟（ICA）にも登録されている。計画経済期には農村の国家商業部門の下請機関として，農村部の農業生産資材（化学肥料，農薬など）や生活財の供給を独占してきた。

会など様々な部門が関与してきた。そのため，農民専業合作社は，「社会団体」や「民弁非企業単位」（登記先機関はともに民政部門）として，あるいは「協会」（主管部門は科学技術協会）や「企業法人」（登記先は工商行政管理局。以下，「工商局」と略す）として登記されたりするなど，合作社の具体的な名称には地域や事業内容によって大きな相違が存在した（青柳　2001：60-61頁）[4]。

　この問題に対処するため，中国政府は2004年頃から農民組織の規範化に向けた政策を進めてきた（表5-1）。農民専業合作社の改革モデル省に認定された浙江省はほかの省に先駆けて，合作社の振興と規範化のための法令・政策を積極的に打ち出した。すなわち，2004年11月には「浙江省農民専業合作社条例」が浙江省人民代表大会で承認され，2005年1月から施行された。この条例は，合作社およびその会員の権利の保護，合作社の規範化とその促進に対して重要な意義を持つものであった。さらに，2005年4月には「浙江省農民専業合作社のモデル定款に関する通知」，2005年8月には「農民専業合作社の規範化建設に関する意見」が公布され，合作社の規範化を推進してきた。

　中央レベルでは，2005年3月に農業部から「農民専業合作組織の発展を支持・促進することに関する意見」が公布され，合作社の健全な発展を促進するための指導原則や主要な措置が明記された。そして2006年の一号文件においても，合作社に関する立法プロセスの加速や支援の強化，そして農民組織支援のための貸付・税制・登記等の制度整備が提唱された。

　このような動向を受け，2006年3月に開催された全国人民代表大会（全人代）では，農民専業合作社に関する法律制定の建議が行われ，2006年10月の

　　改革開放後，その独占的地位は否定されたことから，民間流通業者との競争にさらされ，その地位は年々低下してきたが，習近平体制の政策的支援によって組織力が再び強化されてきている（池上・寳劒編　2009：263頁，山田　2013：78-79頁，全国供銷合作網 http://www.chinacoop.gov.cn/，2017年6月29日閲覧）。

4）1990年代までの農民専業合作社の動向を考察してきた青柳（2001：64-65頁）によると，農民専業合作社は「継続的な事業活動」の有無で，合作社型と協会型に分類されるという。すなわち，合作社型とは専従職員や固定的施設などの経済的な実態があり，農産物販売，生産資材購入など経常的な経済活動を行う共同組織である。それに対して協会型とは，経済的な事業活動を伴わず，主に特定農作物の生産技術などの研究会や講習会を行う組織である。

表 5-1　農民専業合作社関連の主要な法令・通達

政策・通達	公布元官庁	年・月日	主な内容
浙江省農民専業合作社条例	浙江省	2004年11月11日	農民専業合作社の法人格を全国で初めて条例によって認定する
農民専業合作組織の発展を支持・促進することに関する意見	農業部	2005年3月24日	農民専業合作組織の健全な発展を促進するための指導原則や主要な措置が明記される
社会主義新農村建設に関する若干の意見（一号文件）	中共中央, 国務院	2006年2月20日	農民専業合作組織に関する2004・05年の一号文件の内容をさらに推し進め, 立法プロセスの加速, 支援の強化, 組織発展に有利な貸付・税制・登記等の制度の設立が明記された
農民専業合作社法	全人代	2006年10月31日承認 (2007年7月1日施行)	農民専業合作社に関する初めての法律。既存の農民専業合作組織に対して法的地位を与えるとともに, その管理・運営の規範化を目指す
農民専業合作社財務会計制度（試行）を公表することに関する通知	財政部	2007年12月20日 (2008年1月1日施行)	農民専業合作社の財務会計に関するルールを明確にし, 貸借対照表と損益計算書のほかに, 会員権益変動表などの形式も定める
農民専業合作社の金融サービス工作を進めることに関する意見	銀行業監督管理委員会, 農業部	2009年2月5日	すべての農民専業合作社を金融機関による信用評価の対象とし, 合作社向けの金融サービスを強化することに加え, 一部の合作社に対して農村資金互助社の設立も試験的に認める
農民専業合作社のモデル合作社建設活動を促進することに関する意見	農業部ほか	2009年8月31日	経営規模・サービス・品質の面で優れ, 民主的な管理が行われている農民専業合作社を全国各地からモデル合作社として選定することで, 合作社全体の運営改善と規範化を目指す
農民専業合作社の財務管理工作を一層強化することに関する意見	農業部	2011年5月20日	財務管理の強化を合作社の規範化の中心に据え, 合作社内の管理体制の健全化や上級機関による厳格な監査実施などが明記される
農民合作社の規範発展を牽引・促進することに関する意見	農業部ほか	2014年8月27日	農民専業合作社の規範化と政策的支援を一層強化することで, 合作社の協同組合としての質を高めることを目指す。合作社による信用事業では, 関連部門の承認の必須化や非会員向け融資の禁止も明記される

出所）筆者作成。

全人代常務委員会において農民専業合作社法が承認された。これは農民専業合作社に関する初めての法律で，既存の農民専業合作社に対して明確な法的地位を与えると同時に，その管理・運営を規範化することを目的とするものである。

2）農民専業合作社法施行後の政策動向

2007年の農民専業合作社法の施行後も，農民専業合作社の規範化に向けた様々な規程や通達が打ち出されている（前掲表5-1）。2007年12月には「農民専業合作社財務会計制度（試行）を公表することに関する通知」が打ち出され，合作社の財務会計に関するルールが規定されるとともに，貸借対照表と損益計算書のほかに，会員権益変動表などの形式も定められた。しかしながら，適切な財務会計処理を行っていない合作社も依然として数多く存在することから，2011年には「農民専業合作社の財務管理工作を一層強化することに関する意見」を打ち出し，合作社の財務会計に対する管理・指導を強化している。

2009年には，農業部などが「農民専業合作社のモデル合作社建設活動を促進することに関する意見」を公表した。この「意見」は，全国から優れた合作社をモデル合作社として選別することで，合作社全体の運営改善と規範化向上を推し進めることを目的としている。加えて，2010年の一号文件においてもモデル合作社設立の重要性が提唱され，2010年6月には農業部によってモデル合作社の基準に関する通達も出された。2011年10月26日の農業部の記者会見によると，第1期のモデル合作社として6,663社が認定されている[5]。このモデル合作社設立の動きは，農産物加工にも広げられ，2014年から16年までに1,000社の農産物加工モデル合作社を認定することも打ち出された[6]。

他方，政府による合作社支援の政策も強化されてきた。税制面では，2008年6月に財政部と国家税務総局から「農民専業合作社の税収政策に関する通知」が公表された。この通知によって，同年の7月1日から合作社が農産物を

---

[5]「中央政府門戸網站」（http://www.gov.cn）2011年10月27日付記事（2015年10月22日閲覧）に基づく。

[6] モデル合作社に対する財政支援自体は2004年からスタートし，2004～11年までに約2.45億元の財政資金が投じられ，同期間に累計1,199社のモデル合作社に対する支援が行われてきた（『中国農業発展報告2012』108頁）。

販売したり、会員農家が合作社から生産資材を購入したりする際に、「増値税」(付加価値税)が免税され、合作社と社員との間の農産物や農業生産資材の売買契約に関する税金や、印紙税の一部についても免除されることとなった[7]。また合作社の発展を支援するため、省レベル独自で不動産や土地関連の課税を免除する政策も行われている。

さらに、合作社の事務所建設や財務制度の整備、会員農家の口座開設などに関する定額の補助金が支給されたり、先進的な合作社向けの奨励金も交付されることとなった。その結果、合作社支援関連の財政資金にも顕著な増加傾向がみられ、中央財政による合作社支援資金は2011年の7.5億元から13年には18.5億元、地方財政による支援金の総額も2011年の10億元から13年には55億元へと大幅に増額された[8]。

他方、合作社による信用事業面では、2009年2月には銀行業監督管理委員会などが打ち出した「農民専業合作社の金融サービス工作を進めることに関する意見」が注目される。この「意見」では、すべての合作社を金融機関による信用評価の対象とし、合作社向けの各種の金融サービスを強化することに加え、一部の合作社に対して農村資金互助社の設立も認めた。また、一部に限定されるものの、合作社の金融的機能を公認したことは総合農協への発展の可能性も含め、合作社の今後の展開に重要な意味を持つ(青柳 2011)。

その一方で、合作社による信用事業については十分な管理体制が構築されていなかったため、その資金管理をめぐって大きな社会問題が発生している。江蘇省連雲港市灌南県では、農村資金互助社による杜撰な資金管理や違法経営の問題が発生し、報道機関によって大きく取り上げられた[9]。さらに2014年には、河北省と山東省の複数の合作社において高金利・高配当を掲げて農家から違法に預金を集め、非会員農家への貸出や株式・不動産への投資を行ったり、合作社代表者による預金の私的流用も明らかとなった[10]。

---

7)「人民網」(http://nc.people.com.cn) 2008年7月17日付記事 (2008年7月18日閲覧)、農業部農村経済体制与経営管理司ほか編 (2011:29-30頁) に基づく。
8)『中国農業発展報告2011』108頁、および『中国農業発展報告2014』115頁に基づく。
9)「央広網」(http://www.cnr.cn/) 2012年10月23日付記事、『第一財経日報』2012年12月13日付記事に基づく (いずれも2014年10月11日閲覧)。

このような合作社による違法な信用事業に加え，各種の財政補助や税制優遇を受けるため，合作社の形式をとる実質的な私企業が数多く存在した。さらに上級政府から指示された合作社数を満たすことを目的に，地方政府によって設立された有名無実の合作社が横行したりするなど，規範化の後れが顕在化してきている。そのため，2014年8月には農業部ほか9部門の連名で「農民合作社の規範発展を牽引・促進することに関する意見」を打ち出し，合作社の規範化強化を進めている[11]。

3) 農民専業合作社の定義と日中間比較

ここでは農民専業合作社法に立ち返り，農民専業合作社の定義と特徴について整理していく。同法・第二条において，合作社は「農家の家庭請負経営という基礎のもと，同類農作物の生産経営者あるいは同類農業生産経営サービスの経営者・利用者が自由意思で連合し，民主的な管理を行う互助的な経済組織」と定義される。この「同類」という点が中国の合作社の大きな特徴で，野菜や果樹などの特定の農作物や，農業機械耕作など特定のサービスに関して組織が形成されるため，日本の専門農協やヨーロッパの農協と性格的に近い。そして合作社の任務は，「会員に対して農業生産資材の購入，農産物の販売・加工・輸送・貯蔵，農業生産経営に関する技術・情報などのサービスを提供すること」（第二条）と規定されている。

さらに同法では，合作社の登記先は工商局（「工商行政管理部門」）と明記され（十三条），設立登記申請をすることで合作社には法人格が付与されることも初めて規定された（第四条）。そして合作社の会員として，農民以外に団体（企業，事業単位，社会団体）も認められている点も，中国の合作社の特色である[12]。

---

10) 『新聞晨報』(http://www.shxwcb.com) 2014年4月1日付記事，『毎日経済新聞』(http://www.nbd.com.cn/) 2014年7月1日付記事に基づく（いずれも2014年10月11日閲覧）。
11) 具体的な目標として，5年間のうちに70％の合作社で会員口座の開設と合作社業務内容の公開を行うこと，余剰金の分配を実施すること，県レベル以上のモデル合作社数を20万社以上とすることが明記された。さらに，農民専業合作社による信用事業の実施については，関連部門による承認を必須とし，高金利を騙った会員・非会員からの預金集めや非会員向け融資を禁止することも定められた。
12) 日本の農協（JA）の第23回大会（2003年）において，農業を営む法人による農協の

ただし会員総数の80％以上を農民とすること，団体会員の会員比率は5％未満（会員数が20人を超える場合。20人未満の場合は1団体のみ）とすることが第十五条に規定されている。なお，会員は自由意思での加入・脱会が可能である。

他方，組合大会の選挙・議決（第十七条）では，原則として一人一票で行われると明記される一方，出資額や取引額の多い会員に対しては，定款規定に基づき付加議決権を付与することも可能となっている（最大20％まで）。また，合作社の積立金控除後の剰余金の60％以上については，会員と合作社との間の取引量（額）に応じて配当として還元されることも規定された（第三十七条）。その他には，設立と登記の方法や財務管理の規定，合併・解散・清算手続きや政府による支援策なども記されている。

以上のような中国の合作社の特色について，日本の農協と比較する形で表5-2に整理した。この表から明らかなように，中国の合作社は日本の農協と比較して，事業内容が限定的で，かつ組織への加入率も相対的に低く，上級機関との関係や政治力でも日本の農協に比べて弱い[13]。その一方で，中国の合作社では議決権が必ずしも一人一票ではなく，さらに企業などの団体会員も認められるなど，欧米の農協に近い性格も有している[14]。

2　統計調査に基づく農民専業合作社の実態

前節で考察してきたように，農民専業合作社法の施行後も合作社の規範化に向けた取り組みや政策的な支援の動きも大きく進展してきた。それに伴い，農

　　正組合員加入が明示された（小林 2013：23頁）。農業を営む法人の加入資格については，各単協の定款によって具体的に定められている。
13) 周知のように，日本の農協は信用・共済事業を大規模に展開している。JAバンク全体の個人預貯金残高は大手都市銀行各行のそれを上回り，農協の事業総利益（2013年度）に占める信用・共済事業からの事業利益の割合もそれぞれ42％と25％を占めるなど，信用・共済事業は農協の大きな柱となっている（日本農業新聞編 2016：20, 57頁）。
14) アメリカおよびEUにおける農協の動向については，磯田（2001），大江（2002），Bijman et al.（2012）を参照されたい。

表 5-2　日本の農協（JA）と中国の農民専業合作社との比較

	日　本	中　国
事業内容	総合的（購買・販売などの経済事業のほかに，信用・共済事業など多面的に事業を展開）	個別的（技術指導・資材購入が中心で，一部の合作社は農産物の販売，賃耕サービスを提供）
金融機能	信用・共済事業を広範に展開	一部の合作社のみ信用事業が認可
取り扱い作物	単一的（コメなど），総合的	単一的（品目ごとの組織）
組織への加入率	高（ほぼ100％）	中（2015年末で42％前後）
組織あたりの組合員（会員）数	大（総合農協は5,000～6,000人）	小（100～200人）
議決権	一人一票（准組合員には議決権なし）	原則一人一票（出資額や取引額の多い会員には付加議決権を付与可能）
上部機構との関係	強（単協，県連，全国連の系統三段階性）	弱（県レベルで連合社を作る動きも）
設立の経緯	戦前の農会，産業組合を事実上引きつぐ組織として設立	集団農業体制の解体後の公的な農業関連サービスの低迷による代替的組織の必要性
農家の加入理由	自然発生的なムラ秩序の一環	農業技術の習得，農業所得の向上など
組織の結束力の源泉	地縁的関係	地方政府，アグリビジネス企業，仲買人などの主導
組織の政治力	大（農政の下請機関的存在）	小（政治組織化への危惧）
加入者	農業者の正組合員（2003年全国大会で農業法人の正組合員としての加入を明示），農業者以外の准組合員	農民以外に，企業などの会員も認可（会員のうち80％以上は農民）

出所）日本の農協については，神門（1998），佐伯（1989：第7章），田代（2003：第10章），小林（2013），JA全中ホームページ（http://www.zenchu-ja.or.jp/）（2014年12月12日閲覧），日本農業新聞編（2016），中国の農民専業合作社については青柳（2001，2002），寶劔（2009），筆者の現地調査などにより筆者作成。

注）組織への加入率とは，日本については全農家に占める農協組合員がいる世帯の割合，中国については全農村世帯に占める合作社の会員農家の割合を示す。

民専業合作社の経営実態やその経済効果について，ヒアリング調査やアンケート調査に基づく実証研究も数多く行われている（第6章を参照）。また，近年は幾つかの研究機関によって合作社に関する比較的規模の大きいアンケート調査が実施され，合作社の全体像の一端が明らかになってきた。

そこで本節ではまず，工商局や農業部など政府機関が公表する行政データに基づいて，合作社の概要を整理する。次に，人民大学が2009年に実施した農民専業合作社調査（以下，「人民大学調査」。孔ほか2012）を参照しながら，合

作社の具体的な活動内容や経営状況などについて考察していく。

1) 農民専業合作社のマクロ的状況

　図5-1では工商局に登記された合作社の組織数と会員世帯数の推移を整理した。この図からわかるように，農民専業合作社の総数と会員世帯数は急激な増加をみせている。合作社の登記数は2007年の2.6万社から，2010年には37.9万社と急速に増加し，2013年には98.2万社となった。その後は増加率がやや低下したものの，2015年には合作社数が153.1万社に達した。合作社の会員世帯数でみても，2007年の210万世帯から2010年には2900万世帯，2013年には7412万世帯に増加し，2015年末には1億90万世帯と初めて1億世帯を超えた。その結果，総農村世帯数に占める会員世帯の比率も，2009年末の8％から2013年末には29％，2015年には42％に達するなど，合作社の全国的な広がりを窺うことができる[15]。

　また，2013年末の工商局と農業部のデータによると，合作社の業務内容（複数回答）として耕種業を対象とするものが最も多く，全体の45.5％を占め，それに続いて畜産業が25.7％，農業関連の技術・情報サービスが18.6％，農産物販売が15.5％という結果となった。他方，省別の合作社数では，農業生産の盛んな山東省が9.89万社と最も多く，次いで江蘇省の7.11万社，河南省の7.01万社の順になっている。(曹・苑 2015：134-142頁)[16]。

---

15) ただし農民専業合作社の会員数については，その情報源によって数値が大きく異なり，本章で利用した資料（農業部）は会員数を過大評価している可能性もある。農業部と国家工商行政管理総局のデータを利用した曹・苑(2015)によると，2013年の会員数は2951万世帯（組織会員も含む）で，そのうち農民会員は2899万世帯となっている（ただし合作社数については，数値の差はなし）。一方，曹・苑(2015)による合作社あたりの平均会員数は約30世帯と非常に少なく，孔ほか(2012)や筆者による現地調査の結果とは必ずしも整合的でない。

16) 農民専業合作社に対する農業部の標本調査（2010年末実施，対象合作社数は21万1793社）によると，合作社の産業別構成比では耕種業が47.9％と約半分の割合を占め，畜産業も30.7％と高い割合を占めている。耕種業に関する合作社の品目構成比では，野菜が28.9％と最も割合が高く，次いで果樹の27.9％，食糧の19.4％となっている。他方，畜産業に関する合作社の品目別構成比は，豚が40.6％と最大で，家禽類は22.6％，肉牛・羊は16.4％，乳牛は7.0％である（農業部農村経済体制与経営管理司ほか

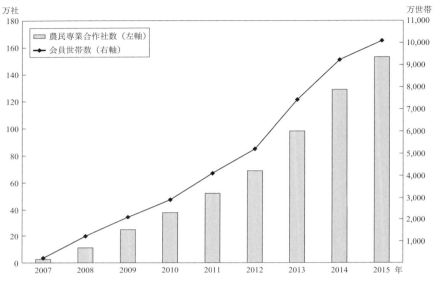

図 5-1　農民専業合作社の組織数と会員世帯数の推移（2007〜15 年）

出所）『中国農業発展報告』（各年版），農業部農村経済体制与経営管理司ほか編（2011），「新華網」（http://www.xinhuanet.com/），2012 年 5 月 21 日付記事，「中央政府門戸網站」（http://www.gov.cn），2015 年 3 月 19 日付記事（いずれも 2015 年 10 月 20 日閲覧），中国農業部ホームページ（http://www.moa.gov.cn/）2016 年 3 月 21 日付記事（2016 年 8 月 24 日閲覧）より筆者作成。

　その一方で，合作社では食品安全に向けた取り組みや農産物のブランド化も進められてきた。2012 年のデータでみると，農作物のトレーサビリティー・システムを整備した合作社数は 2.6 万社，無公害食品や緑色食品，有機食品といった品質安全認証を実際に取得した合作社数は 3.1 万社に達している。また農作物のブランドでは，商標登録を実施した合作社数は 4.6 万社に上り，1,523 社の合作社では農産物の地域ブランド認証（「農産品地理標志認証」）を獲得した（中国農業部ホームページ http://www.moa.gov.cn/，2012 年 12 月 13 日付記事，2016 年 9 月 12 日閲覧）。このような品質安全やブランド化の取り組みに加え，合作社は農産物の販売面での事業活動を強化している。具体例を挙げると，

編　2011）。

2014年には2.13万社の合作社が都市部において，直売店やチェーン店を通じた直接販売（「農社対接」）を行い，2.79万カ所の直営店が設立され，その販売額は341億元に達するという（『中国農業発展報告2015』117頁）。

しかしながら，合作社については登録数自体が政策目標となっているため，内実を伴わない合作社も依然として数多く存在している（潘 2011）。浙江省の合作社を分析した黄ほか（2011）は，合作社の効率性は総じて低く，経営能力の不足や技術水準の低さがその主要な要因となっていることを指摘し，合作社数の増大のみを政策目標とすることを厳しく批判する。また，四川省の行政村データを利用した寳劔（2009）でも，実態を伴わない合作社の設立は，農民の所得水準向上につながらないことを示唆している。そこで，以下では人民大学による標本調査に基づき，合作社の実際の運営状況とその課題について検討していく。

2) 人民大学調査にみる農民専業合作社

①調査の概要と合作社の基本状況

人民大学調査は，2009年7～8月にかけて3つの地域（山東省，寧夏回族自治区，山西省）で実施され，114社の農民専業合作社が調査対象となっている[17]。以下では，本調査の集計データを利用して，合作社の事業内容や会員へのサービスなどを中心に，合作社の特徴について整理していく。

合作社の設立年次は，農民専業合作社法が施行された2007年以降に設立されたものが全体の約65％を占め，特に2008年には全調査対象のうちの36％の合作社が設立された。この点からも農民専業合作社法の施行が組織化の大きな契機となったと指摘できる。合作社の会員数は，設立当初の平均会員数である128人から2009年には249人とほぼ倍増している。それに伴い，合作社会員が居住する範囲も大きく広がり，設立時の平均であった1.6郷・4.8村から，

---

17) 人民大学調査の標本抽出の方法としては，まず各省（自治区）から4つの県，各県から3つの郷鎮が選出された（3省×4県×3郷鎮＝36郷鎮）。さらに郷鎮から計72カ村が抽出され，その村に所属する114社の農民専業合作社が調査対象となり，合作社の責任者に対してアンケート調査が実施された。

2008年には3.7郷・15.0村に拡大した。

次に，合作社の「主要な創設者」に関する質問（単一選択）では，31％の合作社が「大規模生産農家」と回答し，それに続いて「村民委員会」は21％，「県・郷政府」は17％を占め，「企業」の割合も16％となっている。それに対して，「普通の農民」と回答した割合はわずか8％にとどまる。したがって，合作社設立にあたって大規模生産農家はもとより，地方政府や企業といった農民以外の組織が大きな役割を果たしていることがわかる[18]。また，合作社の設立目的（複数回答）では，「統一経営による競争力の向上」が68％と割合が最も高く，次いで「生産サービス問題の解消」が25％，「農業生産コストの削減」が22％を占めるなど，農業の生産・販売関連の項目が比較的高い割合を占めている[19]。その一方で，「優遇政策を獲得するため」（17％），「政府の促進」（11％）など，政府による支援政策も合作社の設立を後押ししている。

合作社への加入条件（12項目の選択肢，複数回答）に対する質問では，選択された割合の高いものから，「合作社の経営内容に携わるすべての農民」（32％），「一定の出資金を支払うこと」（22％），「地元の農民であること」（18％）の3つが挙げられる。その一方で，「生産が一定の規模に達していること」（11％），「技術の熟達者であること」（8％），「農産物の品質が一定水準に達していること」（4％）といった経営面積や能力面での条件を課す合作社の割合は低いという特徴が窺える。

②合作社の事業内容

農民専業合作社の事業として，「農業生産資材の提供」，「技術サービス・トレーニングの提供」，「農産物の共同販売」という3つのサービスが，8割以上の合作社で実施されている。その一方で，「加工・輸送」と「資金サービス」

---

18) 国務院発展研究センターが2005年に実施した全国の140社の農民専業合作社調査（韓主編 2007）によると，主要な創設者（複数回答）として「大規模生産農家」と回答した割合は46.2％と人民大学調査よりも高いが，「政府」と回答した割合は28.0％と相対的に低く，「龍頭企業」と「普通の農民」と回答した割合はそれぞれ14.9％と9.1％で，人民大学調査との大きな乖離はみられない。

19) その他の項目では，「ブランドの確立」が15％，「農業生産の規模拡大のため」が13％を占めている。

表 5-3　農業生産資材の提供率とその購入先

(%)

耕種業合作社	提供率	工場・育苗基地	卸売商	一般小売店,市場	その他
種子	79.7	48.3	31.0	3.4	17.2
肥料	66.7	56.1	15.8	1.8	26.3
農薬	73.9	30.4	30.4	4.4	34.8

畜産業合作社	提供率	工場・育苗基地	卸売商	一般小売店,市場	その他
ひな	34.5				
飼料	79.3	68.8	12.5	0.0	18.7
薬品	37.9				

出所）孔ほか（2012：145-146頁）より筆者作成。

を行う合作社の割合はそれぞれ36％，20％にとどまっていることから，合作社の業務は営農事業と販売事業が中心で，加工や輸送，資金提供といった分野での事業活動は発展途上にあると言える。

　事業内容について詳しく考察するため，表5-3では合作社による会員農家への農業生産資材の提供率を整理した。表からわかるように，耕種業に関する合作社ではその6～8割が種子，肥料，農薬を会員農家に提供している。それに対して，畜産業では79.3％の合作社が飼料を提供しているが，ひなと薬品の提供率はそれぞれ34.5％と37.9％と相対的に低い。また，耕種業の農業生産資材の購入ルートの構成比について，資材によってその割合に違いはあるが，工場・育苗基地からの直接購入と卸売商からの購入を合わせると全体の6～8割を占めている。これらの買付先から農業生産資材を一括購入することによって，市場価格よりも安価（10％程度）で生産資材の購入ができるという。

　他方，農産物の販売方法に関して，83％の合作社で共同販売が実施されている。共同販売の具体的な方法としては，「買取」（生産農家から商品を買い取り，合作社自体が販売する方式）を採用する合作社の割合は54％と最も高く，次いで「仲介」（合作社が販売先を仲介する方式）の34％，「代理販売」（合作社が会員の委託を受け，市場で代理販売をする方式）の19％，「その他」の3％となっている。さらに，農産物の販売（複数選択）にあたって，91％の合作社で「品

表 5-4 販売先企業と合作社との契約価格

(%)

	実際の契約価格	合作社が希望する契約価格
市況に応じて変動（最低保証価格なし）	71.4	47.4
市況に応じて変動（最低保証価格あり）	16.7	34.2
固定価格	7.1	15.8
その他	4.8	2.6

出所）孔ほか（2012：149 頁）より筆者作成。

質規格」（色，大きさ，成分など）があり，54％の合作社では「選別・包装作業」が行われ，55％の合作社で「統一ブランド」による販売が行われている。したがって，農産物の販売面で，合作社はリスクを負担したり規格を統一したりするなど，その果たす役割は大きいと考えられる。

次に農産物の販売先企業と合作社との関係をみていくと，50％の合作社は販売先企業と販売契約を結んでいる。販売契約を締結する主たる理由としては，「農産物に安定した販路があること」が86％と最も割合が高く，「価格の保証があるため」（26％），「技術支援を得るため」（14％），「資金支援を得るため」（5％）の順になっている。このことから合作社は企業との販売契約を実施することで，農産物の販路の確保や価格安定化に尽力していることが窺える。また，販売契約を行っている合作社のうち，「契約価格は市場価格よりも高い」と回答した割合は62％で，「差がない」と回答した割合（33％）を大きく上回ることから，契約には価格面でのメリットも存在する。

さらに，合作社と販売先企業との「実際の契約価格の決め方」と，「合作社が希望する価格の決め方」の調査結果を表5-4に示した。現状では71.4％の合作社が「市況に応じて変動（最低保証価格なし）」で契約を締結しているが，その方法を望ましいと回答している合作社の割合は47.4％で，両者の数値には開きがある。合作社としては，「市況に応じて変動（最低保証価格あり）」（34.2％），「固定価格」（15.8％）に対する要望も強いが，実際にそれらの方法が採用されている割合は，それぞれ16.7％と7.1％にとどまる。

その一方で，契約に対する合作社責任者の意識は必ずしも十分に高いわけではない。「農産物の市場価格が契約価格より高いとき，合作社はどう対応するか」という質問（単一選択）に対して，「契約を履行する」と回答した合作社は72％で，「履行しない」が12％，「わからない」が16％となっている。ただし，買取元の企業が契約違反を行ったことがあると回答した合作社も29％に上ることから，生産農家や合作社のみならず，企業にも契約遵守に対する意識面での課題が存在している。

③合作社の経営上の課題

人民大学調査で明らかとなった経営上の問題点として，営業収入の少なさによる経営難と専門人材の不足が挙げられる。農民専業合作社の営業収入について，収入額が100～200万元の合作社の割合は全体の8％，200万元を超える合作社も11％程度存在するが，10万元を下回る合作社が全体の64％を占めるなど，合作社の経営収入は全体的に少ない。そして利益が黒字となっている合作社の割合は42％で，残りの58％の合作社は経営赤字を抱えている。

また，利益の配分方法（利益総額に占める割合）としては，公共積立金（「公積金」）の割合が46％と最も高く，次に出資配当が28％，利用量（額）に応じた配当が20％となっている。この利益配分の決定について，「理事会での決定」が全体の64％と高い割合を占め，それに続くのが「会員大会」の20％，「株主大会」の8％，「理事長決定」の6％である。合作社内部の投資に関する決定でも，「理事会での決定」が59％を占め，その他の割合も利益配分とほぼ同様である。したがって，合作社の意思決定において理事会の権限が強いことがわかる[20]。

他方，合作社の専属職員の不足も深刻である。専属の職員が1人もいない合作社は全体の42％を占め，専属の職員がいる場合でも，その人数が5人以下の合作社が全体の約5割を占めている。また，兼職職員を含めた全職員数が5人以下の合作社の割合が6割を超えるなど，合作社全体として職員数は少ない

---

20) 理事会メンバーの選出方法について，孔ほか（2012）には明記されていないが，理事長については，53％が会員大会での選挙，17％が理事会による推挙，15％が株主大会での選挙で決定されている。

状態にある。このような専属職員の不足は，地方政府の幹部や龍頭企業の職員による合作社業務の代行と裏腹の関係にあり，合作社自体による独自経営を妨げる要因になっていると推測される。

3　農民専業合作社の事例研究

　人民大学調査から示された農民専業合作社の事業内容と経営動向を踏まえ，本節では3つのタイプの異なる合作社を事例として取り上げ，合作社の経済的機能と経営上の課題について考察していく。

　合作社に関する先行研究では，その担い手の違いによって合作社を大きく以下の4つに分類する（青柳 2001, 王 2005, 寳劔 2009）。すなわち，地元政府（県政府，郷鎮政府，村民委員会）の主導によって組織され，経営者の多くは行政幹部兼任の「地方政府主導型」，龍頭企業や供銷合作社などのアグリビジネス企業によって組織化された「企業インテグレーション型」，大規模経営農家や篤農家，あるいは仲買人の先導によって形成された「個人企業型」，同程度の規模の農家が集まって形成された「農民協同型」である。本節で取り上げる3つの合作社は，それぞれ「企業インテグレーション型」，「個人企業型」，「地方政府主導型」に該当する。もう1つの「農民協同型」については，経済的機能が脆弱なケースが多く，かつ実際に機能している合作社の数も限られるため，本節では取り上げない。

1）山東省招遠市の果樹合作社（企業インテグレーション型）

　①煙台市のリンゴ生産とZ社の概要[21]

　招遠市が所属する煙台市（地区レベルの市）は，全国有数のリンゴ産地で，

---

21) Z社とA果樹合作社に対するヒアリング調査は，2006年3月と8月に山田七絵・JETRO アジア経済研究所研究員，蘇群・南京農業大学教授とともに実施した。なお，山田（2007）はそれらに加え，2006年12月の補足調査に基づいて執筆されたもので，本章でも参照している。

リンゴ生産量は中国全体の約3割（2006年）を占めている。山東半島の先端部に位置する煙台市は黄海・渤海に面し，標高500メートル以上の山地が占める割合が高い（全面積の37％）地域である。そのため，山東省の他の地域と比べて気候が温暖で，年間降水量も600ミリメートル前後と比較的少なく，地理的・気候的にリンゴの生産に非常に適している[22]。

　果樹合作社の設立主体であるZ社は，供銷合作社に直属する株式会社で，1993年に設立された。設立当初は日本の大手商社との補償貿易[23]の形式で，濃縮リンゴ果汁（澱の混入した混濁タイプ）[24]を日本に向けて輸出してきた。2006年時点では補償貿易以外にも独自に販路を広げ，リンゴ以外の果物果汁や冷凍野菜の輸出も行っている。主力商品であるリンゴ果汁は，年間生産量（2,000～2,500トン）の約70％を日本向け，残りの30％を韓国やオーストラリアなど向けに輸出している。またリンゴの他に，桃果汁（200～300トン）を日本に，梨果汁（400～500トン）を韓国に輸出し，それらを含めた2005年の総売上高は3000～4000万元で，営業利益は400万元前後となっている。

② A果樹合作社設立の経緯と運営状況

　Z社は原材料の農薬管理や品質管理を強化するため，リンゴの集荷を行っていた招遠市内の8つの鎮において，供銷合作社との共同出資の形で2003年にA果樹合作社を設立した。合作社の設立にあたっては，既存の供銷合作社のネットワークと人員が活用されている。すなわち，各鎮に設立された8つの合作社（分社）では，鎮幹部がA果樹合作社のリーダーを兼務するとともに，供銷合作社の技術関連の職員もA果樹合作社の技術員を兼任している。また，招遠市においてZ社，供銷合作社，A果樹合作社から構成される「農業産業

---

22) 2006年8月2日の莱陽農学院（現：青島農業大学）の果樹生産・流通の専門家へのヒアリング，煙台市のホームページ（http://www.yantai.gov.cn/cn/index.jsp），および栖霞市のホームページ（http://www.qixiaapples.org）（いずれも2012年12月27日閲覧）に基づく。
23) 補償貿易とは，機械設備などの導入代金をその機械設備を使って生産した製品で支払う方式のことである（天児ほか編 1999：1151頁）。
24) 清澄タイプの果汁（澱を酵素で凝縮し，濾過して透明にした果汁）と比べて，混濁タイプの果汁は原料となるリンゴに高い熟度が要求される。また，保存期間を延ばすためには冷凍保管する必要もあるため，生産・保存コストが高くつく。

化指導グループ」のグループ長にはZ社の総経理，副グループ長には同社の副総経理が就任するなど，地元の農業産業化の政策運営においてZ社は重要な役割を果たしている。そのため，A果樹合作社は形式上，Z社と供銷合作社から独立した組織となっているが，実態としてはZ社と供銷合作社の強いコントロール下にあると考えられる。

A果樹合作社の設立当初は，会員は大規模経営農家中心であったが，その後は一般の農家まで広がり，2006年現在では会員数も安定している。栽培するリンゴの品種によって会員は2つのグループに分類される。「紅富士」（日本品種のフジ。主に生食用）の契約栽培面積は200ヘクタール，グラニースミス（豪州系青リンゴ。すべてリンゴジュース用）の契約栽培面積が100ヘクタールで，紅富士を栽培する会員は456世帯（8つの郷鎮，12の行政村），グラニースミス栽培の会員は158世帯（5つの郷鎮，6の行政村）となっている（いずれも2006年の数値）。また，生産農家がA果樹合作社に参加できる基準として，①一定規模以上の栽培面積，②圃場の交通の便利さ，③農家の管理能力の3つが挙げられる。そして果樹合作社の会員は，①100元の現金出資（配当はないが優先販売権を持つ），②投資出資（1,000元以上の出資が必要，配当あり）のいずれかを行う必要がある。

A果樹合作社設立前後の集荷システムについては，図5-2に整理した。A果樹合作社が設立される以前，リンゴの集荷は供銷合作社（産地仲買人経由も含む）を通じて行われ，供銷合作社と生産農家との関係も緩やかなものであった。しかし，2002年頃から輸出先（日本）の残留農薬規制が強化されたことから，原料の栽培・集荷管理を強化することが必要となった。そのため，Z社は生産農家との合意のもとでA果樹合作社を設立し，A果樹合作社が会員農家を直接，管理・指導する形に変更したのである。具体的な管理・指導の内容としては，会員農家が利用する農薬，肥料，紙袋（栽培中にリンゴの実を保護する紙袋）はすべてA果樹合作社を通じてZ社から農家に提供される一方，A果樹合作社は指定された投入財を農家が適切に利用しているかチェックしたり，農薬散布の際には現場に赴き，地域でまとまって散布するように指導している。

また，A果樹合作社は会員農家が生産したすべてのリンゴを買い取り，リン

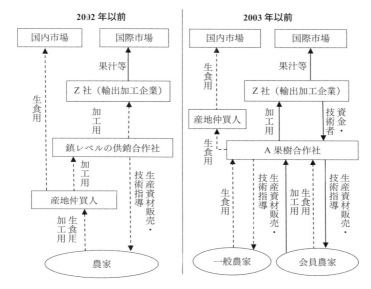

図 5-2 山東省招遠市の A 果樹合作社の集荷体制

出所）山田（2007：126 頁）と現地調査に基づき筆者作成。
注）図注の実線は契約関係，破線は市場取引を意味する。

ゴの品質に応じて生食用と加工用に仕分けする作業も行っている。集荷の際には，会員農家に割り当てられた ID に応じてリンゴが分類される。これによって，残留農薬の基準違反がみつかったり，農作物の品質に問題が発見された場合に，どの農家によって生産されたかわかるよう，トレーサビリティーが確保されている。このような果樹合作社の存在によって，Z 社と契約農家との管理体制や契約関係が一層強化され，集荷物の品質が高まったという。なお，Z 社は集荷手数料として A 果樹合作社に対して 1 トンあたり 40 元の技術指導料を支払い，それが合作社の運営費として利用されている。

③会員農家へのメリットと課題

A 果樹合作社設立による会員農家のメリットとしては，3 点を挙げることができる。第 1 に，高品質の農業生産資材を相対的に安い価格で安定的に購入できることである。合作社が設立される以前には，市販されていた偽薬品を使用

してリンゴ生産への被害が発生したこともあったが，果樹合作社が指定する販売店から生産資材を直接購入することで，そのような被害は発生しなくなったという。

そして第2のメリットとして，栽培技術に関する指導・研修を受けられる点である。会員農家は果樹合作社の技術者からリンゴ栽培に関する指導を受けられ，合作社が主催する各種の研修にも無料で参加することができる。とりわけ，リンゴの袋がけはリンゴの外観を向上させる重要な技術であり，その習得によって特級品として出荷できるリンゴの割合が高まり，生産農家の収益向上に結びついている。

第3のメリットとして，販路の安定化が挙げられる。Z社が果汁用として買い取るリンゴ（規格外の紅富士）は生食用よりも品質の面で劣るため，一般に生食用よりも安価（特級品の2～3割程度の価格）で取引される。ただし，地元で生産される生食用リンゴは独自のブランドを確立していないため，販売価格は市況によって左右されやすい。リンゴの豊作時には生食用の販売価格は低下し，生食用リンゴも加工用に回されることが一般的に行われている。そのため，A果樹合作社の設立以前には，豊作時に加工用リンゴの供給が需要を上回り，農家は規格外リンゴの販売難に直面することが頻繁に起こっていた。

しかし果樹合作社の設立後は，合作社の会員であれば，規格外のリンゴを優先的に合作社に販売する権利が付与されるため，安定的な販路が確保されることとなった。また，100％果汁用に利用されるグラニースミスについては，Z社が全量を買い取り，かつ最低保証価格も設定されている。その一方で，Z社以外に混濁リンゴ果汁の加工企業は近隣になく，相対的に品質の高い加工用リンゴの販売先はZ社に限定されている。したがって，同社の海外・国内市場の販売状況によって原料用リンゴの需要量が強く影響されるという側面も存在し，合作社の運営は市況やZ社の経営状況によって左右されやすいといった組織としてのリスクも抱えている[25]。

---

25) Z社とA果樹合作社を追跡調査した山田（2013）によると，2008年から地元の食品加工企業（缶詰製造と生食用リンゴの東南アジアへの輸出が主たる業務内容）がZ社への資本参加を開始した結果，A果樹合作社の契約栽培面積が増大するとともに，リン

2）山東省蓬萊市のB梨合作社（個人企業型）[26]

① B梨合作社設立の経緯

次に，同じく山東省煙台市の蓬萊市（県レベルの市）に設立された梨の農民専業合作社を取り上げ，その設立経緯と実際の運営状況についてみていく。蓬萊市ではリンゴ栽培に加えて，ブドウ栽培も盛んで，果樹面積3.4万ヘクタールのうち，リンゴ栽培面積は2万ヘクタール，ブドウ栽培面積は8,000ヘクタールを占めている（2007年）。2000年代には，国内の大手ワインメーカー（長城，張裕など）によるワイナリー建設とワイン用ブドウの栽培が盛んとなり，蓬萊市は中国におけるワイン用ブドウの一大産地となった。

それに対して，蓬萊市の梨栽培面積は約133ヘクタールと栽培面積は相対的に少ないものの，B梨合作社は特色のあるブランド品種の栽培と販売を通じて発展してきた。のちに合作社の理事長となるX. W. 氏は，2000年に煙台市の果樹・野菜博覧会に出品された「黄金梨」（「二十世紀梨」と「新高」を掛け合わせた韓国系品種）を持ち帰り，地元で約3.3ヘクタールの栽培を行ったところ，栽培に成功し，収益性も高かった。そのため，黄金梨栽培はX氏の出身地であるX街道M村を中心に周辺の17カ村で栽培が拡がり，2008年には栽培面積は60ヘクタール，栽培農家は約250戸に達した。

もともと生産された梨は商人に販売する形をとっていたが，2007年3月にX氏が400万元，その他の5人（合作社理事）が120万元，合計で520万元を投資して2,000トンの保冷庫を設立し，地元で生産される梨を利用しての仲買人業に乗り出した。それに合わせて，2007年11月に参加者の自由意思の下でB梨合作社を設立し，会員数も設立当初の150戸から約250戸（2008年8月現在）に増加してきた。

② B梨合作社によるサービス

B梨合作社は会員である生産農家と事前に梨の栽培・販売契約を締結する。

ゴ（生食，果汁）の輸出先は多角化しているという。
26）B梨合作社の総経理へのヒアリングは，JETROアジア経済研究所の「中国農業産業化」研究会の一環として2008年9月に行われた（池上・寳劔編 2009）。その研究成果の一部である田原（2009）は，農村社会学の視点からB梨合作社の特徴を位置づけている。

肥料と農薬などの生産資材は合作社指定の業者から購入することが契約書で定められ，施肥や農薬散布の時期や量についても厳しい規定が存在する。そのため合作社には専門の農業技術者が常駐し，会員農家を10のグループに分けて栽培状況の確認を行い，半月に1回はすべての農家を見回るという。

梨の集荷・選別（8月中旬〜9月上旬）については，合作社が雇用した担当者が作業を行う。集荷された梨は，大きさや色づき，虫食いの状態などに応じて3等級に分類され，基準に達した梨については合作社が全量買い取り，等級に応じた買取価格を農家に対して支払う。買取価格は，基本的に市場価格によって決められているが，梨500グラムあたり1.4元（1等級）という最低保証価格も設定されている。また，会員農家に対する販売代金の支払いは，翌年の春節前までに完了することが合作社に義務づけられ，銀行預金金利と同レベルの利子も付与される。

なお，合作社への加入にあたって，農家は梨栽培面積1ムーあたり500〜1,000元の合作社への出資が求められる。合作社に対する会員からの出資総額は40万元で，出資金に対する配当率は最低10％を保証することが，農家と合作社との契約書のなかで明記されている。2007〜08年の合作社の利益は100万元以上で，そのなかから出資金に対する配当と保冷庫購入費用の返済を行っているという。

そして販売については，合作社が前述の保冷庫を利用した一括販売を行っている。すなわち，会員農家から買い取った梨の選別・包装作業を合作社が統一的に行ったのち，保冷庫に貯蔵し，春節前後の高値時に販売するビジネスモデルで高い収益を上げ，その利益の一部を配当金として農家に還元しているのである。梨の販売先は深圳市の仲買人（7〜8人）が中心で，黄金梨の多くは国内市場で消費されるが，一部は東南アジアに輸出されている。

以上の合作社と会員農家との取引関係，および梨の流通ルートについて整理したものが，図5-3である。このような合作社との契約栽培を通じて，会員農家は梨販売から1ムーあたり7,000〜8,000元の純収入という，リンゴ栽培（3,000〜4,000元）などの他の農作物栽培よりも高い収益を獲得するとともに，安定的な販売先も確保している。

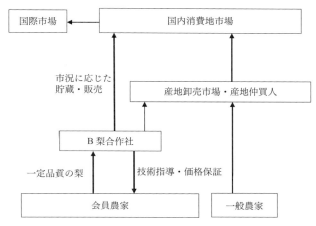

図 5-3　山東省蓬莱市の B 梨合作社の集荷体制
出所）現地調査に基づき筆者作成。

③ B 梨合作社の「私的」性格とその問題点

B 梨合作社について注目すべきは，保冷庫や集荷場といった合作社が利用する施設への出資のほとんどは，理事長である X 氏によって担われている点である。さらに，梨の買付量や販売時期，販売先の決定といった経営に関する重要な決定についても，基本的に理事長によって行われている。また，合作社の形式をとることによって，流通業者であれば本来支払う必要がある付加価値税や営業税などが免除され，会員への配当金を控除した利益額もすべて理事長によって管理されているという。

したがって，B 梨合作社は農民の自由意思によって設立・運営された組織というよりも，X 氏が行う倉庫業・仲介業を円滑に運営するための組織という「私的」性格の強い「個人企業型」の合作社と位置づけることができる。理事長の高い経営能力は，合作社の収益性の強化にとってプラスの側面がある。その一方で，節税のための手段として合作社が利用されたり，合作社の利益が投資・経営主体である理事長によって実質的に管理されたりしていることは，農民専業合作社法の目指す「民主的な管理を行う互助的な経済組織」との隔たりが大きく，かつ特定個人に対して過度に依存するというリスクも内包してい

る。

3）山西省新絳県のC野菜合作社（地方政府主導型）[27]

①新絳県の野菜生産概況とC野菜合作社の概要

　新絳県は山西省南西部の運城市に所在し，かつては絳州とよばれ，木版年画の伝統や古城旧跡で全国的に有名な県で，農業と観光業が県経済の中心となっている。新絳県の農業は元来，食糧（小麦，トウモロコシ）と綿花の栽培を主としてきたが，伝統的作物の価格低迷を受け，1990年代前半から農業構造調整を促進し，野菜を中心とした収益性の高い農作物への転換を図ってきた。その結果，全国でも有数の野菜生産基地に発展し，「全国無公害野菜生産基地県」，「中国果物・野菜トップ10県」，「国家級食品安全モデル県」にも認定されている。また，新絳県産の野菜は「絳州緑」と呼ばれる山西省認定の商標が付けられ，他の地域の野菜とは区別されている。

　調査対象であるC野菜合作社が所属するX村は，1990年代からハウス野菜（主にトマト）の栽培を開始した新絳県の先進地域で，農家も早い段階からハウス建設を行い，野菜栽培技術を身につけてきた。2011年末のデータでは，村内の約9割の農家が野菜栽培に従事し，農家あたり平均2.7棟の野菜ハウス（1棟あたりの栽培面積は1～2ムー程度）を保有しているという。そして，2005年には村民委員会が中心となって，C野菜合作社の前身である専業協会を設立し，農家に対する技術指導や種苗提供，農産物販売の仲介（仲買人の紹介）を村民に対して行ってきた。

　2011年5月にC野菜合作社が設立された契機は，2009年秋から発生した黄化葉巻病によるトマトの大幅減産にある。専業農家であるS.J.氏（のちにC野菜合作社の理事長に就任）は村民委員会と協力して，種苗産業や野菜栽培の先進地域（北京市，山東省寿光市など）に人員を派遣し，黄化葉巻病に対する耐性

27）C野菜合作社の幹部および会員農家へのヒアリングは，仙田徹志・京都大学学術情報メディアセンター准教授とともに2012年5月に実施した。調査実施にあたっては，山西省扶貧弁公室の郭晋萍研究員，中国社会科学院農村発展研究所の曹斌研究員，新絳県農業経営局の担当者に尽力頂いた。

の強い品種を導入するとともに、種苗を栽培農家に販売する事業もスタートさせた。合作社の設立当初のメンバーは5戸であったが、2012年5月には200戸に達するなど、合作社の会員戸数は急速に増加している。

②C野菜合作社のサービス内容

会員農家に対してC野菜合作社が提供する主なサービスとして、①優良品種の育苗と農家への販売、②生産資材販売の調整、③農家への技術指導の3つが挙げられる。①について、合作社は種苗会社から直接購入したトマトの優良品種を4棟の育苗ハウスで栽培している。合作社が育苗する苗の数は年間250万〜350万株に上り、販売先は村内・県内はもとより、新絳県周辺の10県に及んでいる。ただし販売価格は会員農家向けが1株0.5元であるのに対し、非会員向けは0.7元と格差が存在する。

②の生産資材販売の調整について、農薬・化学肥料のメーカーは年2回程度、X村へ直売に来るが、合作社は事前に会員農家から購入予約を取りまとめる。メーカーから一括購入することで、生産資材の価格は市場価格よりも10〜15％程度割安になるという。そして、③の農家への技術指導については、山東省寿光市など野菜栽培先進地域への会員による技術研修、北京・山東省の種苗会社の技術指導員を招聘した実地研修、県農業委員会の専門家による定期的な技術講習会の開催など、会員農家の栽培技術向上のための機会を数多く提供している。

他方、農産物の販売については、前述の2つの合作社と異なり、C野菜合作社が会員農家から農作物を買い取ったり、合作社独自に農作物を販売したりすることは行っていない。トマト販売では、村民委員会公認の産地仲買人（「経紀人」）が外地から買付に来る仲買人（山西省太原市、大同市、陝西省西安市、上海市などに向けて販売）と契約を結び、生産農家からの集荷・選別作業を担っている。このようなC野菜合作社の機能とトマト集荷体制について、図5-4に整理した。

③公共財としての合作社

C野菜合作社の特徴として指摘できるのは、村民委員会との連携の強さと、サービス提供面での会員・非会員間の格差の小ささである。C野菜合作社の理

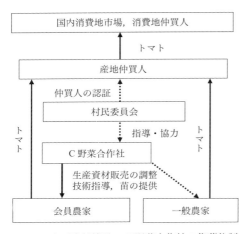

図 5-4 山西省新絳県の C 野菜合作社の集荷体制
出所）現地調査に基づき筆者作成。

事長である S 氏は大規模専業農家であるが、2 人の理事はいずれも村党支部委員を兼任するなど、合作社と村民委員会の関係は極めて密接である。また、C 野菜合作社が設立される以前から、種苗の提供、生産資材購入の調整、技術指導といったサービスは村民委員会が中心となって提供されていたという。それらのサービスをより規格化するために設立されたのが C 野菜合作社で、県からの指導も合作社の設立を後押ししている。

実際、トマトの優良品種の苗は、価格の差こそあれ、会員・非会員の区別なく販売されていて、生産資材購入の調整や技術指導についても、非会員であっても要望があれば参加を認めている。また、合作社への出資総額（180 万元）のうち、理事長の出資比率は 22％であって、前述の B 梨合作社に比べてその比率は大幅に低く、同じく新絳県内で調査した別の 2 つの合作社（第 7 章を参照）の割合（60％と 30％）も下回っている。加えて、C 野菜合作社では会員から会費の徴収や手数料の徴収も行っていない。

このように C 野菜合作社は専業農家の育苗事業を中心としながらも、村民委員会との密な連携を取りながら、村内のトマト生産農家に対して公共財的なサービスを提供する組織と位置づけることができる。

小　括

本章では、中国の農業産業化において重要な役割を担っている農民専業合作

社に注目し，合作社をめぐる政策動向を体系的に整理するとともに，政府の公式統計（工商局，農業部）や人民大学調査，さらに筆者独自の実態調査に基づいて合作社の経済的機能を考察してきた。中国の合作社は，協同組合原則が前提となっているが，特定農作物や特定サービスについて形成された組織であったり，個人会員以外の団体会員の加入や，出資額や取引量の多い会員への付加議決権が法律で認められたりするなど，日本の総合農協よりも欧米の農協に近い存在である。そして2007年の農民専業合作社法の施行以降，工商局に登録された合作社数とその会員数は急増している。

しかしながら，組織運営において内容が乏しかったり，財務管理に問題があったりする合作社も数多く存在するため，中国政府はモデル合作社の認定や財務管理の強化に関する通達を打ち出し，合作社の規範化を推し進めてきた。また，人民大学調査によると，農業生産資材と農産物の共同購入・共同販売面や技術指導面では合作社は高い機能を発揮する一方で，合作社の財務基盤は脆弱で専門職員も不足し，かつ意思決定では理事長や理事会の権限が非常に強いといった問題点も明らかになった。

さらに中国では合作社の設立や実際の運営において，龍頭企業や個人企業，地方政府が重要な役割を果たしている。合作社はそれらの組織との連携を強めることで，会員農家に対して有用なサービスを提供するとともに，合作社の効率的な運営を実現してきた。山東省の2つの合作社の事例が示すように，豊富な経営資源や独自の販売ルートを保有する企業は，合作社を実質的な下請機関としたり，合作社の形式をとったりすることで，生産農家とのインテグレーションを強化するとともに，税制面での優遇を享受することも可能となった。また，山西省新絳県の野菜合作社のケースが示すように，合作社が村民委員会と密な連携を取りながら，会員・非会員農家での大きな区別なく，生産農家に対して公共財的サービスを提供し，産地形成を進める地域も存在する。

合作社の初期段階において，より豊富な経営資源を持つアグリビジネス企業や個人経営者，地方政府が中心となって合作社を形成していくことは，合作社の発展に対して多くのプラスの効果をもたらす。その一方で，合作社の発展過程のなかで，地方政府や企業による合作社経営への介入が維持・強化される場

合には，農民専業合作社法の目指す協同組合原則との隔たりが大きくなると同時に，特定の企業や個人に過度に依存するリスクも抱えることになるといった課題も明確になった。

第6章

農民専業合作社は所得を向上させたのか
――全国農家調査によるミクロ計量分析――

　前章で議論した農業産業化における農民専業合作社の機能を踏まえ，本章と第7章では合作社への加入が農家所得や農業純収入に対してどのような経済効果をもたらしているのかについて，計量分析の手法を用いて実証していく。本章では農業産業化政策が本格化してきた2002年を対象に，農業産業化の先進地域とそれ以外の地域に分類し，全国レベルの農家調査データを利用して，合作社加入による農業純収入への影響を実証する。

　本章の構成としては，第1節で中国の合作社に関する先行研究を整理するとともに，本章の新たな貢献について説明していく。第2節では，合作社への加入効果を推定するための実証枠組みを提示する。続く第3節では，農家データを農業モデル村とそれ以外の村（「非モデル村」）に分類し，農家による合作社加入の内生性を考慮した計量手法を用いながら，合作社会員農家の農業純収入への経済効果を計測する。そして小括では，分析結果をまとめるとともに，合作社の支援に対する政策的含意について述べる。

1　先行研究と研究課題

1）先行研究の整理

　中国の農民専業合作社に関して，中国人研究者を中心に数多くの研究が蓄積され，日本人研究者も日本の農協との比較から調査研究を行ってきた。これらの先行研究は，分析手法と利用する資料の性格によって，大きく3つのタイプ

に分類することができる[1]。すなわち，①制度論の立場から合作社の概況を考察するもの，②特定の合作社の事例を取り上げ，その実際の機能を分析するもの，③合作社や農家に対して実施したアンケート調査に基づき計量的な分析をするもの，である[2]。

2007年の農民専業合作社法の施行以降，第3のタイプの実証研究が大幅に増加し，様々な地域でアンケート調査が実施されている。ただし，それらの多くの研究は会員農家と非会員農家との単純比較，あるいは加入選択に関するプロビット・モデルの推計といった初歩的な分析にとどまる。一方で，農家による合作社への加入選択は必ずしもランダムに行われているのではなく，収益性の高い農業経営に意欲的であったり，生産・販売リスクを恐れない農家ほど合作社に加入しやすいといった傾向もみられる。しかしこの加入決定の内生性をコントロールした実証分析は，伊藤ほか（2010）に限定される。伊藤ほか（2010）では，江蘇省のスイカ合作社の会員農家と合作社周辺に所在する非会員のスイカ農家に対するアンケート調査を行い，合作社加入の内生性をコントロールした利潤関数の推計と統計的マッチング手法によって，農家による合作社への加入効果を厳密に検証している。

他方，合作社は会員農家と農業契約を締結しているケースも多く，合作社と契約農業との関係は深い。そのため，中国の契約農業に関する先行研究についても簡潔に整理していく。先行研究の傾向としては，生産農家のミクロデータを利用した実証研究が中心で，それは大きく2つのタイプに分けることができる。第1のタイプとして，生産農家による契約農業への参加要因を統計的手法

---

1) 中国の農民専業合作社に関する先行研究の詳細については，寳劔・佐藤（2009）を参照されたい。
2) 第1のタイプの代表的な研究として，潘・杜（1998），農村経済組織建設研究課題組（2004），姜長雲（2005），潘（2005），苑（2005），徐（2005），World Bank（2006），郭ほか（2007），第2のタイプでは青柳（2002），王（2005），坂下（2005），鄭・程（2005），河原（2007），秦（2007），山田（2013）が挙げられる。第3のタイプは，農民専業合作社の運営を分析した研究（黄ほか2002，張ほか2002，Shen et al. 2006, 韓主編2007，黄ほか2008，呂・廬2008，Deng et al. 2010，黄ほか2011）と，会員・非会員農家を対象とした調査研究（郭2005a，祝2007，祝・王2007，崔・李2008，伊藤ほか2010）に分類される。

（二項モデルなど）によって実証した研究が挙げられる（郭 2005b, 祝・王 2007, Wang et al. 2011）。そして第2のタイプは，契約農業への参加による農家の経済的厚生（農業純収入，農家所得）への影響を定量的に計測する研究で，胡ほか（2006），蔡（2011），施ほか（2012）などが主要な研究である。

ただし，これらの研究には共通する問題点が存在する。すなわち，契約農家とそれ以外の農家との間では，農家の要素賦存状況や農業生産への意欲，農業技術の高さといった面で質的な相違が想定されるにもかかわらず，契約農業参加の内生性がコントロールされておらず，契約農業への加入効果を過大・過小に評価している可能性が高いことである。そのため近年の研究では，契約農業参加の内生性を配慮した分析も進んでいる。その代表的な研究である Miyata et al. (2009) は，山東省で実施した契約栽培農家とそれ以外の野菜栽培農家に対するアンケート調査に基づき，Heckman モデルを利用して，契約農業への参加効果を定量的に考察する。分析の結果，内生性をコントロールした推計でも，契約農業への参加は会員農家の農家収入に対して有意な正の効果をもたらしていることを実証した[3]。

2）本分析の新たな貢献

本章，および第7章で試みる農民専業合作社加入効果の計測は，伊藤ほか（2010）と Miyata et al. (2009) との分析手法を踏襲したものである。ただし，本章の研究には合作社に関する先行研究と比較して，以下の2つの点で新たな貢献が存在する。第1に，2003年に中国社会科学院経済研究所が中心となって実施した全国規模の農村住戸調査（China Household Income Project，以下，「CHIP 調査」）を利用している点である。中国の合作社について，個別地域の事例研究が積み重ねられる一方で，地域を横断した実証研究は非常に限られて

---

[3] 契約農業に関する参加要因と加入効果の計測以外の研究として，Guo and Jolly (2008) が契約農業の遵守率に注目した興味深い研究を行っている。この研究では，アグリビジネス企業と契約農家の調査データを利用し，契約遵守率がどのような要因によって影響されるのかを統計的に実証する。分析の結果，最低保証価格の提示，契約先農家への投資の要請，契約を遵守した農家へのボーナスの提供といった要因が農家による契約遵守率を有意に高めることを示した。

いる。

　地域を限定し，調査対象の合作社や農業生産者を限定した実証研究は内的整合性（internal validity）を重視しすぎるため，全体的な政策効果が疎かとなったり，特定地域の経験をほかの地域に適用するという外的整合性（external validity）の面で大きな制約が生じるといった問題が存在する（Ravallion 2008, 黒崎 2009：第4章）。したがって，合作社の地域的多様性の重要性を認識しつつも，個別研究の中国全体での位置づけを明確にするために，本章では全国レベルのデータを利用して，制度上また政策的に合作社と括られる組織を俯瞰する実証研究を行っていく。

　第2の貢献として，会員農家による加入効果を「農業モデル村」とそれ以外の行政村に分けて計測する点である。第5章で議論したように，合作社の設立・運営において，行政村の幹部が積極的な役割を果たすケースは中国各地で観察されている。したがって，会員農家の加入効果を考察するうえで，合作社と行政村との関係に着目することは非常に重要である。本章で利用するCHIP調査データには，行政村が中央・地方政府によって認定された「農業モデル村」（「農業示範村」）であるか否かという指標が含まれる。中国共産党は1994年から，優良品種の普及と農作物の増産による産地の形成，農業バリューチェーンの強化，農産物の生産・加工・保存面での技術開発の促進と技術普及体系の整備などを目的に，農業モデル地区を設置することを決定した。そして地方政府レベルでは，中央政府の決定に依拠しながら農業モデル県・村の選定を行ってきた[4]。

　そのため，農業モデル村と認定された行政村とそれ以外の村では，農業の発展水準や農業に対する政府の支援，農業産業化に向けた取り組みといった面で，大きな格差が存在することが予想される。そこで本章では，行政村を「農業モ

---

4) 1992年に提唱された国務院「高生産・優良品質・高効率の農業発展に関する決定」，および1993年に承認された中共中央・国務院「当面の農業・農村経済発展に関する若干の政策措置」に基づいて，1994年から農業モデル地区の選定が進められている。農業モデル地区は原則，各省から1つのモデル地区が選定され，モデル地区の範囲は県，あるいは複数の県に跨る地区である。各々の農業モデル地区に対して，中央政府から毎年約2500万元の財政資金が5年間にわたって投じられることが定められた。

デル村」と「非モデル村」という2つのグループに分類し，計量分析を進める。さらに，農業モデル村の合作社は，生産農家に対する技術普及や資材購入・販売サービス，そして産地形成といった面でも，行政村と積極的な連携を図りながら，より重要な役割を果たしていること，さらに他地域のモデルとなるよう，合作社による会員農家向けサービスの面でも規範化が進展していることが期待される。したがって，本章では農家による合作社への加入効果について，「農業モデル村」の方がそれ以外の行政村（「非モデル村」）よりも農家に対する経済効果が大きいという仮説を提示し，実証分析を進めていく。

2 分析フレームワーク[5]

本節では，農民専業合作社加入による農家レベルの「農業純収入」（農業総収入から生産費を差し引いた金額）への効果を考察するために，成果（Y）の関数を以下のように設定する。

$$Y_i = \beta' X_i + \gamma D_i + \varepsilon_i = \begin{cases} Y_{i0} = \beta' X_i + \varepsilon_{i0} & \text{if} \quad D_i = 0 \\ Y_{i1} = \beta' X_i + \gamma + \varepsilon_i & \text{if} \quad D_i = 1 \end{cases} \quad (6.1)$$

Xは成果の説明変数のベクトル，βは説明変数のパラメータのベクトル，Dは合作社への加入ダミー，γは合作社ダミーのパラメータ，εは誤差項である。なお，本章のYについては，2002年の農業純収入を利用する。またこの定式化では，合作社への会員農家と非会員農家で，説明変数のパラメータは同一であることを想定する。

ここで注意すべきは，前述のように農家が主体的に加入選択を行っている点と，その一方で合作社が加入者を選択しているという点である。後者について，合作社では入会希望の農家に対して一定の条件（経営面積，特定品目の栽培，品

---

5) 分析フレームワークの定式化にあたって，Bratberg et al. (2002), Warning and Key (2002), Winkelmann and Boes (2009: pp. 244-248), 伊藤ほか (2010), Rao and Qaim (2011) を参照した。

質の基準など）を課すことも報告されている（伊藤ほか 2010, 郭・張編 2010)。

ただし，第5章（第2節）の人民大学による合作社調査（孔ほか 2012）で示されたように，農産物の生産規模や栽培技術の水準を加入条件とする合作社の割合は，それぞれ全体の1割程度にとどまっている。また，筆者の実地調査や伊藤ほか（2010）によると，合作社の提示する基準を必ずしも満たしていない農家であっても，合作社への加入を認めるケースが報告されるなど，加入条件の厳密さよりも，農家の農業生産への積極性が加入の際に重視される傾向もみられる。そのため，本章では合作社が提示する加入条件については所与とする一方で，農家による合作社加入に関する自己選択に焦点をあて，合作社加入の内生性をコントロール可能な操作変数を利用して推計作業を行っていく。

その内生バイアスを補正する方法として，D の選択に関する以下のような潜在モデル（latent model）を想定する。

$$D_i^* = \beta_Z' Z_i + u_i \quad D_i = 1 \ \ if \ D_i^* > 0, \quad D_i = 0 \ \ otherwise \tag{6.2}$$

ここで Z は合作社の加入の説明変数のベクトルで，β_Z はそのパラメータのベクトル，u_i は誤差項で，この誤差項は ε_i と二項正規分布（bivariate normal distribution）にしたがうと想定する。その際，2つの変数の分散行列は以下のように定式化できる。

$$\begin{pmatrix} \varepsilon_i \\ u_i \end{pmatrix} = N\left(\begin{pmatrix} 0 \\ 0 \end{pmatrix}, \begin{pmatrix} \sigma^2 & \rho\sigma \\ \rho\sigma & 1 \end{pmatrix} \right) \tag{6.3}$$

このセレクションモデルと誤差項の分散に関する仮定を利用することによって，γ のバイアスが修正可能となる。なお，本モデルを識別するための条件として，Z の変数のなかに X に含まれる変数以外の変数が少なくとも1つ以上存在することが必要となる（Bratberg et al. 2002 : p. 157)。

合作社加入に関する操作変数（IV）として，本章では「幹部ダミー」（2002年以前に世帯主が幹部〔村幹部，郷鎮幹部，関連部門の幹部〕への就任経験があれば1，就任経験がなければ0をとるダミー変数)，「行政村の合作社設立ダミー（1998年)」（1998年時点で行政村内に合作社の会員がいれば1，いなければ0をとる

ダミー変数),「村幹部選挙への認識」(村幹部の直接選挙に対する世帯主の認識を5段階で評価した変数)[6]の3つを利用する。合作社の普及は中国共産党が政策的に推し進めていることから,農村幹部は合作社加入に積極的であると予想される[7]。反面,農村幹部を経験していることは世帯主の人的資本の高さや外部ネットワークの多さを示す指標とも考えられるが,寶劍(2000)では政治的地位の高低は農業生産性には直接的な影響を与えておらず,むしろ非農業就業機会の面でのメリットが大きいことが示されている。したがって,農業純収入に対して直接的な効果は低いと想定できる。

他方,「行政村の合作社設立ダミー(1998年)」は,1998年時点で行政村内に合作社の会員が1戸以上存在するか否かを示す変数である。合作社の加入要因を分析した張ほか(2012)と伊藤ほか(2010)で示されているように,合作社への理解度や近隣農家の合作社への加入状況が農家の加入選択において重要な要因となっている。ただし,合作社への理解度については内生性の問題も存在することから,本章では1998年時点での会員農家の有無というデータを利用する。村内に合作社会員が存在することは,他の農家に対してアナウンスメント効果を持ち,農家による合作社への加入決定に対して影響を与えるものと想定される[8]。また,合作社設立ダミーは農業産業化政策が本格的に提唱された1998年末を基準としているため,1998年時点の合作社設立ダミーは政策による直接的な影響は弱く,かつ2002年の農家レベルの農業純収入への効果も小さいと想定されることから,操作変数として適切と考えられる。

そして「村幹部選挙への認識」について,選挙への意識が高い農家ほど,村政に対する利害関心が強いことを意味し,そのような農家は行政村全体の利益

---

6) 調査票の設問は,「村幹部の選挙はあなた自身にとってどれほど重要か」である。回答の選択肢は5つ(重要ではない,あまり重要ではない,普通,比較的重要,非常に重要)で,それぞれ1から5のスコアを与えた。
7) 筆者らが2007年8月に内モンゴル自治区寧城県で実施した農村調査では,農業産業化推進のため,村幹部や党員が率先して野菜のハウス栽培を行っているケースがみられた(田原 2039:243-245頁)。
8) 北部モザンビークの農家に関する新品種(ひまわり)の導入を分析したBandiera and Rasul(2006)は,農家の導入選択において家族や友人という社会的ネットワークが有意な効果をもたらしていることを実証している。

向上といった公共性に対する意識も高く，合作社の活動にもより積極的に参加することが期待される[9]。その一方で，村幹部選挙への意識の違い自体が個別農家の農業純収入に直接的な効果をもたらすことは想定しにくいことから，操作変数として採用した。

ところで，合作社加入の内生性を取り込んだセレクションモデルの推計手法として，操作変数法を利用した完全情報最尤推定（full information maximum likelihood：FIML）による推計手法と，Heckmanの二段階推計（two-step estimation）の2つが存在する。処理効果の異質性（heterogeneity）が存在する場合，本章の文脈では合作社参加と評価関数の誤差項の間に相関が存在する際には，FIMLがより効率的であることが知られている（Bolwig et al. 2009：pp. 1097–1098）。農業純収入に関する推計では完全誘導型を想定し，世帯の属性に関する労働力数，農業資本額，農地面積，世帯属性といった変数を説明変数として設定した[10]。具体的な推計モデルは，以下の通りである。

$$\ln Y_i = \alpha_i + \sum_{j=1}^{3} \beta_j \ln X_{ij} + c'H_i + \varepsilon_i \tag{6.4}$$

Y：農業純収入（農業〔耕種業，畜産業，林業〕総収入から生産コスト〔肥料・農薬・種子などの投入財，雇用労働の労賃，借入農地の地代など〕を差し引いた金額。自家消費分も含む）

X_1：労働力数（15歳以上70歳未満で，2002年12月に就業〔自営業と家事労働も含む〕している，あるいは失業状態にある世帯員の人数）

X_2：経営農地面積（果樹園，林地，水産養殖面積を含む）[11]

---

9) この想定は，Luo et al.（2007, 2010），Martinez-Bravo et al.（2012），Shen and Yao（2008），Wang and Yao（2007）など村幹部選挙の導入が行政村レベルの公共事業を促進したという近年の研究に依拠している。

10) 寳劔・佐藤（2016）では，農業純収入に関するトランスログ型利潤関数を想定した推計を行った。寳劔・佐藤（2016）の推計結果は，合作社効果の係数値やその有意水準について本章の推計結果と若干の相違はあるものの，基本的に一致している。

11) CHIP調査データ（2002年）の農地面積には「2002年に保有する請負耕地総面積（「2002年擁有承包耕地総面積」）」という指標も存在する。しかし本指標には，農家が村民委員会（あるいは村民小組）から請け負った耕地面積以外に，賃借による面積も含まれているため，厳密な意味での「請負耕地面積」ではない。また，この指標には

X_3：農業資本額（役畜，農具，農業機械などの現在価値）[12]
H：世帯属性ベクトル（世帯主の年齢，世帯主の教育水準，農業技術への意欲）

　計量分析に際して，農業純収入構成の相違をコントロールする変数として，耕種業純収入比率（農業純収入に占める耕種業純収入の割合），地理的要因をコントロールするための変数として地形ダミー，大中都市近郊ダミー，省ダミー（推計結果は省略），世帯属性として世帯主の年齢と教育水準，農業技術への意欲といった変数も説明変数に加えて推計を行う。

3　農民専業合作社加入効果の推計

1) 農家の加入状況と農業モデル村の特徴

　CHIP 調査の農村住戸調査データとは，国家統計局による農村住戸調査の調査県，調査行政村，調査農家を母集団とし，そこから再抽出された調査データのことで，これまで 5 回（1988 年，1995 年，2002 年，2007 年，2013 年）にわたって実施されている。CHIP 調査では再抽出された県（市）に所属するすべての調査行政村と調査対象農家をカバーしており，本章で利用する 2002 年調査の対象地域は 22 省（直轄市，自治区），調査行政村数は 961 カ村，調査農家数は 9,200 世帯（3 万 7947 人）である。

　2002 年調査は行政村調査と農家調査の 2 つから構成され，行政村調査については当該年度の数値に加えて，1998 年の状況も詳細に調査されている。CHIP 調査は国家統計局の農村住戸調査（4 年ごとに調査世帯が入れ替えられる記

　　果樹園や林地の請負面積や経営面積も含まれない。そのため，本章では農家が実際に経営している農地面積（経営農地面積）を利用せざるを得ず，本指標の外生性には若干の問題が存在する点について，留意されたい。
12) 推計に利用した農家データでは，農業資本の金額がゼロである世帯が全体の 15.2％ に達している。そのため，農業資本額がゼロの世帯については，行政村別の平均農業資本額を代入する方式を採用した。なお，農業資本額がゼロの世帯を除外した推計（OLS 推計の標本規模は合計で 5,928 世帯〔うち農業モデル村は 987 世帯，非モデル村は 4,941 世帯〕）も行ったが，本章の推計とほぼ整合的な結果であった。

帳調査）がベースとなっているため，ほかの調査データ（一時点の家計調査が主）と比べて調査精度が高く，標本規模も圧倒的に大きいという特徴を持つ[13]。

まず，CHIP 調査の農村世帯データを利用して，農民専業合作社への加入率を計算したところ，加入率は 6.36％ であった。中国全体の合作社加入率については，様々な部門から異なるデータが公表されているため，単純な比較は難しいが，比較的信頼性の高い資料として 2004 年に全人代に報告された数値がある（全国人民代表大会農業与農村委員会課題組『農民合作経済組織立法専題研究報告』2004 年 3 月，徐 2005 に掲載）。全人代資料では相対的に規範化が進んでいる合作社を対象に数値をまとめているが，それによると 2003 年時点の全国の加入率は 5.27％ であり，CHIP 調査の結果と整合的と考えられる。

また CHIP 調査による加入率は，省（直轄市，自治区）によるばらつきが大きい。農業産業化の進展が著しい山東省では加入率が 11.55％ と最も高く，四川省の 10.19％，湖北省の 10.15％ がそれに続いている。逆に加入率が低い地域としては，広西チワン族自治区の 0.88％，貴州省の 2.37％，江西省の 2.83％ が挙げられる[14]。

ところで，合作社の会員の有無によって農業純収入がどのように異なるかを明確にするため，表 6-1 では食糧作物，商品作物（綿花，油糧，野菜，果物などの耕種作物），畜産物について純収入を比較した。まず食糧作物について見てみると，会員農家の純収入は 2,202 元であるのに対し，非会員農家のそれも 2,079 元で，両者の間には有意な格差が存在しない。それに対して商品作物の純収入でみると，会員農家は 2,838 元であるのに対し，非会員農家では 1,604 元と倍近い格差が存在し，平均差の t 検定の結果も 1％ 有意であった。畜産物の純収入についても，会員農家では 1,593 元であるのに対し，非会員農家は

---

13) CHIP 調査の対象地域やサンプリング・フレームの詳細については，Gustafsson et al. eds. (2008)，寶劍（2004）を参照のこと。なお CHIP 調査の最新データ（2007 年と 2013 年）を用いた分析は今後の課題であるが，調査設計の違いにより，本章の分析をそのまま延長することはできない。

14) CHIP 調査によると，新疆ウイグル自治区の農民専業合作社への加入率は 25.06％ と突出して高い水準にあった。ただし，新疆ウイグル自治区では「生産建設兵団」による大規模な経営が行われるなど，農業経営のあり方がほかの地域と大きく異なるため，本章では新疆ウイグル自治区の世帯を除いて推計作業を行った。

表 6-1 合作社の会員・非会員農家別の農業純収入（2002 年）
(元)

	合計	会員農家	非会員農家	平均差の t 検定
食糧作物	2,087	2,202	2,079	有意差なし
商品作物	1,681	2,838	1,604	1％有意
畜産物	1,196	1,593	1,170	1％有意

出所）CHIP 調査データより筆者作成。
注）純収入とは総収入から生産費を差し引いた金額のことである。

1,170 元であり，両者の格差は非常に大きいことがわかる。したがって，合作社への加入効果は，食糧作物以外の農産物において高い効果を発揮していることが窺える。

次に，行政村データを利用して，農業モデル村と非モデル村の基本状況を表 6-2 に整理した。農業モデル村では，1 人あたり平均所得（1998 年，2002 年）の水準は非モデル村のそれと比べて有意に高く，合作社ダミー（合作社の会員農家が村内に居住する割合）も有意に高く，かつ行政村の提供する農業関連サービス（統一灌漑，機械耕作，病虫害の統一防除，播種計画）も充実していることがわかる。また，農業モデル村は相対的に都市近郊に位置し，平地である割合や野菜作付の比率も有意に高いことが示されている。それに対して，年末総人口，耕地面積，「機動田」（農地の再配分や調整用に村民委員会が保有する農地）や土地調整の有無，国定貧困県や少数民族区の有無といった，行政村の基本的な特徴や土地政策の実施状況の面では有意な格差は観察されていない。さらに，郷鎮企業の就業者比率や出稼ぎ労働者比率といった就業状況についても有意な格差は存在せず，投資誘致プロジェクトや県以上の幹部経験者の有無といった面でも違いはみられなかった。

これらの結果は，農業モデル村において地理的優位性を利用した商品作物の栽培が進展し，行政村による農業関連のサービスも充実する一方で，人口規模や耕地面積，土地政策や地方政府との政治的コネクションといった点では，農業モデル村と非モデル村で大きな格差が存在しないことを示唆している。

表 6-2 行政村のタ

変数名	定義
1人あたり平均所得（1998年，元）	1998年の1人あたり平均純収入
1人あたり平均所得（2002年，元）	2002年の1人あたり平均純収入
合作社ダミー	1998年時点で農民専業合作社へ加入している農家が村内に1戸以上いる＝1，いない＝0
郷鎮企業就業者比率（％）	総労働力人口のうち，村内の郷鎮に就業している労働力の割合
野菜作付比率（％）	総作付面積に占める野菜作付面積の割合
出稼ぎ労働者比率（％）	総労働力人口のうち，郷鎮外で1カ月以上就業している労働力の割合
耕地面積（ムー）	行政村の総耕地面積
年末総人口（人）	行政村の年末総人口数
地形ダミー（平地） 　　　　　（丘陵地） 　　　　　（山地）	行政村の地形が平地である＝1，その他＝0 行政村の地形が丘陵地である＝1，その他＝0 行政村の地形が山地である＝1，その他＝0
大中都市近郊ダミー	行政村が大中都市近郊に位置する＝1，位置しない＝0
少数民族区ダミー	行政村が少数民族区に分類される＝1，されない＝0
投資誘致プロジェクトダミー	投資誘致プロジェクトを実施している＝1，していない＝0
国定貧困県ダミー	国定貧困県に位置する＝1，位置しない＝0
県以上の幹部経験者ダミー	本村出身で，県以上の幹部になった者がいる＝1，いない＝0
機動田ダミー	行政村内に機動田がある＝1，ない＝0
土地調整回数（＝0） 　　　　　　（＝1） 　　　　　　（＝2）	1998年以降，農地の調整を行っていない 1998年以降，農地の調整を1回行った 1998年以降，農地の調整を2回以上行った
統一灌漑ダミー	行政村が灌漑サービスを統一的に提供している＝1，していない＝0
機械耕作ダミー	行政村が機械耕作サービスを提供している＝1，していない＝0
病虫害の統一防除ダミー	行政村が病虫害の防除サービスを統一的に提供している＝1，していない＝0
生産資材統一購入ダミー	行政村が生産資材購入を統一的に行っている＝1，行っていない＝0
播種計画ダミー	行政村が播種計画を実施している＝1，していない＝0

出所）CHIP調査データより筆者作成。
注1）特記のない場合，データはすべて1998年に関するものである。
　2）***は1％水準，**は5％水準，*は10％水準で有意であることを示す。

第6章　農民専業合作社は所得を向上させたのか

イプ別基本状況

全行政村（819カ村）		農業モデル村（136カ村）		非モデル村（683カ村）		平均差の t 検定
平均	標準偏差	平均	標準偏差	平均	標準偏差	
2,074	1,143	2,303	1,129	2,025	1,140	2.602**
2,464	1,481	2,727	1,441	2,406	1,482	2.313***
0.213	0.410	0.375	0.486	0.182	0.386	5.099***
0.087	0.389	0.088	0.222	0.087	0.415	0.041
0.089	0.131	0.138	0.203	0.079	0.109	4.818***
0.180	0.151	0.167	0.141	0.182	0.154	−1.045
2,446	2,507	2,600	2,136	2,414	2,576	0.783
1,818	1,121	1,871	952	1,808	1,153	0.593
0.440		0.507		0.424		
0.322		0.287		0.330		
0.238		0.206		0.245		
0.069		0.118		0.060		2.417**
0.101		0.088		0.104		−0.554
0.122		0.120		0.122		−0.062
0.235		0.199		0.243		−1.117
0.524		0.507		0.529		0.454
0.208		0.250		0.199		1.327
0.594		0.647		0.583		
0.289		0.250		0.297		
0.117		0.103		0.120		
0.337		0.397		0.323		1.681*
0.107		0.176		0.094		2.857***
0.162		0.228		0.149		2.274**
0.070		0.081		0.067		0.561
0.231		0.353		0.208		3.685***

2) 農業純収入関数の推計結果

　農業純収入関数に利用する農家データの基本統計量について，表6-3で整理した。データの欠損や異常値を削除した結果，OLS推計では6,995世帯のデータ，FIML推計では6,775世帯のデータを利用している。農業モデル村と非モデル村の農民専業合作社への加入率は，それぞれ10.23％と5.56％で大きな格差が存在する。そして，農業モデル村と非モデル村ともに，会員農家の農業純収入と農業技術への意欲は非会員農家のそれらに比べて有意に高く，村内に合作社の会員農家が存在する割合も，非会員農家と比較して有意に高い。また，幹部経験のある世帯主の割合も，非会員農家と比べて会員農家の方が有意に高いことがわかる。

　一方，幾つかの変数に関して，農業モデル村と非モデル村では会員農家・非会員農家の特徴が異なる。農業モデル村について，都市近郊ダミーと村幹部選挙への認識は会員農家の方が有意に高いことから，都市近郊に所在すること，あるいは村民自治への関心が高い農家ほど，合作社の会員となっている傾向が観察できる。それに対して，非モデル村では非会員農家と比較して，会員農家の世帯主の年齢が有意に低い一方，教育年数は有意に高いことから，会員農家の世帯主は相対的に若く，教育年数も長いことがわかる。ただし，モデル村の如何にかかわらず，会員農家と非会員農家との間で，労働力数や農地面積，農業資本額といった変数について有意な格差は確認されていない。

　これらの変数を利用して，OLSとFIMLの2つの手法による農業純収入関数の推計を行う[15]。その際，サンプル全体の推計に加え，農業モデル村と非モ

---

[15] OLSとFIMLによる推計に加え，誤差項の不均一分散の可能性も考慮して，誤差と操作変数との直行条件を想定する一般積率法（Generalized Method of Moments：GMM）による推計も行った。なお，サンプル全体と農業モデル村のGMMでは，3つの操作変数を利用したHansen J 検定が5％水準で棄却された。そのため，サンプル全体については「行政村の合作社ダミー」のみ，農業モデル村では「行政村の合作社ダミー」と「幹部ダミー」を利用してGMM推計を行った。GMM推計による合作社加入効果の推計結果は，サンプル全体と農業モデル村では有意な正（係数値自体は農業モデル村の方が大きい），非モデル村では係数は負となったが有意ではなかった。ただし農業純収入についてGMM推計では，弱識別性の問題が存在するため，本章ではその推計結果を採用しなかった。

デル村にサンプルを分類した形で推計を行い，その結果を表6-4に整理した。推計全体として，サンプル全体とそのサブサンプル（農業モデル村と非モデル村）ともに，すべての説明変数の係数値と有意性に関して，分析手法による格差は非常に小さい。とりわけ，労働力数，農業資本額，農地面積の係数はいずれも有意な正の係数で，農業純収入に対して正の効果をもたらしていることがわかる。また，世帯主の農業技術への意欲の高さも農業純収入に対して有意な正の効果を持ち，推計のベースラインである平地に属する農家の方が丘陵地や山地に属する農家よりも農業純収入が有意に高いことが，すべての推計結果に共通している。これらの結果は，農業技術への意欲は農業純収入に対して直接的な正の効果をもたらしていること，地理的条件に恵まれた平地に属する農家の方が農業純収入は有意に高いことを示唆している。

それに対して，世帯主の年齢と教育年数，都市近郊ダミーについては，農業モデル村とほかのサンプルでは推計結果が異なっている。すなわち，サンプル全体と非モデル村では年齢，教育年数，都市近郊ダミーは有意ではなかったのに対し，農業モデル村ではいずれの指標ともに有意な負の係数であった。このことは農業モデル村では，年齢の若さと教育水準の低さが農業純収入にプラスの効果をもたらしていること，そして都市近郊に位置することは農業純収入に対してマイナスの効果があることを示している。

次に，合作社への加入効果を示す合作社ダミーをみると，サンプル全体ではいずれの分析手法でも有意な正の値を示し，ρ（合作社加入選択モデルの誤差項と農業生産関数の誤差項との相関係数）の尤度比検定はOLSの推計結果を支持している。OLSによる合作社ダミーの係数は0.230であることから，加入農家の農業純収入は未加入農家のそれと比較して25.9％高いことがわかる。

さらに，サンプルを農業モデル村と非モデル村に分類した推計結果をみると，農業モデル村に所属する農家では2つの手法ともに合作社ダミーが有意な係数を示した。そしてFIMLのρに関する尤度比検定が有意に棄却されたことから，FIMLの推計結果を支持している。農業モデル村のFIMLの合作社ダミーの係数は0.766と相対的に高く，加入効果による農業純収入への増収効果も115.1％となった。OLSの合作社ダミー係数と比べてFIMLの合作社ダミーの係

表 6-3 農家データに関す

変　数	定　義	合計	
		平均	標準偏差
農業純収入（元）	農業（耕種業，畜産業，林業）の総収入（自家消費分も含む）から経費（種子，化学肥料・農薬，労働雇用費用など）を差し引いた金額	5,176	4,229
耕種業純収入比率	農業純収入に占める耕種業純収入の割合	0.779	1.256
労働力数（人）	15歳以上70歳未満で，2002年12月に就業（自営業，家事労働も含む）している，あるいは失業状態にある世帯員の人数	2.82	1.05
農業資本額（元）	農家が保有する役畜，農具，農業機械などの現在価値。農業資本額の数値が0であった場合には，行政村別の農家平均農業資本額（農家調査から推計）を代入して計上	2,285	2,779
農地面積（ムー）	農家の経営農地面積（果樹園，林地，水産養殖面積を含む）	8.821	9.037
年齢（年）	世帯主の年齢	46.07	10.09
農業技術への意欲	新たな農業技術習得への積極性（積極的でない＝1，あまり積極的でない＝2，普通＝3，比較的積極的＝4，非常に積極的＝5）	3.87	0.95
教育年数（年）	世帯主の就学年数の合計	7.299	2.440
大中都市近郊ダミー	行政村が大中都市近郊に位置する＝1，位置しない＝0	0.050	
幹部ダミー	2002年以前に世帯主が幹部（村幹部，郷鎮幹部，関連部門の幹部）に就任した経験がある＝1，就任した経験はない＝0	0.230	
村幹部選挙への認識	村幹部の直接選挙に対する世帯主の認識（重要でない＝1，比較的重要でない＝2，普通＝3，比較的重要＝4，非常に重要＝5）	4.170	1.109
行政村の合作社ダミー	1998年時点で行政村内に農民専業合作社の会員がいる＝1，いない＝0	0.214	
地形ダミー（平地）　　　　（丘陵地）　　　　（山地）	行政村の地形が平地である＝1，その他＝0 行政村の地形が丘陵地である＝1，その他＝0 行政村の地形が山地である＝1，その他＝0	0.431 0.328 0.241	
合作社への加入率（％）	2002年時点で農民専業合作社の活動に参加している＝1，参加していない＝0	6.37	

出所）CHIP調査データより筆者作成。
注）***は1％水準，**は5％水準，*は10％水準で有意であることを示す。

る変数の定義と基本統計量

農業モデル村					非モデル村				
会員農家		非会員農家		平均差のt検定	会員農家		非会員農家		平均差のt検定
平均	標準偏差	平均	標準偏差		平均	標準偏差	平均	標準偏差	
7,214	5,565	5,424	4,390	4.160***	6,401	5,220	5,009	4,069	5.863***
0.772	0.285	0.891	2.599	-0.507	0.760	0.444	0.758	0.819	0.046
2.76	0.92	2.71	0.96	0.575	2.85	1.05	2.83	1.07	0.268
2,633	3,642	2,259	2,665	1.417	2,475	2,675	2,271	2,785	1.277
9.406	10.610	8.676	7.880	0.936	9.133	9.414	8.819	9.190	0.596
46.09	9.30	46.01	10.17	0.079	44.94	9.41	46.14	10.13	-2.083**
4.17	0.85	3.86	0.96	3.461***	4.14	0.93	3.85	0.95	5.273***
7.374	2.616	7.348	2.470	0.112	7.767	2.335	7.260	2.434	3.643***
0.220		0.075		5.366***	0.047		0.042		0.410
0.309		0.241		1.655*	0.317		0.221		4.014***
4.467	0.989	4.026	1.196	3.919***	4.283	1.159	4.184	1.087	1.556
0.732		0.304		9.799***	0.248		0.182		2.970***
0.447		0.519			0.444		0.412		
0.374		0.266			0.311		0.340		
0.179		0.215			0.245		0.248		
10.23					5.56				

表 6-4 農業純収入

	サンプル全体			
	OLS		FIML	
	係数	z値	係数	z値
耕種業純収入比率	-0.152	-4.992***	-0.151	-5.046***
労働力数	0.090	8.788***	0.090	8.646***
農業資本額	5.61E-05	13.047***	5.75E-05	13.158***
農地面積	0.031	15.041***	0.031	14.855***
年齢	-0.002	-1.560	-0.002	-1.667*
農業技術への意欲	0.080	7.176***	0.084	7.325***
教育年数	-0.006	-1.275	-0.006	-1.323
丘陵地ダミー	-0.143	-5.292***	-0.139	-5.025***
山地ダミー	-0.374	-10.634***	-0.360	-10.167***
都市近郊ダミー	-0.071	-1.248	-0.078	-1.354
合作社ダミー	0.230	4.967***	0.316	3.789***
定数項	-1.147	-4.071***	-1.176	-4.158***
合作社ダミー				
幹部ダミー			0.229	4.290***
行政村の合作社ダミー（1998年）			0.449	8.613***
村幹部選挙への認識			0.061	2.395**
ath $(\rho) = 0.5 \times \ln\{(1+\rho)/(1-\rho)\}$			-0.050	-1.293
標本規模	6,995		6,775	
Adjusted R^2	0.274			
尤度比検定 $(H_0: \rho=0)$			1.67	

出所）CHIP 調査データより筆者推計。
注1) ***は1％水準，**は5％水準，*は10％水準で有意であることを示す。
　2) 標準誤差はWhite-Huber法によって修正した。
　3) 省ダミーは省略した。

値が高いことは，農業モデル村に関して ρ が負であること，すなわち OLS 推計では合作社の加入効果が過小に評価されていることを示唆している。ρ が負であるという結果は，中国の合作社を取り扱った伊藤ほか（2010）や，アフリカの契約農業を分析した Bolwig et al.（2009）と同様である。

　ρ が負である理由として，農業経営能力の高い農家ほど合作社加入に消極的であって，そのような世帯属性が観察不可能であるため，式（6.4）の変数に含まれていないことが考えられる（伊藤ほか 2010: 59頁，Winkelman and Boes

関数の推計結果

農業モデル村				非モデル村			
OLS		FIML		OLS		FIML	
係数	z 値	係数	z 値	係数	z 値	係数	z 値
-0.103	-11.692***	-0.103	-12.190***	-0.249	-3.025***	-0.242	-3.003***
0.051	1.996**	0.047	1.890*	0.101	9.050***	0.100	8.884***
2.47E-05	2.836***	2.65E-05	3.118***	6.11E-05	12.546***	6.20E-05	12.525***
0.042	10.925***	0.042	10.891***	0.029	12.929***	0.029	12.640***
-0.005	-1.879**	-0.005	-1.944*	-0.002	-1.132	-0.002	-1.182
0.099	3.591***	0.102	3.621***	0.076	6.309***	0.082	6.561***
-0.021	-1.957*	-0.022	-2.004**	-0.004	-0.828	-0.004	-0.755
-0.394	-6.441***	-0.381	-6.248***	-0.096	-3.138***	-0.089	-2.882***
-0.498	-7.083***	-0.488	-6.969***	-0.350	-8.633***	-0.333	-8.072***
-0.453	-4.177***	-0.501	-4.340***	0.029	0.426	0.026	0.391
0.238	2.892***	0.766	6.376***	0.230	4.097***	-0.510	-1.172
-0.563	-2.681***	-0.363	-1.604	-1.295	-4.433***	-1.293	-4.421***
		0.188	1.650*			0.225	3.381***
		1.013	9.368***			0.199	3.153***
		0.157	2.532**			0.036	1.290
		-0.422	-5.860***			0.430	1.512
1,202		1,158		5,793		5,617	
0.363				0.278			
		34.34***				2.29	

2010: p. 247)。また，合作社加入の操作変数では，3つの変数（幹部ダミー，村幹部選挙への認識，行政村ダミー）ともに有意な正の値を示している。このことは，幹部経験者で，より政治参加への意識が高く，かつ合作社の農業産業化の本格化以前から会員農家が存在する行政村の農家ほど，合作社により積極的に加入することを示唆する。

それに対して，非モデル村のケースでは，FIMLの合作社ダミーの係数は有意ではないが，ρに関する尤度比検定が10％水準で棄却されないことから，

OLS の結果を支持している。OLS では合作社ダミーは有意な正の係数であるが，その係数値は 0.230 と相対的に低く，農業純収入の増収効果も 25.9％ にとどまっている。

小　　括

　本章では，1990 年代末から本格化した中国の農業産業化のなかで重要な役割を担う農民専業合作社に注目し，全国レベルの農家調査データを利用して，合作社加入による農家の農業純収入への影響を定量的に分析してきた。その際，適切な操作変数を用いることで合作社への加入の内生性をコントロールするとともに，行政村のタイプの違い（農業モデル村と非モデル村）による加入効果の差異についても考察した。

　本章の主要な分析結果として，合作社への加入は中国全体でみると，農家の農業純収入に対して有意な正の効果をもたらしているが，農業モデル村と非モデル村ではその効果の度合いが大きく異なる点が指摘できる。すなわち，農業モデル村と非モデル村ともに合作社への加入が農家の農業純収入に有意な正の効果をもたらしているが，農業モデル村では農業全般に対するサービスが相対的に体系化されているため，合作社加入による正の効果が相対的に高く，より高い農業純収入の増進効果をもたらしていると言える。

　これらの結果から，地域全体としての農業支援を強化すること，そして合作社の提供するサービスの規範化と品質向上を強化していくことが，農家の農業所得向上にとって重要であると言える。その意味で，比較優位に基づく農業の産地形成と合作社の規範化を強化してきた近年の農業政策は，方向性としては適切であったと評価することができる。

　他方，農業モデル村では村幹部選挙への意識の高さが農民の合作社への加入を促進したり，農業産業化政策が本格化する以前から合作社の会員が同一村内に存在したりすることが，合作社加入を促進している点も明らかとなった。このように，農家が所属する行政村のタイプにより合作社加入の効果が異なり，

また村政に対する農家の関心が合作社への加入の選択と関連しているという本章の発見は，中国農村の村民自治の経済的意義に関する近年の実証研究（Luo et al. 2007, Shen and Yao 2008, Luo et al. 2010, Wang and Yao 2007, Martinez-Bravo et al. 2012）と整合的である。したがって，村の行政や公共事業の運営において村民自治を積極的に取り入れることは，合作社の普及と農業産業化の進展という面で重要な意義を持つと言える。

第7章

農民専業合作社は所得と栽培技術を改善させたのか
——山西省農家調査によるミクロ計量分析——

　前章では全国レベルの農家データを利用し，農業モデル村とそれ以外の村を比較しながら，農民専業合作社への農家の加入効果を検討してきた。本章では内陸部の農業産業化の先進地域に焦点を絞り，合作社への加入効果をより具体的に分析していく。

　合作社に関する従来の研究では，浙江省や江蘇省，山東省といった農業産業化が進展する沿海地域が調査対象とされるケースが多く，内陸部の農業産地が分析の対象となることは相対的に少なかった。しかし，非農業の就業機会が多く，かつアグリビジネス企業との関わりも深い沿海地域よりも，地理的条件が相対的に不利な状況にあり，農業所得への依存度も高い内陸地域での合作社の運営状況を考察することは，農業産業化の全国的な展開とその課題を考察するうえで，大きな政策的意義を持つ。また，第5章で整理したように，一口に農民専業合作社といっても，設立の目的や会員の構成，提供するサービスの内容などは大きく異なる。そのため，合作社の設立による地元経済への効果や会員農家の所得増進効果を検討する際には，地域や合作社を特定化した詳細な検討が不可欠である。

　そこで本章では，中国の中部地区に位置する山西省新絳県の野菜産地を対象とし，当地で事業活動を行う野菜合作社に焦点をあてる。この新絳県は，第3章で取り上げた臨猗県（D村）と同じく山西省の運城市（地区レベルの市）に属していて，2つの県は気候条件や地理的環境も類似する地域である。そのため本章の分析は，1990年代から農業産業化が進展してきた臨猗県D村のその後の姿と重なる部分も大きいと思われる。また第5章では新絳県内の別地域

（1990年代からトマト栽培をスタートしたC野菜合作社）を分析対象として取り上げたが，本章では新絳県内で比較的最近，野菜栽培を開始した地域を対象としている。この野菜栽培の後発性のため，野菜栽培の技術普及や販売面で農家と合作社との関係がより深いという特徴もみられる。本章では2つの野菜合作社の設立経緯や会員向けサービスの特徴を整理したうえで，合作社への加入による農家の所得増進効果について検証していく。

　さらに本章の新たな試みとして，野菜栽培を行う会員農家と非会員農家に加え，伝統作物（食糧，油料作物，綿花など）の栽培農家（以下，「伝統作物農家」）も調査対象に加え，実証研究を行う。合作社の加入効果に関する先行研究では，会員と非会員との比較に重点が置かれる一方で，合作社が対象とする新しい栽培技術・品種を導入しない農家を分析対象とすることは稀であった。しかし，地域全体としての農業発展や経済的厚生の向上を考慮するため，新技術・新品種の導入を阻害する要因や純収入への効果を検証することは不可欠である[1]。そのため本章では，野菜栽培を行う会員・非会員農家に加え，伝統作物農家を含め，合作社の加入効果と新品種の導入効果を考察していく。

1　調査対象地域の概要と調査方法

1）新絳県農業の概況[2]

　新絳県の概要については，第5章（第3節）で記述したので，ここでは新絳

---

1) 新しい農業技術や新品種の導入・普及に関する近年の研究では，特定の農家が新品種を導入したことの経験を近隣農家が学んだり，農村内の人的ネットワークを通じて技術が広まるという社会的学習（social learning）が注目されている。ただし本章で利用する調査データには，社会的学習に関する詳細な質問項目が含まれていないため，その効果を詳細に推計することはできない。その一方で，本章では農業に対する姿勢や農地制度への信頼性，リスク回避度といった別の重要な側面に注目し，技術導入に影響を与える要因を考察している。
2) 新絳県の概要と農業生産状況については，「新絳県"一村一品"五年（2011至2015年）規劃」（『新絳県政府網』http://www.jiangzhou.gov.cn/index.htm），「山西省新絳県農村経済管理中心 2011年工作総結」（『中国農経信息網』http://www.caein.com）（いずれ

表 7-1 山西省新絳県の概要（2010 年）

	全国	山西省	運城市	新絳県
年末総人口（万人）	134,091	3,574	514	33
産業別 GDP 構成比				
第 1 次産業（％）	10	6	4	24
第 2 次産業（％）	47	57	71	48
第 3 次産業（％）	43	37	25	28
農村世帯 1 人あたり所得（元）	5,919	4,736	4,685	5,258

出所）『中国統計年鑑 2011』，『山西統計年鑑 2011』より筆者作成。

県の経済状況を簡潔に整理する。表 7-1 に示されるように，2010 年末の県人口は 33 万人（農業人口は 28 万人），農村世帯数は 6.2 万世帯である。新絳県の農民 1 人あたり所得は 5,258 元で，山西省全体の平均をやや上回っているが，全国平均よりも多少低い水準に位置する。また，新絳県では GDP に占める第 1 次産業の割合も 24％ と相対的に高く，県経済の農業依存度の高さが窺える。

新絳県の総耕地面積は 3.5 万ヘクタール（2010 年末）で，そのうちの 1.1 万ヘクタール（総耕地面積の 32％）で野菜栽培が行われ，施設野菜の栽培面積も 5,240 ヘクタール（同 15％）に達している。県全体の野菜生産量（2010 年）は 54.3 万トンで，野菜生産額も 7.18 億元に達し，耕種業総生産額の約 6 割を占める。また，野菜生産には 3.4 万世帯（全農村世帯の約 55％）の農家が従事し，県内にはトマト，キュウリ，茄子，カボチャ，ニラなどの 8 品目の野菜のモデル農場と農産物卸売市場（10 カ所）も設置されている。

また，新絳県内には 369 社（2011 年末）の農民専業合作社が設立され，そのうち野菜関連の合作社は 121 社にのぼり，品目別では最大となっている。そして，県内のすべての行政村に合作社が設立され，合作社の会員農家数は約 8,900 世帯（2011 年 6 月末）で，全農村世帯の約 14％ に達するなど，合作社の普及も著しい。なお，新絳県のほとんどの合作社は村単位で形成され，会員の範囲も村民に限定されているが，村によっては品目ごとに複数の合作社が設立

も 2012 年 12 月 20 日閲覧）と 2012 年 5 月の新絳県農業経営局へのヒアリングに基づく。

されるケースもみられる。一方，全請負耕地面積のうち，農地請負経営権の貸借が行われた耕地面積の割合は 28.7％（約 8,600 ヘクタール）で，全農村世帯のうちの約 38％が流動化に関わっているという。

そして 2011～15 年の新絳県農業の発展計画では，野菜，果物，漢方薬原料，畜産，ドライフルーツ，食品加工の 6 つの部門を中心に，農業の専門化，標準化，規模化，集約化を推し進める方針が提示された。とりわけ野菜生産については，野菜ハウス建設のための農地調整を引き続き促進すること，合作社を通じた新品種の導入と技術普及を強化すること，農業支援のプロジェクト（土地整理，水利・道路建設など）との連携を図ることが謳われている。

2) 調査対象村の概要と標本抽出方法

このような新絳県における農業産業化の発展状況を踏まえ，筆者は中国の研究機関に委託する形で，2011 年 12 月に山西省新絳県で農家調査を実施した[3]。調査対象村の選定に際しては，同一の野菜を栽培する地理的・経済的条件が類似する地域で，かつ同一行政村内に野菜合作社の会員・非会員の農家と伝統作物農家が存在する行政村を 2 つ選出した。そして調査対象農家の選定にあたって，野菜合作社の会員農家については会員名簿を，非会員農家と伝統作物農家については住民名簿（村民委員会提供。会員農家は除外）を母集団として，農家をランダムに抽出した。

調査対象村の概要については，表 7-2 にまとめた。2 つの村ともに世帯数が 300 戸前後で，1 人あたり所得は 7,000～8,000 元と県平均よりもやや高い水準にある。この 2 つの村で野菜栽培（主に茄子）がスタートしたのは 2007 年前後と県内では相対的に遅く，合作社の設立もその直後の 2008～09 年である。2 つの村ともに主要産業は農業であるが，A 村では相対的に製造業や建設業，サービス業が盛んで，出稼ぎ労働者の割合も多い。また，野菜栽培の普及とともに農地流動化も進展していて，2 つの村ともに村内の耕地面積の半分程度は

---

3) 新絳県での農家調査は，2011～12 年度の科学研究費補助金（若手研究（B））「中国の農業インテグレーションによる農家行動の変容——契約農業の実証分析」（研究代表者：寶劔久俊）の一環として実施された。

表 7-2　調査対象村の概要

	A 村	B 村
総世帯（戸）	305	296
総人口（人）	1,214	1,396
年べ耕地面積（ムー）	2,400	2,600
1 人あたり所得（元）	7,000	8,000
主な農作物	茄子	茄子，棗

出所）新絳県行政村調査と現地でのヒアリング調査（2012 年 5 月）より作成。

表 7-3　農民専業合作社への加入状況

	合計	野菜栽培農家		伝統作物農家
		会員農家	非会員農家	
世帯数（戸）	201	72	60	69
構成比（％）	100	36	30	34

出所）新絳県農家調査より筆者作成。

流動化しているという。

　アンケート調査の農家標本総数は 206 世帯である。そのうち，データの欠損や異常値（標準偏差の±4 倍以上）を含む標本を除外した 201 世帯のデータを利用して分析を進めていく。本調査では特定の品目（茄子）が大勢を占める行政村を選出したが，村民名簿からのランダム抽出のため，それらの品目以外の農作物（茄子以外の野菜，穀物，油料作物）を栽培する農家も標本に含まれている。また，野菜生産は季節や土壌条件，市況に応じて様々な品目の農作物が栽培されることが多く，農作物の品目を完全に統一することはできていない。

　調査農家の農業経営類型別の標本規模については，表 7-3 に整理した。会員農家数は 72 世帯で，非会員農家の 60 世帯をやや上回るが，伝統作物栽培農家の 69 世帯とほぼ拮抗するなど，3 つの類型の標本規模は均衡していることがわかる。また主とする栽培品目では，茄子栽培農家が 127 世帯で，全体の 8 割以上を占め，その他の農家は唐辛子やピーマンなどの栽培を行っている。

2　農民専業合作社による会員向けサービスの実態

1）農民専業合作社によるサービスと会員農家の評価

　本節では，農民専業合作社へのアンケート調査結果と聞き取り調査，および会員農家に対する調査データに基づき，合作社が農家に提供するサービスの内容と特徴について考察していく。

　調査対象となった2つの合作社の概要について，表7-4に整理した。2つの村の合作社設立母体はともに村民委員会で，村党支部委員が合作社の理事を兼任するなど，村民委員会との関係は緊密である。合作社の会員数はA村が125世帯，B村が105世帯で，全戸数の約3分の1が会員となっている。そして合作社への加入条件は2つの村ともに，野菜栽培用のハウスを建設したうえで野菜栽培を行っていることであり，ハウス栽培を行っていない農家は原則，合作社に加入することはできない。実際，調査対象となった会員農家はすべて野菜ハウスを保有している。

　新絳県の野菜ハウスは，もともと「琴弦式」と呼ばれる竹枠を立ててビニールで耕地を囲った簡易なものが中心で，設置面積も約0.7～0.8ムーと狭く，建設費用も1万元程度であった。だが，ハウス内の保温性を高めるため，2000年代前半から「冬暖式」と呼ばれる保温性の高いハウスの建設が普及してきている。このハウスは地面全体を80センチメートルほど掘り下げ，北側に厚い土壁とコンクリート製の支柱を作り，竹枠に沿ってビニールで耕地を覆ったもので，ハウス1棟の平均的な設置面積は3ムーで，4万～5万元程度のコストがかかる。

　また，2つの村の合作社ともに，会員は入会金や年会費の支払いは不要だが，現金による出資が必要である。調査対象の会員農家のうち，出資をしていない農家は2世帯だけで，そのほかの会員農家はすべて出資している。ただし，出資方式は2つの村で異なり，A村では500元を1株として1～2株程度の出資を行っているのに対し，B村では野菜ハウス1棟を1万5000元に換算し，合作社への出資とみなしている。B村の会員農家の多くは2棟のハウスを保有し

表 7-4　農民専業合作社の概要（2010 年末）

	A 村	B 村
野菜合作社の設立年	2008 年 12 月	2008 年 7 月
合作社の設立母体	村民委員会	村民委員会
会員数（戸）	125	105
登記資本金（万元）	320	315
主要な取扱品目	茄子，その他野菜	茄子（長茄子，丸茄子）
専属職員（人）	4	5
農産物の販売方式	合作社の買取，卸売市場での販売	合作社による等級分け，卸売市場での販売

出所）新絳県農民専業合作社調査と現地でのヒアリング調査（2012 年 5 月）より筆者作成。

ていることから，会計上の出資金は 3 万元となっているケースが大半を占めている。合作社全体では，合作社の幹部による出資金が 2 つの村ともに出資金総額の 5 割程度を占めている。そして，会員大会での投票権はいずれの合作社も一会員一票で，出資額には左右されないが，いずれの合作社も 2010 年末まで会員農家への利潤の配当を実施していない。

合作社が会員農家に対して提供する主なサービスは，①茄子の育苗と会員農家への割引価格での販売，②農業生産資材（化学肥料，農薬，建設資材など）の一括購入と割引価格（約 1 割引）での農家への販売，③卸売市場での産地仲買人・消費地の商人向けの販売，④会員農家に対する栽培技術の指導と講習会の開催，の 4 点である。

①についてやや詳しく説明すると，A 村の合作社ではオランダの大手種苗会社と代理店契約を交わすなど育苗を本格的に行っている。実際，A 村の合作社は 40 棟のハウスで長茄子（「10-765 茄子」と呼ばれる品種）の育苗を実施し，県全体の育苗基地になっている。2009 年のデータによると，合作社が育苗した茄子は約 58 万株にのぼり，約 38 万株が合作社の会員用，残りの約 20 万株は新絳県内の農家に販売しているという。なお，販売価格は会員・非会員でも同一で，1 株あたり 0.25 元の政府による優良品種補助も受けることができる。他方，B 村では 2011 年から茄子の育種を開始したが，村内の野菜栽培農家向け販売が主であり，栽培規模も 4 棟のハウスに限定される。

また，③の農産物の販売面では，2つの合作社で販売方法に違いが存在する。すなわち，A村では合作社が生産農家から農産物を買い取ったうえで一括販売するのに対して，B村では，農家が卸売市場に持ち込んだ農産物を合作社が無料で等級分けを行ったのちに，合作社による代理販売が行われている。ただし両村とも，合作社の事務所に隣接する形で卸売市場が常設され，その管理・運営も合作社の職員が担当している点は共通している。

　ここで注目すべきは，合作社が提供するサービスについて，いずれの合作社も必ずしも会員農家に限定されたものではなく，村民であれば利用可能な点である。具体的に述べると，合作社が栽培する苗は会員以外の村内外の農家にも販売され，合作社の主要な収入源となっている。また農業生産資材の購入や農産物の販売についても，村内の非会員農家はそれらのサービスを基本的に無料で利用することができ，後述するように合作社のルートを通じて農産物を販売する非会員農家の割合も比較的高い状況にある。これは合作社が村民委員会主導で設立されているため，非会員の村民を合作社のサービスから排除することが困難であることと関連している[4]。このように合作社の基本的特徴や会員農家向けサービスについて，2つの合作社で大きな格差は存在しないため，以下の分析では2つの行政村の農家データを集計した形で分析を進めていく。

　表7-5では，合作社サービスに対する会員農家の評価を整理した。表からわかるように，栽培技術指導や農業生産資材，病虫害の予防の提供といった生産関連のサービスでは会員農家の満足度は高い。その一方で農産物の優遇価格での買い取りと出荷物の貯蔵といった販売関連について，「満足している」と回答した農家の割合がそれぞれ39％と22％と相対的に低く，特に農産物の貯蔵についてはサービス提供自体が行われていないと評価している。また，農業機械の使用や掛売・掛買の面で満足と回答する会員農家の割合が低く，サービス自体が提供されていないと回答する割合も相対的に高い。

　他方，合作社への未加入農家に対しては，合作社に加入しない理由について質問（複数選択）を行った。最も比率が高い未加入の理由として，43％が「合

4）2012年5月の2つの村民委員会の幹部（合作社理事を兼任）へのヒアリングに基づく。

表 7-5　合作社提供サービスに対する会員農家の評価
(%)

	満足	不満	サービスなし
栽培技術指導	93	0	7
農業生産資材の提供	76	3	22
農産物の優遇価格買取	39	30	31
買付商人への連絡・調整	59	11	30
農業機械の使用	47	3	50
病虫害の予防	78	1	20
掛売・掛買	43	8	49
農産物の貯蔵	22	5	73

出所）新絳県農家調査より筆者作成（以下，同様）。

作社に関する知識・理解の不足」と回答している。このことは，合作社に関する情報や理解の不足が加入の大きな妨げとなっていることを示唆している。それに次ぐ回答では，「労働力の不足」が 16％ を占め，労働力の状況が合作社加入の重要な要素であることがわかる。その他の主な回答としては「合作社加入の収益効果が感じられない」が 11％，「独自の技術・販路あり」が 8％ を占めるなど，未加入農家のなかには独自の経営能力を持つ世帯が存在していることが窺える。

2）農産物の販売方法と販売価格

表 7-6 では，会員農家による農民専業合作社加入の最も重要な理由を整理した。加入理由として最も回答率が高いのは「販路確保のため」で 36％ を占める。それに続くのが「資金面での支援を受けるため」（18％），「価格保証のため」（14％）となっている。したがって，生産農家の合作社加入の主要な理由は，販路の確保や価格安定化であって，農業生産資材の提供や技術面での支援は副次的な要因であることがわかる。

では，会員農家と非会員農家との間で，農産物の販売ルートや販売価格にはどのような差異が存在しているのか，また販売面で合作社は具体的にどのような機能を果たしているのか。そのことを明らかにするため，主要な栽培品目である茄子について，農家の販売先構成と平均販売価格を表 7-7 に整理した。表

表 7-6 会員農家の合作社加入の理由
（単一選択）

	回答率 (%)
販路確保のため	36
資金面での支援を受けるため	18
価格保証のため	14
技術面での支援を受けるため	7
大勢に従って	5
農業生産資材の提供を受けるため	4
幹部の推薦	3
その他	14

表 7-7 茄子の販売ルートと販売価格

	会員		非会員	
	販売価格 (元/kg)	販売比率 (%)	販売価格 (元/kg)	販売比率 (%)
合作社	2.01	96	2.04	30
専業農家	1.85	1		0
卸売市場	1.80	2	2.06	68
自家小売	2.20	1	1.85	2

からわかるように，会員農家は生産物のほとんどを合作社を通じて販売している。それに対し，非会員農家では卸売市場向け販売が68％と高い割合を占めているが，非会員にもかかわらず30％の農作物を合作社向けに販売している。2つの合作社へのヒアリングによると，合作社の野菜買付量全体に占める割合はそれほど高くないが，会員以外からの買い取りや代理販売も行っているという。

他方，茄子の販売価格について，会員農家と非会員農家の合作社経由の販売価格（年平均）のヒストグラムを図7-1に示した。この図から読み取れるように，非会員農家の販売価格は2元/kg前後にオブザベーションが集中し，分布の尖度が大きいのに対して，会員農家の販売価格は分布の尖度が相対的に小さく，1.75元/kgをピークに3元/kgに向けて緩やかに分布している。ただし，平均差のt検定を行ったところ，会員・非会員農家の販売価格には10％水準で有意差が確認できなかった。また，非会員農家の合作社向けと卸売市場向けの販売価格もほぼ等しく，平均差のt検定（10％水準）で有意差がなかった。故に，茄子の販売価格は合作社経由の販売であっても，卸売市場価格が基準となって決定されていて，会員向けの優遇価格も設定されていないことがわかる。実際，合作社へのヒアリングでも，会員農家との販売契約を結んでいる割合は7割を超えているが，農産物の買取価格は事前に設定された固定価格ではなく，その時々の市場価格で決まるという。

以上の点から，会員農家は販売ルートの確保を主たる目的として合作社に加

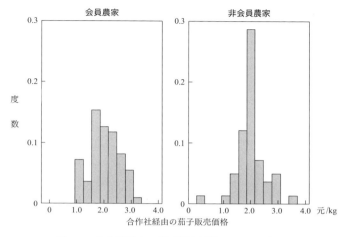

図7-1 合作社経由の茄子販売価格のヒストグラム

入しているが,販売価格面では合作社による販売価格と市場価格との差別化は実現されていないこと,そして非会員であっても同一の価格水準で合作社向け販売が可能であることが示された。

3 農民専業合作社加入効果の推計

前節では,農民専業合作社の果たしている役割について具体的に考察してきた。合作社加入の経済効果をより明確にするため,本節では農業生産に関する収益性指標に基づき,会員農家と非会員農家との比較分析を行っていく。さらに,伝統作物農家との比較を行うことで,ハウス野菜栽培による耕種業純収入への経済効果についても検討する。

1)分析枠組み

農民専業合作社加入による経済効果を考察するため,本節では「プログラム評価法」(program evaluation method)を利用する。この手法は,特定の政策につ

いて，もし政策が実施されなかったならばどうなっていたかという仮想現実（counterfactual）と，政策が実施されたもとでの実際の状況を比較することである（黒崎 2009：116-117 頁）。本章のケースに当てはめると，野菜栽培農家の合作社への加入という政策処理の平均的な効果（average treatment effect）について，合作社に加入した農家グループ（処理群：treatment group）と合作社に加入していないグループ（対照群：control group）の間で比較することを意味する。そして i 農家について，処理群の成果を Y_{i1}，対照群の成果を Y_{i0} とすると，政策処理（D_i：合作社に加入する場合は $D_i=1$，未加入の場合は $D_i=0$）についての処理群の平均処理効果（average treatment effect on the treated：ATT）は，以下のように定義することができる。

$$ATT = E[Y_{i1}|D_i=1] - E[Y_{i0}|D_i=1]$$
$$= \underbrace{E[Y_{i1}|D_i=1] - E[Y_{i0}|D_i=0]}_{A} + \underbrace{E[Y_{i0}|D_i=0] - E[Y_{i0}|D_i=1]}_{B} \quad (7.1)$$

なお，本章では成果指標（Y_i）として，農家所得，耕種業純収入，野菜純収入を利用する[5]。この処理効果の推計にあたって問題となるのが，$E[Y_{i0}|D_i=1]$ である。この項は，会員農家が仮に合作社に加入していないと想定した場合の Y の期待値であり，当然のことながら，一時点の同一の農家に対して $E[Y_{i0}|D_i=1]$ を観察できない。そのため，会員農家と非会員農家との間の成果に関する単純な比較（A の部分）では，B の部分（処理群が仮に加入しなかった場合の成果と対照群の成果との差）が含まれておらず，ATT の正確な推計にならなくなってしまう。

もし合作社の加入がランダムであれば，非会員農家の成果である Y_0 は政策処理（D_i）と独立，すなわち $Y_{i0} \perp D_i$ となるため，B の部分は $E[Y_{i0}|D_i=0] - E$

---

[5] 本章の農家所得（「農村世帯純収入」）の定義は，基本的に国家統計局の所得と同様である（ただし，固定資産の減価償却費を控除していない）。耕種業純収入と野菜純収入とは，それぞれの粗収入（自家消費分も含む）から中間投入費（肥料・農薬・種子などの投入財，雇用労働の労賃，借入農地の地代など）を差し引いた金額である。小麦については自家消費率が高いため，小麦販売農家の平均販売価格の平均値を利用して帰属収入を計算した。

[$Y_{i0}|D_i=1$]＝0 となる．したがって，会員農家と非会員農家との単純な比較によって，ATT を正しく推計することができる．しかしながら，本調査はランダム実験ではないため，合作社への加入には内生性（栽培技術や意欲の高い農家の方が加入意欲は高いなど）を想定するのが自然であり，非会員農家に対する加入しない理由についての質問でもその傾向が示されている．

B の部分によるバイアスをコントロールする手法として，Rosenbaum and Rubin（1983）によって提唱された傾向スコアマッチング（propensity score matching：PSM）法がある[6]。PSM 法とは，世帯の特性に関する観察可能な変数（$\mathbf{W}$）を利用して，生産農家が合作社に加入する傾向スコア（$p(\mathbf{W})=\Pr(D=1|\mathbf{W})$）を計算し，そのスコアに基づいて処理群と対照群をマッチングさせ，結果変数の比較を行うものである．$\mathbf{W}$ のもとで Y_0 と D_i が独立であれば，$Y_{i0} \perp D_i|p(\mathbf{W})$ が成立することで式（7.1）の B 部分のバイアスが除去され，ATT の正確な推計が可能となる．

なお，野菜栽培を行う会員農家と非会員農家との比較に加え，本章では伝統作物栽培農家との比較分析を行うことで，野菜栽培に取り組むことによる耕種業純収入への影響についても PSM 法を利用して考察していく．その際，政策処理（D_i）の定義を「主たる農業生産として野菜栽培を行っているか否か」に変更し，PSM 法に基づき農家所得と耕種業純収入への効果を計測する．

PSM 法にあたっては，傾向スコア推計のために二項選択モデル（プロビット・モデル，ロジット・モデルなど）を利用するが，その際にはマッチングされた標本の属性バランスの検定と，処理群と対照群の傾向スコアが重なる範囲（common support：CS）での推計も必要である．またマッチング方法については，様々なものが存在し，その選択には必ずしも統一した基準があるわけではない．そこで本章では，すべての処理サンプル i に関して，$\|P_i-P_j\|<0.05$ を条件とした半径マッチング（radius matching）と，カーネルマッチング（kernel matching）という異なる方法で，合作社設立の行政村への効果を厳密に推計していく[7]．

---

6) PSM 法の説明について Heckman et al.（1997），Todd（2008），Caliendo and Kopeinig（2008），伊藤ほか（2010）を参照した．
7) $A_i=\{j|\min_j\|x_i-x_j\|\}$ を対照群として選択する近隣マッチング（nearest-neighbor matching）

2) PSM 法による推計結果

まず，会員農家，非会員農家，伝統作物農家の基本属性について表7-8に示した。(a) 会員農家と (b) 非会員農家の数値を比較すると，会員農家の農家所得と野菜純収入は非会員農家のそれらを有意に上回る一方で，野菜を含めた作物栽培全体からの収入である耕種業純収入について，両者の間で有意な差は観察されなかった。また，農業労働日数と農業資本額では会員農家と非会員農家との間に有意差は存在しないが，請負耕地面積でみると会員農家の方が有意に多くなっている。その他で有意差が存在する変数としては，世帯主の高齢者ダミー，健康指数，村民大会への積極性が挙げられる。したがって，非会員農家と比べて会員農家の方が，世帯主の健康状態が良く，村民大会への積極性が高い一方で，世帯内に高齢者が存在する割合が低いことが指摘できる。

なお本章で使用する「村民大会への積極性」という指標は，第6章で利用した「村幹部選挙への認識」とは定義の仕方が若干異なる。「村民大会への積極性」の指標は，村政への利害関心の高さというよりも，村民大会といった場への政治参加意欲の高さや，地域全体への活動に対する積極性といった公共性への認識がより反映されている点に注意されたい。

他方，伊藤ほか（2010）では農民専業合作社加入に影響を与える重要な変数として，「人民公社の印象」を利用していることから，本調査でもこの指標に関する質問項目を追加した。伊藤ほか（2010）によると，人民公社時代の厳しい経験や伝聞（自主経営権の喪失，生産手段の公有化，組織への服従など）が「合作社」への嫌悪感につながり，合作社加入への心理的な阻害要因となっているという。しかしながら表7-8の結果をみると，人民公社への印象について，会員と非会員ともにその平均値は小さく，両グループの間でも有意な差は検出されていない。

他方，(1) 野菜栽培農家と (2) 伝統作物農家の比較結果をみると，会員・

による処理効果の計測も行ったが，半径マッチングとカーネルマッチングによる推計結果と大きな差は存在しなかった。なお，局所的線形回帰（Local Linear Regression：LLR）マッチングについては，サンプルサイズの制約から適切なマッチングが実施できなかった。

表 7-8 農家タイプ別の記述統計

	(1) 野菜栽培農家		(a) 会員農家		(b) 非会員農家		(2) 伝統作物農家		t値 (a)vs.(b)	t値 (1)vs.(2)
	平均	標準偏差	平均	標準偏差	平均	標準偏差	平均	標準偏差		
農家所得（元）	30,324	18,552	33,356	17,876	26,746	18,841	21,993	20,847	2.073**	2.937***
耕種業純収入（元）	21,558	15,524	23,401	13,676	19,414	17,300	6,986	11,361	1.478	7.004***
野菜純収入（元）	18,000	13,499	20,047	13,639	15,460	12,995			1.947*	
非農業所得（元）	5,568	8,215	6,171	9,086	4,856	7,057	9,140	11,119	0.919	-2.616***
総労働日数（日）	659	242	704	259	607	210	500	199	2.348**	4.765***
農業労働日数（日）	556	199	576	204	532	191	326	171	1.299	8.280***
非農業労働日数（日）	103	156	127	175	75	126	174	207	1.949*	-2.762***
請負耕地面積（ムー）	7.98	2.63	8.44	2.66	7.45	2.50	7.98	3.22	2.187**	-0.002
総作付面積（ムー）	11.95	5.27	12.76	5.35	11.01	5.07	12.88	5.37	1.917*	-1.191
野菜栽培面積（ムー）	4.61	1.95	4.53	1.88	4.70	2.03			-0.498	
圃場分散度（Simpson Index）	0.638	0.158	0.641	0.161	0.635	0.156	0.652	0.182	0.232	-0.572
世帯人数（人）	2.53	0.93	2.60	0.97	2.44	0.87	2.39	0.88	0.504	0.191
世帯主の年齢（歳）	46.2	8.8	46.4	8.9	46.1	8.8	52.8	11.2	0.160	-4.635***
世帯主の就学年数（年）	8.80	2.00	8.92	1.88	8.66	2.13	8.50	2.44	0.750	0.916
農業資本額（元）	58,695	30,576	62,139	27,880	54,629	33,256	15,674	26,558	1.417	10.058***
幼児（5歳未満）有無のダミー	0.241		0.236		0.246		0.250		-0.131	-0.149
高齢者（70歳以上）有無のダミー	0.150		0.097		0.213		0.264		-1.874*	-1.986**
世帯主の健康指数（1＝不良・疾病状態, 2＝比較的不良, 3＝普通, 4＝比較的良好, 5＝良好）	3.98	0.94	4.15	0.85	3.79	1.00	3.57	1.05	2.279**	2.908***
リスク選好度（1＝リスク回避的, 2＝リスク中立的, 3＝リスク愛好的）	2.66	0.67	2.65	0.67	2.67	0.68	1.89	0.97	-0.165	6.667***
農業技術への積極性（1＝積極的でない, 2＝普通, 3＝積極的）	2.77	0.47	2.83	0.41	2.70	0.53	2.56	0.65	1.577	2.664***
市況の把握度（1＝良く理解していない, 2＝普通, 3＝良く理解している）	1.79	0.74	1.82	0.78	1.75	0.70	1.72	0.68	0.507	0.641
人民公社の印象ダミー（1＝人民公社の印象が合作社加入に影響あり, 0＝なし）	0.098		0.111		0.082		0.085		0.560	0.308
請負耕地年限への認識（30年未満＝1, その他＝0）	0.083		0.056		0.115		0.250		-1.233	-3.354***
村民大会の積極性（1＝積極的でない, 2＝普通, 3＝積極的）	2.571	0.655	2.667	0.557	2.459	0.743	2.648	0.588	1.839*	-0.823
幹部ダミー（世帯主が村以上の幹部担当・幹部経験あり＝1, 幹部経験なし＝0）	0.113		0.097		0.131		0.181		-0.613	-1.348
党員ダミー（世帯主が党員＝1, 非党員＝0）	0.060		0.083		0.033		0.083		1.219	-0.626
農繁期の手伝い度（1＝積極的でない, 2＝普通, 3＝積極的）	1.872	0.830	1.903	0.825	1.836	0.840	1.915	0.841	0.461	0.354

注）***は1％水準，**は5％水準，*は10％水準で有意であることを示す。

非会員農家の比較よりも有意な変数が多いことがわかる。すなわち、伝統作物農家の農家所得と耕種業純収入は野菜栽培農家と比べて有意に少なく、農業資本額も伝統作物農家の方が有意に少ない。また野菜栽培農家と比較して、伝統作物農家の世帯主の平均年齢と高齢者との同居率も有意に高く、リスク回避的で農業技術への積極性も低いといった特徴も示されている[8]。また、請負耕地の年限について、法律で謳われている30年間未満と認識する割合は伝統作物農家の方が有意に高いという結果となった。このことは、農地権利の不安定性・不確実性が農家の投資行動を抑制するという先行研究と整合的である。

次にPSM法による耕種業純収入と野菜純収入の処理効果について検討していく。最初に、合作社加入の有無（Case（A））と野菜栽培の実施・未実施（Case（B））に関するプロビット分析の結果を表7-9に示した。Case（A）の合作社加入の有無に関する推計結果をみると、合作社加入に有意な影響を与える変数として、幹部ダミー、健康指数、高齢者ダミーの3つが計測された。幹部ダミーは有意であるものの、その係数がマイナスであるという結果は、前章の結果とは正反対である。その理由についての解釈は難しいが、合作社の運営に相対的に精通していると思われる村幹部は、合作社の公共的機能にフリーライドしている可能性が考えられる。

一方、健康指標が正の係数、高齢者ダミーが負の係数を取っていることは、世帯主の健康状態が良い農家では、合作社への加入確率が高いが、世帯内に高齢者が存在する場合には、彼らの（彼女ら）の世話や介護といった理由で、加入確率が低下していることを示唆している。高齢者の存在が契約農業への参加確率を有意に引き下げることは、Miyata et al.（2009）の推計結果でも示されており、本章の結果とも整合的である。その一方で、リスク選好度や農業技術への積極性といった農業生産に対する積極性を示す変数や、農繁期の手伝い度や村民大会への積極性といった公共意識の高さを意味する変数は正の係数をとる

---

[8] リスク選好度については、農家が選好する農業投資のタイプに関する質問に対する回答に基づいて分類した。具体的には、①投資金額は少なく収益率も低いがリスクも低い投資、②投資額、収益率、リスクのいずれも中間的な投資、③投資額が多く収益率も高いがリスクも高い投資、という3つの選択肢を設定し、それぞれの回答を選択した農家をリスク回避的、リスク中立的、リスク愛好的と定義した。

表7-9 合作社加入・野菜栽培実施に関するプロビット分析結果

	Case (A)		Case (B)	
	係数	z 値	係数	z 値
世帯主の年齢	-0.049	-0.385	0.379	3.089***
年齢（二乗）	0.001	0.471	-0.004	-3.164***
世帯主の就学年数	0.154	0.536	0.122	0.521
教育年数（二乗）	-0.006	-0.373	-0.006	-0.404
幹部ダミー	-0.900	-1.835*	-0.025	-0.057
党員ダミー	1.042	1.538	-0.253	-0.458
健康指数	0.302	2.045**	0.267	1.733*
請負耕地面積	-0.002	-0.006	0.226	1.177
請負耕地面積（二乗）	0.007	0.416	-0.012	-1.109
世帯人数	-0.037	-0.300	0.172	1.604
リスク選好度	0.016	0.084	0.268	1.909*
請負農地年限への認識	-0.420	-0.913	-0.670	-1.990**
農繁期の手伝い度	0.102	0.657	-0.081	-0.551
農業技術への積極性	0.335	1.239	0.730	2.947***
市況の把握度	-0.043	-0.235	-0.075	-0.404
幼児ダミー	0.184	0.543	-0.309	-1.009
高齢者ダミー	-0.694	-1.780*	-0.804	-2.191**
人民公社への印象	0.345	0.822	0.521	1.012
村民大会への積極性	0.208	1.052	-0.124	-0.609
村ダミー（B村）	-0.203	-0.646	1.471	4.908***
定数項	-2.805	-0.794	-13.457	-3.874***
標本規模	131		194	
Log Likelihood	-77.39		-75.02	
LR χ^2 (19)	26.2		94.55***	
Pseudo R^2	0.145		0.387	

注1）***は1％水準，**は5％水準，*は10％水準で有意であることを示す。
　2）Case (A) は，野菜栽培を行う会員・非会員農家を対象とし，会員農家であるか否かの推計結果である。
　3）Case (B) は，野菜栽培農家（会員・非会員農家の双方）と伝統作物農家を対象とし，野菜栽培を行っているか否かの推計結果である。

ものの，統計的には有意ではなかった。

　次に，野菜栽培農家（会員・非会員農家の合計）と伝統作物農家の野菜栽培実施の有無に関する推計結果（Case (B)）をみると，Case (A) の結果と比較してより多くの変数が有意となっていて，モデル全体の適合度を示す Pseudo R^2 も高い数値（0.387）を示していることがわかる。世帯主の属性では，年齢とそ

の二乗項が有意で係数は正と負，健康指標も有意な正の係数となった。このことは年齢が高くなるほど，野菜栽培を実施する世帯の割合は上昇するが，世帯主が一定の年齢（46歳）に達すると，その後はその確率が低下していくこと，世帯主の健康状態が良いほどハウス野菜栽培を実施することを意味している。また，リスク選好度と農業技術への積極性はともに有意な正の符号となり，世帯主がリスク愛好的で新しい技術に積極的な農家ほど，ハウス野菜栽培の導入に積極的であると言える。

それに対して，請負耕地年限への認識と高齢者ダミーは有意な負の係数であった。このことは，農地使用権の期限に対して悲観的な認識を持つ農家や高齢者を抱える農家では，ハウス野菜栽培が普及しにくいことを示唆している。また，第6章で注目した村民大会への積極性と幹部ダミーは合作社への加入や野菜栽培の実施のいずれのケースでも有意ではなく，また先行研究で注目された人民公社への印象も有意な結果となっていない。

このプロビット分析の結果に基づき，傾向スコアによるマッチングを行った。なお，マッチングの際にはCS条件のため，Case（A）では6〜8世帯，Case（B）では59〜65世帯がATT推計から除外されている。また，マッチングされた標本の属性に関するバランス検定（平均差のt検定）も行ったが，すべての変数について10％水準で有意差は確認されなかった。

PSM法による処理効果の結果は，表7-10にまとめた。まずCase（A）の農家所得の結果をみると，マッチング前には会員・非会員農家の間で有意差が存在していたが，マッチング後にはいずれのケースでも農家所得に関する有意差は確認されなかった。このことは，合作社への加入の有無は非農業も含めた農家全体の所得額について有意な効果をもたらしていないことを意味している。

それに対して，野菜純収入では対象とする指標によって推計結果は大きく異なる。すなわち，1人あたり野菜純収入と，野菜純収入を作付面積で除した土地生産性はマッチング前には会員農家の方が有意に高かったが，マッチング後には1人あたり野菜純収入は有意差が確認されていないのに対し，土地生産性ではいずれのマッチング方法でも有意差が検出された。実際，作付面積あたりの茄子生産量で比較してみると，会員農家の茄子単収（平均値）は4,357 kg/

表 7-10　PSM 法による処理効果の推計結果

	マッチング前			マッチング後					
				カーネルマッチング			半径マッチング		
	処理群	対照群	t 値	処理群	対照群	t 値	処理群	対照群	t 値
Case（A）：会員農家 vs. 非会員農家									
農家所得（元/人）	9,133	6,652	2.09**	8,616	7,178	1.10	8,616	7,356	0.96
耕種業純収入（元/人）	6,371	4,937	1.51	6,003	5,184	0.74	6,003	5,267	0.67
土地生産性（元/ムー）	5,665	4,235	2.20**	5,566	4,557	1.30	5,566	4,528	1.34
労働生産性（元/日）	72.14	61.89	0.41	72.19	63.07	0.34	72.19	65.48	0.25
野菜純収入（元/人）	5,365	3,992	1.73*	5,284	3,751	1.53	5,284	3,790	1.50
土地生産性（元/ムー）	4,862	3,421	2.38**	4,823	3,462	1.99**	4,823	3,457	1.98**
労働生産性（元/日）	45.58	42.18	0.55	44.26	44.19	0.01	44.26	44.69	-0.05
Case（B）：野菜栽培農家 vs. 伝統作物農家									
農家所得（元/人）	7,987	5,064	3.16***	8,073	5,272	2.33**	8,156	5,305	2.34**
耕種業純収入（元/人）	5,703	2,093	4.76***	5,451	3,450	1.92*	5,451	3,614	1.74*
土地生産性（元/ムー）	4,999	1,492	6.82***	5,038	2,155	4.54***	5,038	2,120	4.54***
労働生産性（元/日）	42.43	23.91	3.62***	38.82	29.37	1.33	38.82	30.22	1.19

注 1）***は 1％水準、**は 5％水準、*は 10％水準で有意であることを示す。
　2）マッチングは common support 条件を課して実施した。

ムーであるのに対し，非会員農家のそれは 3,383 kg/ムーにとどまり，会員農家の単収の方が約 3 割高くなっている（1％水準で有意差あり，t 値は 6.03）。単位面積あたりの収量の高さは野菜純収入額の増加につながり，カーネルマッチングでみると会員農家の平均土地生産性は 4,823 元/ムーで，非会員農家よりも約 4 割高い生産性を実現している。

　ただし，野菜純収入を労働日数で除した労働生産性では，マッチング前と後のいずれでも会員・非会員農家間で有意差が検出されなかった。その理由として，より丁寧な栽培管理を行うため，労働日数が相対的に多くなっていることが考えられる。実際に前掲表 7-8 の農業労働日数の平均値でみると，会員農家の労働日数は非会員農家のそれよりも有意に多いことが示されている。したがって，合作社加入による収量増大効果は労働日数の増加によって相殺されてしまうため，1 人あたり野菜純収入でみた収益性の増大につながらなかったと考えられる。

また Case（A）の耕種業純収入の推計結果では，マッチング前には会員農家の土地生産性が非会員農家のそれに比べて有意に多かったが，マッチング後には土地生産性・労働を含めてすべてのケースで有意差は確認できなかった。この結果は，合作社への加入は特定品目の収益性上昇には有意な効果を持つものの，野菜以外の品目を含めた耕種業全体では，必ずしも純収入上昇効果が存在しないことを示唆している。

　他方，野菜栽培農家（会員・非会員の双方を含む）と伝統作物農家の耕種業純収入を比較した表7-10の Case（B）をみると，2つのグループ間の格差が非常に明確に示されている。具体的に検討していくと，マッチング後（カーネル）の1人あたり農家所得の平均値でみると伝統作物農家は5,273元であるのに対し，野菜栽培農家はそれを約5割上回る8,073元であった。基本統計量を整理した前掲表7-8に示されているように，伝統作物農家は野菜栽培農家と比べて非農業労働日数と非農業所得が有意に多く，農外収入への依存度が高い。しかしながら，それを考慮しても野菜栽培農家の方が伝統作物農家と比べて有意に高い所得を実現しているのである。

　さらに Case（B）の耕種業純収入とその土地生産性に関して，いずれのマッチング方法でも有意差が存在することが示された。とりわけ，土地生産性の格差は極めて顕著で，伝統作物農家の平均値（カーネル）が2,155元であるのに対し，野菜栽培農家はその約2.3倍（5,038元）という高い収益を実現している。ただし，野菜栽培は穀物と比較して労働集約的な農作物であるため，農業労働日数を考慮した労働生産性でみると，マッチング前には2つのグループの間で有意差が存在したが，マッチング後には有意差は検出されなかった。したがって，ハウス野菜の栽培は耕種業収入全体でみると収益性が高く，農家全体の収入面でも増収効果が期待される。その一方で穀物栽培と比較して，ハウス野菜の栽培ではより多くの農作業が必要となるため，健康面で不安があったり，年齢的に過重な農業労働が厳しかったりする世帯，あるいは労働報酬の高い非農業就業に意欲的な農家では，ハウス野菜の導入に消極的になりがちであると言える。

小　括

　本章では，中国内陸部の野菜産地である山西省新絳県を対象に，農民専業合作社設立の経緯や運営状況，農家向けの具体的なサービス内容を踏まえたうえで，合作社への加入とハウス野菜の実施による農家の所得増収効果を検証してきた。本章の分析結果は，以下の3点にまとめることができる。

　第1に，調査対象となった2つの野菜合作社は，ともに行政主導で設立されているため，合作社の提供するサービス（種苗の提供，農業生産資材の共同購入，合作社を通じた野菜の販売，技術指導など）から非会員を必ずしも排除しておらず，サービスの外部効果も大きい点である。また，野菜販売については合作社に隣接する卸売市場に依存していることに加え，合作社はスーパーへの直売や商標・認証（ブランド野菜，有機・無公害）を確立できていない。そのため，卸売段階では一般的な農産物と明確な価格差別化ができず，販売価格の安定化の面でも合作社の機能は弱いといった特徴が明らかとなった。

　第2に，プログラム評価法に基づいて，農家に対する野菜合作社の加入効果を推計したところ，耕種業純収入に対して有意な加入効果がみられなかったのに対し，野菜純収入の土地生産性について有意な正の効果が計測された。この結果は，合作社への加入は会員農家による野菜の栽培技術を高め，野菜生産の土地生産性を向上させる形で増収を実現していることを示唆している。さらに，伝統作物農家と比較した場合，ハウス野菜の栽培は農家に対して有意な増収効果を持ち，それは耕種業純収入のみならず，農家所得全体に対しても正の効果をもたらしていることも明確となった。

　第3に，野菜栽培農家による合作社加入選択において，特定の世帯主や世帯属性（幹部，世帯主の健康状態，高齢者の有無）は有意な効果をもたらす一方で，農繁期の手伝い度合いや村民大会への積極性といった公共意識の高さを意味する変数について，いずれも正の係数をとるものの，統計的には有意ではなかった。この結果は，第6章で検討したCHIP調査の結果とは必ずしも整合的ではなく，公共意識の高さと合作社加入との関係は，地域差が大きいことが示唆さ

れる。とりわけ，本章のケースのように，ハウスの建設といった野菜栽培への参入障壁が比較的大きく，かつ合作社によるサービスの外部性が大きい場合には，合作社への加入決定と公共意識との関係はより複雑となることに留意する必要がある。

　また，ハウス野菜の導入に関するプロビット分析から，世帯主のリスク選好度や農業技術への積極性，請負農地年限への認識といった農業生産への意欲や農地制度への信頼度，そして世帯主の年齢や高齢者の有無がその決定を大きく左右していることも明らかとなった。したがって，農家による農業経営のあり方を考慮する際，単純に会員・非会員と分けるのではなく，より労働集約的（あるいは資本集約的）な農産物への作目転換に関してどのような規定要因が存在するのか，そのうえで合作社への加入選択にどのような要因が影響しているのかという，多層的な意思決定に注目することが農家行動を的確に理解するうえで肝要であると言える。

終　章

中国農業産業化の軌跡と展望

1　本書のまとめ

　本書では，食糧流通の直接統制による弊害と農業部門の比較劣位化が顕在化してきた1990年代と，農業・農村の構造調整を通じた農業生産者の保護と農業競争力の強化という新たな局面を迎えた2000年代を対象に，速水 (1986) の「農業調整問題」と池上・寶劔編 (2009) の「農業産業化」という2つの視点から，農家による農業経営の転換について考察してきた。各章の分析結果については，以下のように要約することができる。

　第1章では，中国農業の根幹に位置する食糧流通システムに焦点をあて，「食料問題」の解決に向けて，いかにして計画経済期の直接統制を改革開放後に間接統制へと転換させ，その結果，食糧の生産や流通に対してどのような変化が起こったのかについて考察してきた。1980年代には，食糧の買付価格の大幅引き上げと流通の一部自由化によって食糧の大幅な増産を実現したが，都市住民への配給価格は1990年まで低い水準で維持された結果，財政負担が急速に増大し，政府財政を圧迫するようになった。このような状況を受け，1990年代前半には食糧流通の全面自由化に踏み切ったが，全国各地で食糧価格が高騰し市場に混乱が発生したため，中国共産党は食糧の義務供出を復活させ，省内での食糧需給の均衡を要求するなど，直接統制と間接統制が混在した状況に陥った。

　さらに，1990年代半ばには過去最高の食糧増産を実現する一方で，大量の

余剰食糧が発生する事態に直面したことから，政府は保護価格による無制限買付を実施した結果，食管財政は再び悪化したのである。そのため，1990年代末から再び流通自由化に向けた政策を強化し，民間企業を主体とする食糧流通の強化と食糧流通企業による食管赤字と食糧備蓄の処理を進めるとともに，保護価格買付の対象地域も主産地に限定してきた。そして2004年には，食糧主産地での食糧買付の自由化を決定すると同時に，生産農家への直接補助と最低買付価格制度を導入するなど，より生産者を重視した食糧流通政策への転換を進めてきた。その成果として，2000年代から食糧主産地への生産の集中度が高まり，比較優位を反映した食糧生産の産地化が進展してきたのである。

第2章では，速水の「2つの農業問題」という視点から，中国農業が直面する問題について考察してきた。中国では1人あたり平均カロリー供給量（摂取量）が2000年代には東アジア諸国の水準に達し，都市・農村世帯ともにエンゲル係数も40％前後に低下するなど，「食料問題」を基本的に解決したことを統計的に示した。さらに，1980年代後半から植物性タンパク質の摂取量が飽和傾向を示す一方で，肉や卵，魚介類といった動物性タンパク質の消費量が顕著な増加をみせ，野菜・果物といった副食品への需要が増大するなど，食の高度化が大きく進展し，中国の食料需要のあり方に大きな変化が発生していることも明らかにした。

他方，農業部門と鉱工業部門の労働生産性格差が深刻化してきた2000年代前半から，食糧生産向けの補助金増額や最低買付価格による食糧価格の下支えなど，農業保護的政策への転換が明確となった。この政策転換は，2000年代半ば以降の鉱工業部門と比較した農業部門の相対価格の大幅な上昇や，国際価格との比較に基づく主要穀物をはじめとした農業部門全体の保護率上昇という統計データで裏付けられる。その一方で，農業産業化を通じた農業構造調整を推し進めていることも，政策動向と各種統計データから確認した。そして2000年代半ばから，農業相対価格の上昇と土地装備率の上昇を通じた農業生産性の向上によって，農業・鉱工業間の生産性格差が緩やかな改善傾向を示すなど，農業の構造調整の成果も出始めていることが明らかになった。

第3章では，山西省農家に関する1986〜2001年のMHTSパネルデータを利

用して，農業構造調整のもとで進展する農家レベルの農業経営類型の変化と，それを通じた農家所得格差への影響について実証研究を行った。分析の結果，農業経営類型の専業農家から第Ⅰ種兼業農家，そして第Ⅱ種兼業農家への移行は必ずしも単線的ではないが，専業農家と第Ⅱ種兼業農家への分化が進展してきたこと，その二極分化の背景には教育投資の労働再配分機能が存在し，比較優位に基づいて就業形態が選択されていることが実証された。

この農業経営類型の変化が農家の世帯所得にもたらす影響を考察するため，ジニ係数に関する所得源泉別の要因分解を行った。その結果，賃金・外出労務収入などの非農業所得は擬似ジニ係数が農業所得に比べて高く，所得格差に対する貢献度も上昇しているが，その一方で，農業の構造調整によって農業純収入の擬似ジニ係数が上昇する村も出てくるなど，所得格差のパターンは地域による相違が大きいことも浮き彫りとなった。

第4章では，2000年代後半から活発化してきた農地の賃貸市場に焦点をあて，農地流動化の進展が著しい浙江省の2つの地域（奉化市，徳清県）で実施した農家調査を利用して，地代決定の要因について検討した。奉化市では農地貸借が農家間の私的な取引の形で行われているのに対し，徳清県では地元政府が直接的に介入する「反租倒包」の割合も高いため，徳清県の方が賃貸の契約年数も相対的に長く，地代の授受率も高いことが明らかとなった。

さらに，農業粗収入関数によって推計した土地限界生産性と，実際に授受される地代との比較を行った結果，2つの地域ともに農地の機会費用と同等，あるいはそれを相対的に上回る水準に貸出地代が設定されるという意味で，貸し手にとって効率的かつ公正な農地賃貸市場が成立することが実証された。その一方で，借り手の土地限界生産性が借入地代を大きく上回るといった，借り手寡占的な状況が存在することも示された。ただし，政府の介入のもとで大規模農家への農地集約化が進んでいる徳清県では，借り手の寡占的利潤の程度が相対的に小さく，貸し手農家が享受する地代も有利な水準に設定されるなど，借り手寡占的な状況がむしろ相対的に緩和されていることも明らかとなった。

第5章は農業産業化のもとで発展が著しい農民専業合作社に焦点をあて，合作社をめぐる政策動向や合作社のマクロ的状況を整理したうえで，合作社に対

する実態調査からその経済的機能を検討してきた。中国では合作社の設立や実際の運営において，龍頭企業や個人企業，地方政府が重要な役割を果たしていること，そして合作社はそれらの組織との連携を強めることで，会員農家に対して有用なサービスを提供するとともに，合作社の効率的な運営を実現してきたことが示された。

また，豊富な経営資源や独自の販売ルートを保有する龍頭企業と個人企業は，生産農家の探索コストや監視費用を削減するため，合作社を実質的な下請機関とすることで，生産農家とのインテグレーションを強化するとともに，税制面での優遇を享受していることも明らかとなった。他方，村民委員会が設立主体の合作社では，サービス面で会員・非会員農家での大きな区別なく，生産農家に対して公共財的なサービスを提供し，産地形成を進める面で大きな効果をもたらしていることも浮き彫りとなった。

第6章では，全国規模の農家調査（CHIP調査）を利用し，農業産業化が本格化し始めた2002年を対象に，農民専業合作社への加入による会員農家の農業純収入への効果を定量的に分析した。その際，農家による合作社加入の内生性をコントロールするとともに，農業産業化の先進地域である「農業モデル村」とそれ以外の村に分類し，農業純収入関数の推計を行った。分析の結果，合作社への加入は中国農村全体でみると，会員農家の農業純収入に対して有意な正の効果をもたらしているが，農業モデル村と非モデル村ではその効果の度合いが大きく異なることが証明された。すなわち，農業モデル村では農業全般に対するサービスが相対的に体系化されているため，合作社加入による正の効果が相対的に高く，より高い農業純収入の増進効果をもたらしているのである。また，農業モデル村では村幹部選挙への意識の高さが農民の合作社への加入を促進したり，農業産業化政策が本格化する以前から合作社の会員が同一村内に存在したりすることが，合作社加入を後押しする点も統計的に示された。

第7章では，内陸部の野菜産地である山西省新絳県を対象に，農民専業合作社の会員・非会員農家の比較，さらに野菜栽培農家と伝統作物農家との比較を通じて，合作社への加入と野菜栽培の導入による経済効果を計測した。合作社の農家向けサービス内容を考察した結果，調査対象となった2つの野菜合作社

は，ともに行政主導で設立されているため，合作社の提供するサービスから非会員を必ずしも排除しておらず，サービスの外部効果も大きい一方で，合作社はスーパーへの直売や商標・認証の登録ができていないため，卸売段階では一般的な農産物と明確な価格差別化ができていないことも明確となった。また，プログラム評価法に基づいて，野菜合作社への加入効果を推計したところ，合作社サービスの外部性のために，農家所得や耕種業純収入について会員農家の増収効果は観察されなかったが，会員農家は栽培技術が相対的に高く，収量面での増産を実現していることも示された。他方，野菜栽培農家と伝統作物農家との比較では，野菜栽培の導入は野菜栽培農家に対して耕種業純収入のみならず，所得全体に対しても有意な増収効果があること，ただし野菜栽培は労働集約的な農作物であるため，労働生産性で考慮すると必ずしも有意差が存在しないことも浮き彫りとなった。

その一方で，野菜栽培農家の合作社加入選択において，農繁期の手伝いの度合いや村民大会への積極性といった公共意識の高さを意味する変数について，いずれも正の係数をとるものの，統計的に有意ではなかった。この結果は，第6章で検討したCHIP調査の結果と必ずしも整合的ではなく，公共意識の高さを示す変数による合作社加入への効果は，地域による格差が大きいことを示唆するものである。さらに野菜栽培の実施の有無については，世帯主のリスク選好度や農業技術への積極性，請負耕地面積の大きさといった農業への意欲や農地条件がハウス栽培導入の有意な要因となっていることも明確となった。

2　農業産業化の展望

1）農業構造調整による階層分化と産地化

各章の分析結果に基づき，中国の農業調整問題の解消と農民専業合作社を通じた農業産業化への展望を提示していく。

農業構造調整についてのミクロ分析（第3章）では，農業経営類型の専業農家と第II種兼業農家への二極分化には教育投資による労働再配分機能が存在

し，比較優位に基づいて就業形態が選択されていることが示された。しかしながら，この労働再配分を別の角度からみれば，年齢が高く，教育水準が低い労働者が農業部門に滞留する確率を高めることを意味する。その結果，農業労働者の高齢化・女性化という「三ちゃん農業化」が進行し，新しい農業技術・品種の導入や農業経営の大規模化を阻害する要因となる可能性も高い。また，農業所得の相対的な低さは農村世帯間の所得格差拡大をもたらし，潜在的に能力のある農業生産者の農業部門への参入を妨げる可能性もある。

反面，第3章の山西省D村の事例が示すように，自然環境の優位性を積極的に活用し，収益性の高い農業経営を行うことで離農傾向が抑制されるなど，農業産業化の振興は経営能力のある農家を農業経営にとどめる機能も果たしている。第5章と第7章で取り上げた山西省新絳県の野菜産地は，この山西省D村と経済環境が類似する環境にあり，1990年代から地元政府が野菜栽培を中心とした農業産業化を推進してきた。その成果として，この地域は全国的にも有名な野菜産地へと成長し，農家も相対的に高い所得を享受している。

他方，第7章の分析で明確になったように，ハウス野菜栽培という農家にとって比較的新しくかつ労働集約的な作目選択の機会が与えられた際，積極的に導入する農家とそれを躊躇する農家に分かれ，その選択は農家所得の格差となって表れている。本書の分析から，世帯主のリスク選好度や農業技術への積極性，請負農地年限への認識といった農業生産への意欲や農地制度への信頼度，そして世帯の年齢構成といった要因が導入決定を大きく左右していることも明らかとなった。故に，伝統作物農家のハウス野菜栽培への作目転換を促進するには，農民専業合作社による買取価格の保証制度の導入や公的な農業保険の普及といった，収量・価格リスクを抑制するような仕組みの普及や，農地関連の法律・通達に関する情報提供と制度の適切な運営が肝要である。

その一方で，介護など家庭の事情や年齢的な問題でフルタイムの農業労働が困難な場合には，より集約的な農業経営を押しつけたとしても，極めて非効率な結果を生み出すことになるであろう。また，近隣のハウス野菜農家の成功をみて，勢いに任せて野菜ハウスの建設を行った結果，野菜価格の下落によって大きな損害を被り，野菜栽培からの退出を余儀なくされたケースも現地で報告

されている。したがって，野菜栽培への参入にあたっては農家自身の主体性を尊重しつつも，合作社や村民委員会による農作物の栽培技術や市況，将来的な発展の方向性を含めた適切な情報提供ときめ細かい指導が必要とされる。

また，全国的にみても農繁期には一定の技術を持った農業労働者を確保することが難しくなっていて，農業労働者の平均賃金も上昇の一途を辿っている。生産費調査によると，農業労働者1人あたりの実質日給は，1998年の18.4元から2005年には24.0元となり，2010年には48.0元，2015年には77.3元に大幅な増加を示している[1]。そのため，産地として農業生産を維持し，その競争力を高めていくためには，外地からの農業労働者に加え，地元で十分に利用されていない労働者を活用することが不可欠である。具体的には高齢労働者や女性に対して栽培技術の指導を行ったり，農業労働者を必要とするハウス野菜農家への働き口の紹介や労働配分の調整に取り組んだりするなど，合作社や村民委員会の機能を高めていくことが一層求められている。

2）農地流動化を通じた新たな農業経営主体の育成

他方，第4章の農地賃貸市場の分析で考察したように，農地流動化が進展する浙江省では，農地の機会費用と同等，あるいはそれを上回る水準に地代が設定される一方で，比較的少数である借入農家は，借り手寡占によって相対的に高いレントを獲得できる状況にある。ただし，農地の貸し手に比較的有利な地代の条件を地方政府が設定することで，農地の流動化促進と農地の借り手寡占によるレント縮小を両立できる可能性も存在する。

このような農業経営形態の転換と農地賃貸市場に関する考察から，農業生産への意欲が低く，かつ人的資本の面で相対的に劣る農業労働者や，自給的な農業生産を行う第Ⅱ種兼業農家の農業からの退出を促し，農業経営能力の高い専業農家への農地集約を促進するため，農地賃貸市場の活性化が重要であると

1）『全国農産品成本収益資料匯編』（各年版）の穀物（コメ，小麦，トウモロコシ）に関する農業労働者（雇用）の平均日給（1日あたり労働時間は8時間）に基づく。日給の実質化には農村消費者物価指数（1998年＝100）を利用した。なお，1997年以前の生産費調査では農業労働者の賃金は全国一律の固定値を使用しているため，それ以前の時期にデータを遡及することはできない。

言える。その際には，市場取引に完全に依存するのではなく，地方政府による長期的な視点での計画立案や，経済主体間の農地調整といった適切な政策介入も必要である。

　具体的には，土地管理局や村民委員会といった公的機関，あるいは村民委員会を中心に設立された「土地株式合作社」といった組織が中心となり，農地利用や農地貸借に関する情報収集を行い，借り手と貸し手のマッチングに伴う取引費用を削減させたり，龍頭企業や大規模経営農家と零細農家との間の調整役を担い，地域全体としての農地の効率的利用を促進することが挙げられる。さらに地代の決定にあたっては，農地の機会費用に見合った適正な価格が設定されるよう指導し，書面に基づく契約締結を義務づけることで農地の貸し手・借り手の双方の権利を保障すること，農地賃貸契約の履行状況を監視すること，といった取り組みを推し進めていくことも想定される[2]。

　このような農地賃貸市場を通じた農地の集積は，習近平体制下の新たなスローガン（「新しい農業経営体系」の発展と適正規模による農業経営の普及）の実現にも大きな役割を果たすことが期待されている。その担い手の一つである「家庭農場」とは，家族労働を中心に規模化・集約化・商品化による農業の生産・経営を行い，農業収入を主たる所得源泉とする農業経営主体のことで，中国の農業生産において重要な地位を占めるようになってきた[3]。農業部が実施した家庭農場に関する初めての全国的な統計調査によると，2012年末時点での家庭農場数は87.7万カ所で，経営耕地面積の合計は1173万ヘクタール（全請負耕地面積の13.4％）に上る。また，家庭農場あたりの平均面積は13.4ヘクタールに達し，同年の農家あたり平均請負経営耕地面積（0.4ヘクタール）を圧

---

2) 中国農村における集団所有資産管理の新しい方法として近年，土地株式合作社が各地で設立されている。土地株式合作制とは「中国農村における集団所有資産から得られる利益分配の公平性の確保と受益者の明確化を主な目的とし，集団構成員が株主となることを特徴とする集団所有資産の管理制度」（山田 2014：34頁）のことで，土地株式合作社では農民の保有する農地経営権を株式化して共同経営を行っている。また，農地流動化における土地株式合作社の役割を実証した研究として，伊藤ほか（2014）が挙げられる。

3) 農業部農村経済体制・経営管理司による一号文件の解説に基づく（『新華網』http://www.xinhuanet.com，2013年2月14日付記事，2017年5月7日閲覧）。

倒的に上回る規模で農業経営が行われていることがわかる[4]。

したがって，農地賃貸市場の活性化と地方政府による農地貸借への適正な介入は，新たな経営主体の出現を促進するとともに，零細自作農による規模不経済の克服と中国農業の競争力強化のための有効な政策手段と言える。

3) 農民専業合作社と村民自治

本書の分析視点として，農業産業化を通じた農業構造調整とそのなかでの農民専業合作社の機能に着目し，第5〜7章で検討してきた。合作社について，法律では協同組合原則による運営が謳われているが，第5章で示したように，実際には龍頭企業や大規模経営農家，あるいは村民委員会主導によって合作社の運営が行われることで，会員農家に対して有用なサービスを提供してきた。その背後には，営業収入が少ないために財務基盤は脆弱で，かつ専門職員も不足するといった，合作社の組織基盤の弱さと裏腹の関係が存在する。

合作社の初期段階において，より豊富な経営資源を持つ龍頭企業や個人経営者，地方政府が中心となって合作社を形成していくことは，合作社の発展に対して多くのプラスの効果をもたらす。第6章で明らかにしたように，農業モデル村とそれ以外の村では農家の合作社への加入効果は大きく異なり，地域全体としての農業への取り組みが合作社効果を強く規定している。その意味で，合作社の設立の有無や設立主体の如何に拘泥するのではなく，地域全体としての農業支援を強化すること，さらに合作社の提供するサービスの規範化と品質向上を強化していくことが，農業の産地化と農家の農業所得向上にとって重要であると言える。

その一方で，合作社の発展過程のなかで，地方政府や企業による合作社経営への介入が維持・強化される場合には，たとえ会員農家の農業所得が向上したとしても，農民専業合作社法の目指す協同組合原則との隔たりが大きくなり，

[4) 農業部ホームページ（http://moa.gov.cn）2013年6月14日付記事（2016年9月16日閲覧）に基づく。本調査では「家庭農場」と認定される条件として，経営者が農業戸籍保有者であること，家庭労働を中心とすること，農業が主たる収入源であること，一定の経営規模の基準を満たし，かつ経営規模も安定していること，を挙げている。

特定の企業や個人に過度に依存するというリスクを抱えることにもなる。そのため中国の合作社は，様々な組織のネットワークを積極的に活用しつつも，専門的な人材育成や販売力の強化などを通じて，独立した組織としての経営能力を高めるとともに，会員農家による合作社運営への積極的な参加を促進していくことが重要な課題と言える。

　他方，全国レベルの農家調査を利用した第 6 章では，農業モデル村では村幹部選挙への意識の高さが合作社加入を促進している点も明確となった。農家が所属する行政村のタイプにより合作社加入の効果が異なり，また村政に対する農家の関心が合作社への加入の選択と関連しているという発見は，中国農村の村民自治の経済的意義に関する近年の実証研究と整合的である。例えば Luo et al.（2007, 2010）と Wang and Yao（2007）は，村幹部選挙制度の導入が行政村レベルの公共事業（道路，灌漑，公衆衛生，教育など）の実施に対して有意な正の効果を持つことを示し，また Martinez-Bravo et al.（2012）と Shen and Yao（2008）は，村幹部選挙によって低所得者向けの投資が促され，村内の所得格差が縮小することを明らかにしている。これらの分析結果は，合作社普及政策が農業インフラ整備や農業技術普及など他の経済政策だけではなく，村民自治促進政策とも補完性を有しており，行政村レベルのガバナンス改善と地域経済発展という文脈においても分析される必要があることを示唆する。

　その一方で，第 7 章の山西省新絳県の事例で示されたように，村民大会への積極性といった公共意識の高さを意味する変数は，合作社への加入に対して必ずしも有意な効果を持っていない。この結果は，ハウスの建設といった野菜栽培への参入障壁が比較的大きく，かつ合作社によるサービスの外部性が大きい調査対象地域の特徴と関連していると考えられる。故に，合作社の分析では，会員農家の経済的厚生や村民自治との関連性について地域横断面的な分析を進めるとともに，特定の地域や合作社を対象とした分析を蓄積することが，地域の実情に即した合作社の促進や行政村のガバナンス向上に資すると言える。

4）食料安全保障と農業産業化

　本書では 1990 年代から農業調整問題が深刻化し，2000 年代半ばから農業保

護の強化が進展してきたことを明らかにしたが，この農業保護の支柱には食糧を中心とした「食料安全保障政策」が存在する。このテーマについて本書では十分に議論できなかったが，コメ・小麦の最低買付価格とトウモロコシの臨時備蓄の断続的な価格引き上げと生産コストの増大によって，中国の主要穀物は既に国際競争力を失いつつあり，穀物輸入量も関税割当の上限に近づいてきている。2015年の穀物輸入量でみると，コメは338万トン，小麦は301万トン，トウモロコシは473万トンであり，WTO加盟時（2001年）に関税割当制を撤廃した大豆に至っては，輸入量が8169万トンに達している[5]。

　中国共産党は，2007～08年の穀物価格の世界的な高騰とトウモロコシの需給逼迫を契機に食料安全保障政策を一層推し進めていて，主要穀物の輸出規制の強化やトウモロコシのバイオエタノール製造など工業利用の抑制，そして食糧の計画的増産と基本農地面積の維持を強化してきた（寶劔 2011b）。一方で，大豆の大幅輸入増加やコーリャン・大麦など雑穀類の輸入増加も広がってきたことから，2014年の一号文件ではそれまで提唱していた95％の食糧自給率という政策目標を修正し，「穀類の基本自給，主食用穀物の絶対安全」（「谷物基本自給，口糧絶対安全」）とした[6]。これは大豆輸入の大幅増で実質的に実現困難な政策目標（食糧自給率95％）をより実態に即した形に修正したものであるが，コメ・小麦と異なり，飼料用と工業加工用が中心であるトウモロコシについては，今後の政策的な取り扱いの変更可能性の余地を残したものと考えられる。

　第2章で議論したように，広大な面積と多様な自然環境を持つ中国では農業

---

5) 農業部ホームページ（http://www.moa.gov.cn/）の「2015年1～12月我国農産品進出口数据」（2016年2月1日付記事，2016年8月25日閲覧）に基づく。なお，大豆と同様に関税割当制度が存在しない穀類の輸入も急増し，2015年の輸入量でみると大麦は1073万トン（対前年比98.3％増），コーリャンは1070万トン（同85.3％増），キャッサバは938万トン（同8.4％）となっている。これら穀類の輸入価格はトウモロコシの国内価格はもとより，トウモロコシの輸入価格も下回っているため，トウモロコシの代用品として広く利用されているという（2016年一号文件の記者会見での陳錫文・中央農村工作領導小組副組長のコメントに基づく。『新華網』http://www.xinhuanet.com/，2016年1月28日付記事，2016年9月20日閲覧）。
6) 「穀類の基本自給，主食用穀物の絶対安全」という政策目標は，2014年2月に国務院から出された「中国食物・栄養発展綱要（2014～2020年）」にも明記された。

発展のパターンは地域によって大きく異なる。すなわち，1人あたり土地面積が大きい東北地方では土地装備率を高めることで農業労働生産性の向上を図ってきたが，土地資源に乏しい浙江省や福建省など沿海地域では収益性の高い農作物を栽培し，土地生産性を高めることで高い農業労働生産性を実現してきた。その結果，食糧生産の主産地への集中は着実に進展し，特に東北地方の重要性は一層高まってきている。しかしながら，農業投入財のコスト上昇とそれに応じた食糧買付価格の継続的な引き上げによって，その東北地方でも食糧生産の競争力を維持できるかどうか予断を許さない状況にある。

ただし14億人に迫る膨大な人口を抱える中国では，主食用穀物消費の多くを海外からの貿易に依存することは，政治的にみて不可能な選択であろう。また世界の穀物貿易の現状からみても，中国が穀物の輸入大国になることはインパクトがあまりに大きく，世界的な穀物価格の高騰を再び引き起こしかねない。したがって主要穀物に関する中国の卸売価格が国際価格を一定の範囲内で上回っていたとしても，穀物を中心とした食糧の国内生産を維持することは当然の選択であろう。ただし，その価格差に対する政策的な負担額には限度が存在し，政治的に受け入れ可能なレベルに財政負担を抑制すること，そして国際的なルールに従って補助政策を行うことは政治体制の如何によらず，国家運営のために不可欠なものである。

そのため，中国国内でも主要穀物の価格補助政策に関する見直しが進められている。前述の2014年の一号文件では，特定地域の農作物（東北三省と内モンゴル自治区の大豆，新疆ウイグル自治区の綿花）に関して「目標価格制度」の実験的な導入が提唱された。そして2016年の一号文件では，臨時備蓄価格の高騰と備蓄量の増大が深刻化するトウモロコシについて，市場価格と補助価格の分離と生産者への補助制度の設立，備蓄制度の改革も提起された。この一号文件に先立つ2015年には，トウモロコシ生産の限界地における青刈りトウモロコシや大豆，牧草や雑穀雑豆などへの転作を奨励し，2020年までに当該地域でのトウモロコシ作付面積を1/3以上削減するという新たな構造調整政策も打ち出された[7]。さらにトウモロコシの臨時備蓄による買付価格は，2013年7月以降の2.24元/kgから2014年9月には2.00元/kgに引き下げられ，2016年

には臨時備蓄による買付制度自体が廃止された。

　これらの政策転換を受け，トウモロコシ買付の市場価格は大幅な下落をみせ，2016年初の2.03元/kgから同年末には1.67元/kgへと約18％も低下した[8]。しかしながら目標価格制度を含むこれらの新しい動きについて，公開されている情報は限定的で，筆者も現地調査を通じて十分な情報収集ができていないため，現段階での総合的な評価は困難である。

　ただし，WTO加盟時点で締結した「デミニミス」（De minimis，最小限の政策としてWTO農業協定上削減対象とならない国内助成のこと）は主要穀物ではその上限（農業生産額の8.5％未満）を超えていること[9]や，主要穀物の買付価格が実際の市場需給や国際価格から乖離した状態にあるという現状を中国共産党が認識し，WTOルールに則った形に農業保護のあり方を改革しようとする姿勢は評価すべきである。そして価格政策を通じた食糧生産者の保護政策から，市場均衡に基づく食糧価格と農家への補助額を明確に分離させ，市場競争と生産者保護の両立を図るという試みは，中国における持続可能な食糧生産を実現していくうえで望ましい政策である。

　食料安全保障を堅持するためには，食糧生産への政策的補助が必要不可欠である。しかしそれを単に現状の維持や既得権益の温存として利用するのであれば，中国農業は将来的により大きな困難に直面することとなり，備蓄食糧と食管赤字が大きく膨らんだ1990年代後半の失敗を繰り返しかねない。したがって，食料安全保障政策を農業産業化の重要な構成要素として捉え直し，市場メカニズムを反映する形で食糧生産の振興を図ること，さらに地域の特色や比較優位を生かした多様で堅実な農業を育んでいくことが，中国が挑戦すべき大きな課題であることを提起して，本書を締め括りたい。

7）農業部「『鎌刀湾』地区のトウモロコシ構造調整に関する指導意見」（2015年11月）による。ただし削減対象のトウモロコシ栽培面積には，青刈り用トウモロコシの面積も含まれる。

8）『農博網』〈http://www.aweb.com.cn/〉2017年1月10日付記事（2017年5月7日閲覧）による。

9）2014年10月31日開催された第2回隆平論壇での陳錫文の報告（「中国農業発展形勢及面臨的挑戦」）に基づく（『新浪網』http://www.sina.com.cn/，2014年11月24日付記事，2016年9月20日閲覧）。

参考文献

【日本語】

青柳斉（2001）「中国農村合作経済組織の企業形態と諸類型」『農林金融』第54巻第12号，56-68頁。
───（2002）『中国農村合作社の改革──供銷社の展開過程』日本経済評論社。
───（2011）「中国農民専業合作社の制度的特質と展望──日本農協との対比から」『協同組合研究』第30巻第2号，65-70頁。
浅見淳之・千田良仁・曹力群・辻井博（2005）「中国農業における農家と村の経営能力──利潤関数のパネルデータ分析」『農業経済研究』第77巻第2号，67-77頁。
天児慧ほか編（1999）『岩波 現代中国事典』岩波書店。
池上彰英（1989a）「中国における農業技術普及体制の再編」『農業総合研究』第43巻第2号，69-99頁。
───（1989b）「食糧の流通・価格問題」（阪本楠彦・川村嘉夫編『中国農村の改革──家族経営と農産物流通』アジア経済研究所，所収），75-117頁。
───（1994）「中国における食糧流通システムの転換」『農業総合研究』第48巻第2号，1-52頁。
───（1998）「食糧の国内流通制度とその運用」（日中経済協会編『1997年の中国農業──食糧生産過剰に悩む中国農業』日中経済協会，所収），65-77頁。
───（1999）「食糧流通体制改革の動向と問題点」（日中経済協会編『1998年の中国農業──生産性向上への模索』日中経済協会，所収），89-101頁。
───（2000）「食糧米の流通」（国際農業交流・食糧支援基金編『中国の食糧流通──米の生産及び流通を中心として』国際農業交流・食糧支援基金，所収），65-101頁。
───（2005）「内陸農村における農民層分解──総兼業化のもとでのチャヤノフ的変動」（田島編2005，所収），37-58頁。
───（2009）「農業問題の転換と農業保護政策の展開」（池上・寳劔編2009，所収），27-61頁。
───（2012）『中国の食糧流通システム』御茶の水書房。
───（2015）「中国農業の国際競争力低下と国内対策」『農業経済研究』第87巻第1号，73-82頁。
───・寳劔久俊編（2009）『中国農村改革と農業産業化』（アジ研選書No. 18）アジア経済研究所。
───・寳劔久俊（2009）「農村改革の展開と農業産業化の意義」（池上・寳劔編2009，所収），3-23頁。
石田浩（1993）『中国農村経済の基礎構造──上海近郊農村の工業化と近代化のあゆみ』晃洋書房。

磯田宏（2001）『アメリカのアグリフードビジネス——現代穀物産業の構造分析』日本経済評論社。
伊藤順一・包宗順・蘇群（2010）「PSM 法による農民専業合作組織の経済効果分析——中国江蘇省南京市スイカ合作社の事例研究」『アジア経済』第 51 巻第 11 号，44-73 頁。
―――・包宗順・倪鏡（2014）「中国江蘇省における農地の流動化——土地株式合作制度による取引費用の節減」『農業経済研究』第 85 巻第 4 号，205-219 頁。
伊藤秀史・林田修・湯本祐司（1993）「中間組織と内部組織——不完全契約と企業内取引」（伊丹敬之・加護野忠男・伊藤元重編『企業とは何か』リーディングス日本の企業システム　第 1 巻，有斐閣，所収），100-122 頁。
今井健一・渡邉真理子（2006）『企業の成長と金融制度』名古屋大学出版会。
梅田浩史（2015）「中国における食品安全の実態と法整備」『農業と経済』第 81 巻第 11 号，83-91 頁。
荏開津典生（1997）『農業経済学』岩波書店。
大江徹男（2002）『アメリカ食肉産業と新世代農協』日本経済評論社。
―――（2011）「アメリカのトウモロコシ需給とバイオエタノールの拡大」（清水編 2011，所収）33-60 頁。
大島一二（1993）『現代中国における農村工業化の展開——農村工業化と農村経済の変容』筑波書房。
―――編（2007）『中国野菜と日本の食卓——産地，流通，食の安全・安心』芦書房。
大塚啓二郎・黒崎卓編（2003）『教育と経済発展——途上国における貧困削減に向けて』東洋経済新報社。
加藤弘之（1997）『中国の経済発展と市場化——改革・開放時代の検証』名古屋大学出版会。
河原昌一郎（2007）「中国農村専業合作経済組織に関する一考察——その農業共同化機能と制度的課題」『農林水産政策研究』第 13 号，1-24 頁。
姜春雲編（2005）（石敏俊他訳）『現代中国の農業政策』家の光協会。
黒崎卓（2009）『貧困と脆弱性の経済分析』勁草書房。
厳善平（1997）「農村経済の組織再建と制度改革」（中兼和津次編『改革以後の中国農村社会と経済——日中共同調査による実態分析』筑波書房，所収），249-292 頁。
―――（2002）『農民国家の課題』名古屋大学出版会。
神門善久（1998）「農協問題の政治経済学」（奥野正寛・本間正義編『農業問題の経済分析』日本経済新聞社，所収），167-190 頁。
小林元（2013）「食料・農業・農村 組合員の多様化の統計的把握と『次代へつなぐ協同』」『JC 総研レポート』Vol. 25, 19-25 頁。
佐伯尚美（1987）『食管制度——変質と再編』東京大学出版会。
―――（1989）『農業経済学講義』東京大学出版会。
坂下明彦（2005）「中国の農村経済組織の展開と竜頭企業による産地組織化」『農業・農協問題研究』第 32 号，66-85 頁。
坂爪浩史・朴紅・坂下明彦編（2006）『中国野菜企業の輸出戦略——残留農薬事件の衝撃と克服過程』筑波書房。

佐藤宏（2003）『所得格差と貧困』名古屋大学出版会．
重冨真一・久保研介・塚田和也（2009）『アジア・コメ輸出大国と世界食料危機——タイ・ベトナム・インドの戦略』アジア経済研究所．
清水達也編（2011）『変容する途上国のトウモロコシ需給——市場の統合と分離』（研究双書 No. 596）アジア経済研究所．
周応恒（2000）『中国の農産物流通政策と流通構造』勁草書房．
白石和良（1994）「中国の農業・農村の再組織化と双層経営体制」『農業総合研究』第 48 巻第 4 号，1-73 頁．
沈金虎（2000）「中国における耕地減少と土地政策の新展開」『京都大学生物資源経済研究』第 6 号，43-63 頁．
菅沼圭輔（2009）「農業生産構造の変化と農産物流通システムの変容」（池上・寳劔編 2009，所収），145-173 頁．
――― （2011）「『農業構造調整』政策と食糧自給戦略」（中兼和津次編『改革開放以後の経済制度・政策の変遷とその評価』早稲田大学現代中国研究所，所収），253-277 頁．
――― （2014）「農業政策——食糧自給戦略と『農業構造調整』の課題」（中兼和津次編『中国経済はどう変わったか——改革開放以後の経済制度と政策を評価する』国際書院，所収），241-274 頁．
仙田徹志（2005a）「中国農村における農地地代の決定要因に関するミクロ統計分析」（辻井・松田・浅見編 2005，所収），304-330 頁．
――― （2005b）『日中両国の農地市場構造と農家の農地利用行動に関する研究』京都大学博士論文．
髙橋大輔（2010）『日本農業における農業調整問題の実証分析』東京大学農学研究科博士論文．
田島俊雄（2008）「中国の食糧需給と構造調整・貿易戦略・農家経済」東京大学社会科学研究所現代中国拠点研究 Discussion Paper Series J-165．
―――編（2005）『構造調整下の中国農村経済』東京大学出版会．
田代洋一（2003）『新版　農業問題入門』大月書店．
田原史起（2009）「農業産業化と農村リーダー——農民専業合作社成立の社会的文脈」（池上・寳劔編 2009，所収），233-262 頁．
中国研究所編（2004）『中国年鑑 2003』創土社．
張安明（2007）「誰が中国農業を担うべきか——中国の農業経営主体問題に対する考察」『中国 21』Vol. 26, 103-124 頁．
辻一人・関口洋二郎・牧田りえ（1996）「中国における農業経営の再組織化への試み」『開発援助研究』Vol. 3, No. 1, 112-139 頁．
辻井博・松田芳郎・浅見淳之編（2005）『中国農家における公正と効率』多賀出版．
鳥居泰彦（1979）『経済発展理論』東洋経済新報社．
中兼和津次（1992）『中国経済論——農工関係の政治経済学』東京大学出版会．
日本農業新聞編（2016）『JA ファクトブック』JA 全中．
農林水産省大臣官房国際部国際政策課編（2011）『海外農業情報調査分析（アジア）報告書』

（平成 22 年度海外農業情報調査分析・国際相互理解事業）．
農林水産省大臣官房統計調査部編（2003）『農業センサス累年統計書』農林統計協会．
速水佑次郎（1986）『農業経済論』岩波書店．
―――・神門善久（2002）『農業経済論　新版』岩波書店．
範金・滕永楽・付峰（2012）「グローバル化が中国都市部の家計消費構造に与える影響」『東アジアへの視点』第 23 巻第 1 号，47-58 頁．
平澤明彦（2010）「欧米と対比した戸別所得補償の特徴と課題――直接支払い制度と競争力，土地資源」『農林金融』第 63 巻第 12 号，688-708 頁．
福岡県稲作経営者協議会編（2001）『中国黒龍江省のコメ輸出戦略――中国の WTO 加盟のもとで』家の光協会．
不破信彦（2003）「農村貧困からの脱出と教育――フィリピン農村の事例」（大塚・黒崎編 2003，所収），271-299 頁．
寶劔久俊（1999）「中国農業部固定観察点調査農戸データのパネル分析」（松田芳郎編『中国農業部固定観察点調査データに関する検討』（文部省特定領域研究（A）「統計情報活用のフロンティアの拡大」研究成果報告書，所収），93-126 頁．
―――（2000）「中国農村における非農業就業選択・労働供給分析――河北省獲鹿県大河郷の事例を中心に」『アジア経済』第 41 巻第 1 号，34-66 頁．
―――（2003）「中国における食糧流通政策の変遷と農家経営への影響」（高根務編『アフリカとアジアの農産物流通』研究双書 No. 530，アジア経済研究所，所収），27-85 頁．
―――（2004）「中国農村における農家調査の実施状況とその特徴――中国の農家標本調査に関するレビュー」『アジア経済』第 45 巻第 4 号，41-70 頁．
―――（2009）「農民専業合作組織の変遷とその経済的機能」（池上・寶劔編 2009，所収），203-232 頁．
―――（2010）「農民工の就業環境の変化と農村消費市場」（朱炎編『国際金融危機後の中国経済――内需拡大と構造調整に向けて』勁草書房，所収），145-174 頁．
―――（2011a）「中国における農地流動化の進展と農業経営への影響――浙江省奉化市の事例を中心に」『中国経済研究』第 8 巻第 1 号，4-20 頁．
―――（2011b）「中国のトウモロコシ需給構造と食料安全保障」（清水編 2011，所収），133-168 頁．
―――（2012）「農地賃貸市場の形成と農地利用の効率性」（加藤弘之編『中国長江デルタの都市化と産業集積』勁草書房，所収），280-302 頁．
―――（2013）「食糧――安価な食糧を生み出す流通制度と農業技術」（渡邉真理子編『中国の産業はどのように発展してきたか』勁草書房，所収），237-262 頁．
―――（2014）「戦後期の統計制度」（南亮進・牧野文夫編『アジア長期経済統計 3　中国』東洋経済新報社，所収），42-50 頁．
―――（2015）「農業産業化と契約農業」『農業と経済』2015 年 12 月臨時増刊号（第 81 巻第 11 号），111-119 頁．
―――・佐藤宏（2009）「中国における農業産業化の展開と農民専業合作組織の経済的機能――世帯・行政村データによる実証分析」*Global COE Hi-Stat Discussion Paper Series*

（一橋大学）No. 86。
―――・佐藤宏（2016）「中国農民専業合作社の経済効果の実証分析」『経済研究』（一橋大学経済研究所）第67巻第1号，1-16頁。
堀口正（2015）『周縁からの市場経済化――中国農村企業の勃興とその展開過程』晃洋書房。
穆月英・松田敏信・笠原浩三（2001）「中国の食料消費の需要体系分析――都市部と農村部の比較を通して」『農林業問題研究』第36巻第4号，367-372頁。
星野妙子編（2008）『ラテンアメリカの養鶏インテグレーション』（調査研究報告書）アジア経済研究所。
本間正義（1994）『農業問題の政治経済学――国際化への対応と処方』日本経済新聞社。
馬永良（2001）「農家兼業化が農業生産技術効率性に与える影響に関する計量分析――中国四川省固定観察点における農家調査に基づいて」『農林業問題研究』第37巻第3号，132-145頁。
松村史穂（2011）「1960年代半ばの中国における食糧買い付け政策と農工関係」『アジア経済』第52巻第11号，2-26頁。
丸川知雄（2010）「中国経済は転換点を迎えたのか？――四川省農家調査からの示唆」『大原社会問題研究雑誌』No. 616，1-13頁。
南亮進（1970）『日本経済の転換点』創文社。
―――（1990）『中国の経済発展――日本との比較』東洋経済新報社。
―――・牧野文夫・羅歓鎮（2008）『中国の教育と経済発展』東洋経済新報社。
―――・馬欣欣（2009）「中国経済の転換点――日本との比較」『アジア経済』第50巻第12号，2-20頁。
孟哲男（2012）「中国内陸農村における所得格差の決定要因――四川省の集計データと農家個票データに基づく要因分析」『アジア研究』第58巻第3号，21-51頁。
森路未央（2009）「中国における食品安全政策・政府の管理体制の現状と課題――主要な法律・政策の整備状況」（池上・寳劔編2009，所収），113-141頁。
安田三郎（1971）『社会移動の研究』東京大学出版会。
柳川範之（2000）『契約と組織の経済学』東洋経済新報社。
山口真美（2009）「農村労働力の非農業就業と農民工政策の変遷」（池上・寳劔編2009，所収），83-111頁。
山田三郎（1992）『アジア農業発展の比較研究』東京大学出版会。
山田七絵（2007）「中国沿海部におけるリンゴ輸出の拡大と農家経済」（重冨真一編『グローバル化と途上国の小農』研究双書No. 560，アジア経済研究所，所収），116-146頁。
―――（2013）「中国における契約農業の経済的特徴と組織形態の非市場的規定要因――山東省リンゴ果汁輸出企業の事例」『アジア経済』第54巻第3号，72-100頁。
―――（2014）「中国農村における集団所有資産の管理制度に関する論点整理」（寳劔久俊編「中国農業の経済分析――『農業産業化』による構造転換」調査研究報告書，アジア経済研究所，所収），23-44頁。
リー・チョーミン（前田壽夫訳）（1964）『中国の統計機構』アジア経済研究所。
劉徳強・大塚啓二郎（1987）「労働誘因と生産責任制――集団農業の理論と中国農業の制度

変革」『アジア経済』第 28 巻第 3 号, 19-42 頁。
渡邉真理子（2009）「農産物市場における龍頭企業と農民の取引関係――豚肉産業を事例に」（池上・寳劔編 2009, 所収), 175-202 頁。

【中国語】

北京天則経済研究所≪中国土地問題≫課題組（2010）「土地流轉与農業現代化」『管理世界』2010 年第 7 期, 66-85, 97 頁。

蔡荣（2011）「"合作社＋農戸"模式：交易費用節約与農戸増収効應――基於山東省苹果種植農戸問巻調査的実証分析」『中国農村経済』2011 年第 1 期, 58-65 頁。

曹斌・苑鵬（2015）「農民合作社発展現状与展望」（中国社会科学院農村発展研究所・国家統計局農村社会経済調査司編『中国農村経済形勢分析与預測（2014〜2015）』北京：社会科学文献出版社, 所収), 133-160 頁。

陳錫文・趙陽・羅丹（2008）『中国農村改革 30 年回顧与展望』北京：人民出版社。

―――・趙陽・陳剣波・羅丹（2009）『中国農村制度変遷 60 年』北京：人民出版社。

崔宝玉・李曉明（2008）「資本控制下的合作社功能与運行的実証分析」『農業経済問題』2008 年第 1 期, 40-47 頁。

豊雷・蒋妍・葉剣平・朱可亮（2013）「中国農村土地調整制度変遷中的農戸態度――基於 1999〜2010 年 17 省份調査的実証分析」『管理世界』2013 年第 7 期, 44-58 頁。

髙鳴・宋洪遠・Michael Carter（2016）「粮食直接補貼対不同経営規模農戸小麦生産率的影響――基於全国農村固定観察農戸数据」『中国農村経済』2016 年第 8 期, 56-69 頁。

郭紅東（2005a）『農業龍頭企業与農戸訂単安排及履約機制研究』北京：中国農業出版社。

―――（2005b）「我国農戸参与訂単農業行為的影響因素分析」『中国農村経済』2005 年第 3 期, 24-32 頁。

―――・張若健編（2010）『中国農民専業合作社調査』杭州：浙江大学出版社。

国家発展改革委価格司編（2003）『建国以来全国主要農産品成本収益資料匯編』北京：中国物価出版社。

国家発展和改革委員会価格司編（各年版）『全国農産品成本収益資料匯編』北京：中国統計出版社。

国家統計局編（各年版）『中国統計年鑑』北京：中国統計出版社。

―――（2013）『中国主要統計指標詮釈（第二版）』北京：中国統計出版社。

国家統計局城市社会経済調査司編（各年版）『中国城市（鎮）生活与価格年鑑』北京：中国統計出版社。

―――（2014）『中国価格統計年鑑 2014』北京：中国統計出版社。

国家統計局国民経済総合統計司編（2010）『新中国六十年統計資料匯編』北京：中国統計出版社。

国家統計局貿易物資統計司編（1993）『中国国内市場統計年鑑 1992』北京：中国統計出版社。

国家統計局農村社会経済調査司編（各年版）『中国農産品価格調査年鑑』北京：中国統計出版社。

―――（各年版）『中国農村住戸調査年鑑』北京：中国統計出版社。

———（各年版）『中国農村統計年鑑』北京：中国統計出版社。
———（2009）『改革開放三十年農業統計資料匯編』北京：中国統計出版社。
国家統計局農村社会経済調査総隊（2000a）『中国農村貧困観測報告 2000』北京：中国統計出版社。
———（2000b）『新中国五十年農業統計資料』北京：中国統計出版社。
国家統計局住戸調査弁公室編（2012）『中国農村貧困監測報告 2011』北京：中国統計出版社。
———（2013）『中国住戸調査年鑑 2013』北京：中国統計出版社。
———（2015）『中国農村貧困監測報告 2015』北京：中国統計出版社。
国務院第二次全国農業普査領導小組弁公室・中華人民共和国国家統計局編（2010）『中国第二次全国農業普査資料綜合匯編　総合巻』北京：中国統計出版社。
———・中華人民共和国国家統計局編（2008）『中国第二次全国農業普査資料綜合提要』北京：中国統計出版社。
郭暁鳴・廖祖君・付焼（2007）「龍頭企業帯動型，中介組織聯動型和合作社一体化三種農業産業化模式的比較——基於制度経済学視角的分析」『中国農村経済』2007 年第 4 期，40-47 頁。
韓俊主編（2007）『中国農民専業合作社調査』上海：上海遼東出版社。
韓志栄・馮亜凡等編（1992）『新中国農産品価格四十年』北京：水利電力出版社。
胡定寰・陳志鋼・孫慶珍・多田稔（2006）「合同生産模式対農戸収入和食品安全的影響——以山東省苹果産業為例」『中国農村経済』2006 年第 11 期，17-24，41 頁。
胡瑞法・黄季焜（2001）「中国農業技術推広投資的現状及影響」『戦略与管理』2001 年第 3 期，25-31 頁。
黄季焜・胡瑞法・智華勇（2009）「基層農業技術推広体系 30 年発展与改革——政策評価和建議」『農業技術経済』2009 年第 1 期，4-11 頁。
黄勝忠・林堅・徐旭初（2008）「農民専業合作社治理機制及其績効実証分析」『中国農村経済』2008 年第 3 期，65-73 頁。
黄祖耀・徐旭初・馮冠勝（2002）「農民専業合作組織発展的影響因素分析——対浙江省農民専業合作組織発展現状的探討」『中国農村経済』2002 年第 3 期，13-21 頁。
———・扶玉枝・徐旭初（2011）「農民専業合作社的効率及其影響因素分析」『中国農村経済』2011 年第 7 期，4-13，62 頁。
買生華・田伝浩・史清華（2003）『中国東部地区農地使用権市場発育模式和政策研究』北京：中国農業出版社。
姜長雲（2005）「我国農民専業合作組織的発展態勢」『経済研究参考』2005 年第 74 期，10-16 頁。
孔祥智・史氷清・鐘真ほか（2012）『中国農民専業合作社運行機制与社会効應研究——百社千戸調査』北京：中国農業出版社。
李昌平（2002）『我向総理説実話』北京：光明日報社（吉田富夫監訳『中国農村崩壊』日本放送出版協会，2004 年）。
李俊青（2012）「"反租倒包"流轉模式可行性研究」『農村経済』2012 年第 8 期，31-34 頁。
黎霆・趙陽・辛賢（2009）「当前農地流轉的基本特徴及影響因素分析」『中国農村経済』2009

年第 10 期，4-11 頁。
劉紅梅・王克強・陳曉榮・程偲麗（2010）「大城市郊区農村土地承包経営権穩定及制約因素分析——以上海市郊区為例」『中国農村経済』2010 年第 8 期，48-57 頁。
呂新業・盧向虎（2008）『新形勢下農民専業合作組織研究』北京：中国農業出版社。
盧邁・戴小京（1987）「現段階農戸経済行為浅析」『経済研究』1987 年第 7 期，68-74 頁。
馬賢磊（2009）「現階段農地産権制度対農戸土壌保護性投資影響的実証分析——以丘陵地区水稻生産為例」『中国農村経済』2009 年第 10 期，31-41，50 頁。
馬彦麗・楊雲（2005）「糧食直補政策対農戸種糧意願，農民収入和生産投入的影響———个基於河北案例的実証研究」『農業技術経済』2005 年第 2 期，7-13 頁。
聶振邦主編（各年版）『中国糧食発展報告』北京：経済管理出版社。
牛若峰（1997）「農業産業一体化経営的理論框架」『中国農村経済』1997 年第 5 期，4-8 頁。
農村経済組織建設研究課題組（2004）「農村合作経済組織研究」（農業部農村経済研究中心編『中国農村研究報告 2003』北京：中国財政経済出版社，所収），768-789 頁。
農業部農村経済体制与経済管理司・農業部農村合作経済経営管理総站・農業部管理幹部学院編（2011）『中国農民専業合作社発展報告（2006〜2010）』北京：中国農業出版社。
潘勁（2005）『農産品行業協会的治理機制研究』北京：中国農業出版社。
———（2011）「中国農民専業合作社——数据背後的解読」『中国農村観察』2011 年第 6 期，2-11 頁。
———・杜吟棠（1998）「農村専業協会経済行為研究」（魏道南・張曉山主編『中国農村新型合作組織探析』北京：経済管理出版社，所収），104-130 頁。
秦中春（2007）「農民専業合作社制度創新的一種選択——基於蘇州市古尚錦碧螺春茶葉合作社改制的調査」『中国農村経済』2007 年第 7 期，60-66 頁。
全国農業普査弁公室（2000）『中国第一次農業普査資料綜合提要』北京：中国統計出版社。
山西省統計局編（各年版）『山西統計年鑑』北京：中国統計出版社。
施晟・衛龍宝・伍駿騫（2012）「"農超対接"進程中農産品供應鍵的合作績効与剰余分配——基於"農戸＋合作社＋超市"模式的分析」『中国農村観察』2012 年第 4 期，14-28 頁。
史清華（2000）「農戸家庭経済資源利用効率及其配置方向比較——以山西和浙江両省 10 村連続跟踪観察農戸為例」『中国農村経済』2000 年第 8 期，58-61 頁。
———・黄祖輝（2001）「農戸家庭経済結構変遷及其根源研究——以 1986〜2000 年浙江 10 村固定跟踪観察農戸為例」『管理世界』2001 年第 4 期，112-119 頁。
宋洪遠等編（2000）『改革以来中国農業和農村経済政策的演変』北京：中国経済出版社。
———主編（2008）『中国農村改革三十年』北京：中国農業出版社。
田伝浩・鄔愛其（2003）「農地"反租倒包"的実践与思考——来自柯橋鎮与璜土鎮農地"反租倒包"的調査」『調研世界』2003 年第 2 期，42-45 頁。
王景新（2005）『郷村新型合作経済組織崛起』北京：中国経済出版社。
王顔斉・郭翔宇（2010）「"反租倒包"農地流転中農戸博弈行為特征分析」『農業経済問題』2010 年第 5 期，34-44 頁。
徐旭初（2005）『中国農民専業合作経済組織的制度分析』北京：経済科学出版社。
姚洋（1998）「農地制度与農業績効的実証研究」『中国農村観察』1998 年第 6 期，1-10 頁。

葉剣平・蔣妍・豊雷（2006a）「中国農村土地流轉市場的調査研究——基於 2005 年 17 省調査的分析和建議」『中国農村観察』2006 年第 4 期，48-55 頁。
―――・蔣妍・Roy Prosterman・朱可亮・豊雷・李平（2006b）「2005 年中国農村土地使用権調査研究——17 省調査結果及政策建議」『管理世界』2006 年第 7 期，77-84 頁。
―――・豊雷・蔣妍・Roy Prosterman・朱可亮（2010）「2008 年中国農村土地使用権調査研究——17 省份調査結果及政策建議」『管理世界』2010 年第 1 期，64-73 頁。
葉興慶（1997）「新一輪糧価周期与政府的反周期政策」『中国農村経済』1997 年第 9 期，4-10 頁。
俞海・黄季焜・Scott Rozelle・Loren Brandt・張林秀（2003）「地権穏定性，土地流轉与農地資源持続利用」『経済研究』2003 年第 9 期，82-91 頁。
苑鵬（2005）「農民合作経済組織発展的新特点」（中国社会科学院農村発展研究所・国家統計局農村社会経済調査総隊編『中国農村経済形勢分析与預測（2004～2005）』北京：社会科学文献出版社，所収），156-170 頁。
張晋華・馮開文・黄英偉（2012）「農民専業合作社対農戸増収績効的実証分析」『中国農村経済』2012 年第 9 期，4-12 頁。
張建傑（2007）「恵農政策背景下糧食主産区農戸糧作経営行為研究——基於河南省調査数拠的分析」『農業経済問題』2007 年第 10 期，58-65 頁。
張暁山等（2002）『聯結農戸与市場——中国農民中介組織探究』北京：中国社会科学出版社。
趙人偉・Keith Griffin 主編（1994）『中国居民収入分配研究』北京：中国社会科学出版社。
―――・李実・Carl Riskin 主編（1999）『中国居民収入分配再研究——経済改革和発展中的収入分配』北京：中国財政経済出版社。
趙耀輝（1997）「中国農村労働力流動及教育在其中的作用」『経済研究』1997 年第 2 期，37-42，73 頁。
浙江省統計局編（2010）『浙江省統計年鑑 2010』北京：中国統計出版社。
鄭風田・程郁（2005）「従農業産業化到農業産業区——競争型農業産業化発展的可行性分析」『管理世界』2005 年第 7 期，64-73 頁。
中共中央政策研究室・農業部農村固定観察点弁公室編（2001）『全国農村社会経済典型調査数拠匯編（1986～1999 年）』北京：中国農業出版社。
―――（2010）『全国農村固定観察点調査数拠匯編（2000～2009 年）』北京：中国農業出版社。
中国糧食経済学会・中国糧食行業協会編（2009）『中国糧食改革開放三十年』北京：中国財政経済出版社。
中国農業専家論壇（1998）「正確判断糧情　穏妥推進糧改——"1997～1998 中国粮食市場走勢与政策選択"研討会観点総述」『中国農村経済』1998 年第 1 期，4-12 頁。
中国商業年鑑社編（1992）『中国商業年鑑』北京：中国商業年鑑社。
中国郷鎮企業年鑑編輯委員会編（各年版）『中国郷鎮企業年鑑』北京：中国農業出版社。
中華人民共和国農業部（各年版）『中国農業発展報告』北京：中国農業出版社。
―――（各年版）『中国農業統計資料』北京：中国農業出版社。
中華人民共和国農業部計画司編（1989）『中国農村経済統計大全（1949～1986）』北京：農業

出版社。
中華人民共和国農業部郷鎮企業局編（2003）『中国郷鎮企業統計資料（1978～2002年)』北京：中国農業出版社。
朱鋼・譚秋成・張軍（2006）『郷村債務』北京：社会科学文献出版社。
祝宏輝（2007）『訂単農業参与主体行為分析与績効評価』北京：中国農業出版社。
─── ・王秀清（2007）「新疆番茄産業中農戸参与訂単農業的影響因素分析」『中国農村経済』2007年第7期, 67-75頁。

【英語】

Anderso, Kym and Ernesto Valenzuela (2008), "Estimates of Global Distortions to Agricultural Incentives, 1955 to 2007," World Bank (http://siteresources.worldbank.org/INTRES/Resources/469232-1107449512766/Note.pdf).

Bandiera, Oriana and Imran Rasul (2006), "Social Networks and Technology Adoption in Northern Mozambique," *The Economic Journal*, Vol. 116 (October), Issue 514, pp. 869-902.

Bijman, Jos, et al. (2012), *Support for Farmers' Cooperative : Final Report*, European Commission（農林中金総合研究所海外協同組合研究会訳『EUの農協──役割と支援策』農林統計出版社, 2015年）.

Bolwig, Simon, Peter Gibbon and Sam Jones (2009), "The Economics of Smallholder Organic Contract Farming in Tropical Africa," *World Development*, Vol. 37, No. 6, pp. 1094-1104.

Bramall, Chris (2001), "The Quality of China's Household Income Surveys," *The China Quarterly*, No. 167, Sept., pp. 689-705.

Bratberg, Espen, Astrid Grasdal and Alf Erling Risa (2002), "Evaluating Social Policy by Experimental and Nonexperimental Method," *Scandinavian Journal of Economics*, Vol. 104, No. 1, pp. 147-171.

Caliendo, Marco and Sabine Kopeinig (2008), "Some Practical Guidance for the Implementation of Propensity Score Matching," *Journal of Economic Surveys*, Vol. 22, No. 1, pp. 31-72.

Carter, Michael R. and Yang Yao (1999), "Specialization without Regret : Transfer Rights, Agricultural Productivity and Investment in an Industrializing Economy," *World Bank Policy Working Paper* 2202.

─── and Yang Yao (2002), "Local Versus Global Separability in Agricultural Household Models : The Factor Price Equalization Effect of Land Transfer Rights," *American Journal of Agricultural Economics*, Vol. 84, Issue 3, pp. 702-715.

Chen, Shaohua and Martin Ravallion (1996), "Data in Transition : Assessing Rural Living Standards in Southern China," *China Economic Review*, Vol. 7, Issue 1, pp. 23-56.

Conley, Timothy G. and Christopher R. Udry (2010), "Learning about a New Technology : Pineapple in Ghana," *The American Economic Review*, Vol. 100, No. 1, pp. 35-69.

Deininger, Klaus and Songqing Jin (2005), "The Potential of Land Rental Markets in the Process of Economic Development : Evidence from China," *Journal of Development Economics*, Vol. 78, No. 1, pp. 241-270.

―――and Songqing Jin (2009), "Land Rental Markets in the Process of Rural Structural Transformation: Productivity and Equity Impacts from China," *Journal of Comparative Economics*, Vol. 37, Issue 4, pp. 629-646.

Deng, Hengshan, Jikun Huang, Zhigang Xu and Scott Rozelle (2010), "Policy Support and Emerging Farmer Professional Cooperatives in Rural China," *China Economic Review*, Vol. 21, Issue 4, pp. 495-507.

Fafchamps, Marcel and Agnes R. Quisumbing (1999), "Human Capital, Productivity, and Labor Allocation in Rural Pakistan," *Journal of Human Resources*, Vol. 34, No. 2, pp. 369-406.

Fan, Shenggen (1990), *Regional Productivity Growth in China's Agriculture*, Colorado: Westview Press.

Fei, John C. H. and Gustav Ranis (1964), *Development of the Labour Surplus Economy: Theory and Policy*, Homewood, Illinois: Richard D. Irwin Inc.

Glauben, Thomas, Thomas Herzfeld and Xiaobing Wang (2008), "Labor Market Participation of Chinese Agricultural Households: Empirical Evidence from Zhejiang Province," *Food Policy*, Vol. 33, Issue 4, pp. 329-340.

Griffin, Keith and Renwei Zhao, eds. (1993), *The Distribution of Income in China*, London: Macmillan.

Guo, Hongdong and Robert W. Jolly (2008), "Contractual Arrangements and Enforcement in Transition Agriculture: Theory and Evidence from China," *Food Policy*, Vol. 33, Issue 6, pp. 570-575.

Gustafsson, Björn, Shi Li and Terry Sicular, eds. (2008) *Inequality and Public Policy in China*, New York: Cambridge University Press.

Hart, Oliver (1995), *Firms Contracts and Financial Structure*, Oxford: Clarendon Press.

Hayami, Yujiro and Yoshihisa Godo (2004), "The Three Agricultural Problems in the Disequilibrium of World Agriculture," *Asian Journal of Agriculture and Development*, Vol. 1, No. 1, pp. 3-14.

Heckman, James J., Hidehiko Ichimura and Petra E. Todd (1997), "Matching as an Econometric Evaluation Estimators: Evidence from Evaluating a Job Training Programme," *The Review of Economic Studies*, Vol. 64, No. 4, pp. 605-654.

Hoken, Hisatoshi (2012), "Development of Land Rental Market and its Effects on Household Farming in Rural China: An Empirical Study in Zhejiang Province," *IDE Discussion Paper Series*, No. 323.

Hondai, Masayoshi and Yujiro Hayami (1988), "In Search of Agricultural Policy Reform in Japan," *European Review of Agricultural Economics*, Vol. 15, No. 4, pp. 367-395.

Hu, Ruifa, Yaqing Cai, Kevin Z. Chen and Jikun Huang (2012), "Effects of Inclusive Public Agricultural Extension Service: Results from a Policy Reform Experiment in Western China," *China Economic Review*, Vol. 23, Issue 4, pp. 962-974.

Huang, Jikun Huang, Scott Rozelle, Will Martin and Yu Liu (2007), "Distortions to Agricultural Incentives in China," *Agricultural Distortions Working Paper*, No. 29, World Bank.

Jacoby, Hanan, Guo Li and Scott Rozelle (2002), "Hazards of Expropriation: Tenure Insecurity and

Investment in Rural China," *The American Economic Review*, Vol. 92, No. 5, pp. 1420-1447.

Jamison, Dean and Jacques Van der Gaag (1987), "Education and Earnings in the People's Republic of China," *Economics of Education Review*, Vol. 6, Issue 2, pp. 161-166.

Key, Nigel and David Runsten (1999), "Contract Farming, Smallholders, and Rural Development in Latin America : The Organization of Agroprocessing Firms and the Scale of Outgrower Production," *World Development*, Vol. 27, Issue 2, pp. 381-401.

Kurosaki, Takashi and Humayun Khan (2006), "Human Capital, Productivity, and Stratification in Rural Pakistan," *Review of Development Economics*, Vol. 10, Issue 1, pp. 116-134.

Li, Guo, Scott Rozelle and Loren Brandt (1998), "Tenure, Land Rights, and Farmer Investment Incentives in China," *Agricultural Economics*, Vol. 19, Issues 1-2, pp. 63-71.

Lin, Justin Yifu (1992), "Rural Reforms and Agricultural Growth in China," *The American Economic Review*, Vol. 82, No. 1, pp. 34-51.

Luo, Chuliang and Terry Sicular (2013), "Inequality and Poverty in Rural China," in Shi Li, Hiroshi Sato and Terry Sicular, eds. *Rising Inequality in China : Challenge to a Harmonious Society*, Cambridge : Cambridge University Press, pp. 197-229.

Luo, Renfu, Linxiu Zhang, Jikun Huang and Scott Rozelle (2007), "Election, Fiscal Reform and Public Goods Provision in Rural China," *Journal Comparative Economics*, Vol. 35, Issue 3, pp. 583-611.

Luo, Renfu, Linxin Zhang, Jikun Huang and Scott Rozelle (2010), "Village Elections, Public Goods Investments and Pork Barrel Politics, Chinese-style," *Journal of Development Studies*, Vol. 46, No. 4, pp. 662-684.

MacDonald, James et al. (2004), "Contracts, Markets, and Prices : Organizing the Production and Use of Agricultural Commodities," *Agricultural Economic Report*, No. 837, USDA.

McMillan, John, John Whalley and Lijing Zhu (1989), "The Impact of China's Economic Reforms on Agricultural Productivity Growth," *Journal of Political Economy*, Vol. 97, No. 4, pp. 781-807.

Martinez-Bravo, Monica, Gerard Padró i Miquel, Nancy Qian and Yang Yao (2012), "The Effects of Democratization on Public Goods and Redistribution : Evidence from China," *NBER Working Paper*, No. 18101, pp. 1-53.

Matuschke, Ira and Matin Qaim (2009), "The Impact of Social Networks on Hybrid Seed Adoption in India," *Agricultural Economics*, Vol. 40, Issue 5, pp. 493-505.

Matsuda, Yoshiro (1990), "Survey Systems and Sampling Designs of Chinese Household Survey, 1952-87," *Developing Economies*, Vol. 28, Issue 3, pp. 329-352.

Miyata, Sachiko, Nicholas Minot and Dinghuan Hu (2009), "Impact of Contract Farming on Income : Linking Small Farmers, Packers, and Supermarkets in China," *World Development*, Vol. 37, No. 11, pp. 1781-1790.

Morduch, Jonathan and Terry Sicular (2002), "Rethinking Inequality Decomposition, with Evidence from Rural China," *The Economic Journal*, Vol. 112, Issue 476, pp. 93-106.

Olley, Steven and Ariel Pakes (1996), "The Dynamics of Productivity in the Telecommunications Equipment Industry," *Econometrica*, Vol. 64, No. 6, pp. 1263-1297.

Ranis, Gustav and John C. H. Fei (1961), "A Theory of Economic Development," *The American Economic Review*, Vol. 51, No. 4, pp. 533-565.

Rao, Elizaphan and Matin Qaim (2011), "Supermarket, Farm Household Income, and Poverty: Insights from Kenya," *World Development*, Vol. 39, No. 5, pp. 784-796.

Ravallion, Martin (2008), "Evaluating Anti-poverty Programs," in T. Paul Schultz and John Strauss, eds. *Handbook of Development Economics*, Vol. 4, Amsterdam: Elsevier, pp. 3787-3846.

Reardon, Thomas, Christopher B. Barrett, Julio A. Berdegue and Johan F. M. Swinnen (2009), "Agrifood Industry Transformation and Small Farmers in Developing Countries," *World Development*, Vol. 37, No. 11, pp. 1717-1727.

Riskin, Carl, Renwei Zhao and Shi Li, eds. (2001), *China's Retreat from Equality: Income Distribution and Economic Transition*, New York: M. E. Sharpe.

Rosenbaum, Paul R. and Donald B. Rubin (1983), "The Central Role of the Propensity Score in Observational Studies for Causal Effects," *Biometrika*, Vol. 70, No. 1, pp. 41-55.

Schultz, T. W. (1953), *The Economic Organization of Agriculture*, New York: McGraw Hill（川野重任・馬場啓之助監訳『農業の経済組織』中央公論社，1958年）．

Shen, Minggao, Scott Rozelle, Linxiu Zhang and Jikun Huang (2006), "Farmer's Professional Associations in Rural China: State Dominated or New State-Society Partnerships?" FSI Working Paper, Stanford University.

Shen, Yan and Yang Yao (2008), "Does Grassroots Democracy Reduce Income Inequality in China?" *Journal of Public Economics*, Vol. 92, Issue 10-11, pp. 2182-2198.

Shimokawa, Satoru (2010a), "Asymmetric Intrahousehold Allocation of Calories in China," *American Journal of Agricultural Economics*, Vo. 93, No. 3, pp. 873-888.

―――― (2010b), "Nutrient Intake of the Poor and Its Implications for the Nutritional Effect of Cereal Price Subsidies: Evidence from China," *World Development*, Vol. 38, No. 7, pp. 1001-1011.

Shorrocks, A. (1982), "Inequality Decomposition by Factor Components," *Econometrica*, Vol. 50, No. 1, pp. 193-211.

Todd, Petra E. (2008), "Evaluating Social Programs with Endogenous Program Placement and Selection of the Treated," T. Paul Schultz and John Strauss, eds. *Handbook of Development Economics*, Vol. 4, Amsterdam: Elsevier, pp. 3847-3894.

Wang, Holly, Yanping Zhang and Laping Wu (2011), "Is Contract Farming a Risk Management Instrument for Chinese Farmers? Evidence from a Survey of Vegetable Farmers in Shandong," *China Agricultural Economic Review*, Vol. 3, No. 4, pp. 489-505.

Wang, Honglin, FanYu, Thomas Reardon, Jikun Huang and Scott Rozelle (2013), "Social Learning and Parameter Uncertainty in Irreversible Investments: Evidence from Greenhouse Adoption in Northern China," *China Economic Review*, Vol. 27, December, pp. 104-120.

Wang, Shuna and Yang Yao (2007), "Grassroots Democracy and Local Governance: Evidence from Rural China," *World Development*, Vol. 35, No. 10, pp. 1635-1649.

Warning, Matthew and Nigel Key (2002), "The Social Performance and Distributional Consequences of Contract Farming: An Equilibrium Analysis of the *Arachide de Bouche* Program in Senegal,"

World Development, Vol. 30, No. 2, pp. 255-263.
Weber, Jeremy G. (2012), "Social Learning and Technology Adoption : The Case of Coffee Pruning in Peru," *Agricultural Economics*, Vol. 43, Issue s1, pp. 73-84.
Wen, Guanzhong (1993), "Total Factor Productivity Change in China's Farming Sector : 1952-1989," *Economic Development and Cultural Change*, Vol. 42, No. 1, pp. 1-41.
Winkelmann, Rainer and Stefan Boes (2009), *Analysis of Microdata* (Second Edition), Heidelberg : Springer.
World Bank (1997), *Sharing Rising Incomes : Disparities in China*, Washington, DC : World Bank.
―――― (2006), *China : Farmers Professional Associations : Review and Policy Recommendations*, Washington, DC : World Bank.
―――― (2008), *World Development Report 2008 : Agriculture for Development*, Washington, DC : World Bank.
Wu, Harry and Xin Meng (1997), "The Direct Impact of the Relocation of Farm Labour on Chinese Grain Production," *China Economic Review*, Vol. 7, Issue 2, pp. 105-122.
Yang, Dennis Tao (1997), "Education and Off-Farm Work," *Economic Development and Cultural Change*, Vol. 45, No. 3, pp. 613-632.
―――― (2004), "Education and Allocative Efficiency : Household Income Growth during Rural Reforms in China," *Journal of Development Economics*, Vol. 74, Issue 1, pp. 137-162.
Yao, Yang (1999), "Rural Industry and Labor Market Integration in Eastern China," *Journal of Development Economics*, Vol. 59, Issue 2, pp. 463-496.
―――― (2000), "The Development of the Land Lease Market in Rural China," *Land Economics*, Vol. 76, No. 2, pp. 252-266.
Yen, Steven, Cheng Fang and Shew-Jiuan Su (2004), "Household Food Demand in Urban China : A Censored System Approach," *Journal of Comparative Economics*, Vol. 32, Issue 3, pp. 564-585.
Zhang, Linxiu, Jikun Huang and Scott Rozelle (2002), "Employment, Emerging Labor Markets, and the Role of Education in Rural China," *China Economic Review*, Vol. 13, Issues 2-3, pp. 313-328.

【データベース】

FAOSTAT (Food and Agriculture Organization Statistical Database) (http://faostat.fao.org/).
OECD (Producer and Consumer Support Estimate) (http://www.oecd.org/).
USDA PSD Online (United States Department of Agriculture, Production, Supply and Distribution Online) (http://www.fas.usda.gov/psdonline/).
World Bank (Distortions to Agricultural Incentives) (http://www.worldbank.org/agdistortions).

あとがき

　私が中国農村の問題を研究テーマとして取り上げたのは，学部3年生（1993年）の頃であったと記憶している。その当時，鄧小平の南巡講話を契機に日本でも中国ブームが広がり，それまで中国にまったく目を向けていなかった人々が突然，中国のことを口々に熱く語り始めた。ただ，中高生の頃から歴史書や歴史小説を通じて中国に親しんできた筆者にとって，そのような雰囲気は必ずしも心地よいものではなく，時流に便乗するかのような人々の雰囲気に正直，幾分かの反発を覚えていたように思う。

　その影響もあってか，卒業論文（1995年）では「人民公社期の中国農村」という時代に逆行するようなテーマを選び，経済学部にもかかわらず人類学者による中国農村調査のモノグラフを読みあさり，何とか論文らしきものを書き上げた。当時の自分を今から振り返ると，まさしく若気の至りそのもので，気恥ずかしさを隠しきれないが，その頃の思いはひょっとしたら今もそれほど変わっていないのかもしれない。人々の中国への関心がどのような方向に振れようとも，中国農村で生きる人々の姿を自分の目でしっかりと見つめること，そして市場経済化のなかで蠢く「時代のうねり」を追い続けること，その2つが自らの研究の方向性を形づけてきたように感じている。

　大学院への進学後，修士課程では改革開放直後，博士後期課程では1980年代の中国農村を研究テーマとし，研究の方向は徐々に現代に近づいていった。博士後期課程を単位取得退学する際，中国農村研究で数多くの実績を持つアジア経済研究所に就職できるという好運にも恵まれた。そのおかげで，中国で現地調査の機会を数多く得て，農村部での経験を徐々に積み重ねていった。

　そして学部生時代から20年以上の月日を経て，本書の刊行によって現代中国にようやく辿り着くことができたというのが，筆者の率直な感想である。費やした時間の長さと比べて，自らの成果の少なさに愕然としてしまうが，本書は中国農村問題に対する筆者の現段階での一つの総括である。2015年に一橋

大学院経済学研究科に提出した博士論文「中国の農業構造調整と農業経営の変容」に大幅な加筆修正を加え，本書が完成した。拙稿がどのように評価されるのか，中国研究者や日本の農業経済学者，そして大学院生や一般読者からの忌憚のないご批判を待ちたい。

　これまでの研究生活では，多くの先生方や同僚からご指導とご協力を賜った。一橋大学大学院の修士課程では南亮進先生（一橋大学名誉教授），博士後期課程では清川雪彦先生（一橋大学名誉教授）のゼミナールに参加させて頂き，公私にわたって非常に多くのご指導を賜った。南先生と清川先生のゼミナールでの研究報告は，筆者にとって最も緊張する場だったが，先生方から賜った厳しくも心温かい叱咤激励のおかげで，研究活動を継続することができたと改めて実感している。また，尾高煌之助先生（一橋大学名誉教授）には副ゼミナールでご指導を賜った。経済史に関する尾髙先生の博覧強記に驚嘆するとともに，研究活動の厳しさと楽しさも先生から教えて頂いた。

　黒崎卓先生（一橋大学教授）には，大学院の博士後期課程から副ゼミナールでご指導を頂き，筆者の研究活動に対して叱咤激励を賜っている。博士後期課程の在学中，筆者が中国農村研究の方法論で思い悩んでいた際，黒崎先生の開発経済論の講義とゼミナールを通じて，ハウスホールド・モデルのアイデアや計量分析の手法，そして地域研究と開発研究の融合の仕方を教えて頂いたことが，筆者の研究の大きな礎となっている。

　佐藤宏先生（一橋大学教授）には，学部在学中から一貫してご指導頂いてきた。筆者が学部生として故・三谷孝先生（元・一橋大学教授）の副ゼミナールでご指導賜っていた際，三谷先生から弟弟子である佐藤先生をご紹介頂いた。三谷先生と佐藤先生には，中国の「三農問題」を考察するための研究者としての姿勢や歴史的視点の大切さ，そして文献・資料の解読の仕方やデータ収集の重要性について多くの教えを賜った。三谷先生と佐藤先生が受け継がれてきた一橋大学の中国研究の伝統に触れられたことが，中国研究を志す筆者にとって大きな道標となった。また，佐藤先生には共著論文の本書への掲載についてもご快諾を頂いた。

　江夏由樹先生（一橋大学名誉教授，帝京大学教授）には，学部1年生の時に受

講したゼミナールから，ご指導を賜ってきた。高校を卒業したばかりで，大学でどのように勉強すれば良いのか，全く無知であった筆者にとって，英文書の輪読とゼミナール形式での議論は非常に新鮮で，研究活動で大きな手助けとなっている。

　そして博士後期課程の在学中には，北村行伸先生（一橋大学教授）に計量手法やデータ利用法について，懇切なご指導を賜った。同じく社会科学統計情報センターに所属されていた松田芳郎先生（一橋大学名誉教授）には，統計調査論のご指導はもとより，科学研究費プロジェクトに参加させて頂いたことが，その後の研究活動にとって貴重な財産となっている。また，奥田英信先生（一橋大学教授），谷口晋吉先生（一橋大学名誉教授），斎藤修先生（一橋大学名誉教授）をはじめ，一橋大学の多くの先生からご指導を賜った。

　筆者が2017年3月まで所属したジェトロ・アジア経済研究所の研究・事務・図書館の同僚からも，多くの支援と叱咤激励を頂いた。とりわけ，中国研究の先達である故・今井健一氏には非常に多くのご指導を賜った。志半ばにして急逝された今井さんの意志を受け継ぐことが，残された我々の責務と思っている。渡邉真理子氏（学習院大学教授）は私にとって現地調査の指導教官であり，彼女から受け継いだ現地調査法がその後の研究活動の大きな基礎となった。また，中国農村研究の同志である山口真美氏と山田七絵氏からは，研究会や現地調査を通じて多くのことを学び，公私を含めて多大なサポートを賜った。

　そしてアジア経済研究所の同期生である福西隆弘氏，農業・農村研究の先達である重冨真一氏（明治学院大学教授），高根務氏（東京農業大学教授），岡本郁子氏（東洋大学教授），坂田正三氏，児玉由佳氏，清水達也氏，伊藤成朗氏，塚田和也氏，荒神衣美氏など，お世話になった方は枚挙にいとまがない。さらに池上彰英先生（明治大学教授）には，アジア経済研究所の研究プロジェクトなど，様々な機会を通じて中国農業・農村問題について懇切なご指導を賜った。池上先生には，共著論文の本書への掲載についてもご快諾頂いた。

　中国農業・農村研究の先達である多くの先生方からもご指導とご支援を賜った。中兼和津次先生（東京大学名誉教授），小島麗逸先生（大東文化大学名誉教授），田島俊雄先生（東京大学名誉教授，大阪産業大学教授），故・加藤弘之先生

（元・神戸大学教授），牧野文夫先生（法政大学教授），杜進先生（拓殖大学教授），大島一二先生（桃山学院大学教授），菅沼圭輔先生（東京農業大学教授），劉徳強先生（京都大学教授），厳善平先生（同志社大学教授），羅歓鎮先生（東京経済大学教授），唐成先生（中央大学教授），仙田徹志先生（京都大学准教授），張馨元先生（横浜国立大学准教授）をはじめ，多くの先生方や友人からの支援がなければ，本書を完成させることはできなかった。

また，2017年4月から関西学院大学国際学部に所属することとなったが，同僚の先生方や事務スタッフから懇切な支援を賜った。関西学院大学の恵まれた研究環境が，本書の完成をサポートしてくれた。そして本書の刊行にあたっては，日本学術振興会の平成29年度科学研究費補助金研究成果公開促進費「学術図書」（課題番号：17HP5155）の交付を受け，名古屋大学出版会の三木信吾氏から懇切なサポートと助言を賜った。三木氏と長畑節子氏をはじめとした同出版会のスタッフによるプロフェッショナルな出版・校正作業のおかげで，本書が無事に出版される運びとなった。心より御礼を申し上げたい。

さらに現地調査やアンケート調査の実施において，中国の大学・研究機関の多くの先生方からの手厚い支援を受けた。多岐にわたるため名前を列挙することは控えるが，中国人の篤い友情には感謝しても感謝し尽くせない。また，現地調査にご協力頂いた地元の幹部や農民の方からは，多くのことを教えてもらった。中国農村の実情を多くの方々に伝え，そこに住む人々の生活改善に向けた施策を提起していくことが，その大きな恩に報いる筆者の責務と考えている。

最後に私事で恐縮だが，長年にわたって筆者の研究活動を支えてきてくれた家族，とりわけ父母に改めて謝意を表したい。研究生活に対する両親の深い理解と息子への信頼がなければ，研究活動を継続することはできなかった。謹んで本書を両親に捧げたい。そして，公私にわたり苦楽を共にしてきた妻（蘇群）にも改めて感謝したい。妻からの叱咤激励が本書の完成の大きな後押しとなった。

2017年5月　新緑の眩しい西宮上ヶ原キャンパスにて

宝剣（寶劍）久俊

初出一覧

序　章　書き下ろし

第1章　以下の文献に基づき，書き下ろし

「中国における食糧流通政策の変遷と農家経営への影響」（高根務編『アフリカとアジアの農産物流通』研究双書 No. 530，アジア経済研究所，所収），27-85 頁，2003 年

「食糧——安価な食糧を生み出す流通制度と農業技術」（渡邉真理子編『中国の産業はどのように発展してきたか』勁草書房，所収），237-262 頁，2013 年

第2章　書き下ろし

第3章　「MHTS パネルデータによる農家経営と所得分配分析」（辻井博・松田芳郎・浅見淳之編『中国農家における公正と効率』多賀出版，所収），139-165 頁，2005 年

第4章　以下の文献に基づき，書き下ろし

「中国における農地流動化の進展と農業経営への影響——浙江省奉化市の事例を中心に」『中国経済研究』第 8 巻第 1 号，4-20 頁，2011 年

「農地賃貸市場の形成と農地利用の効率性」（加藤弘之編『中国長江デルタの都市化と産業集積』勁草書房，所収），280-302 頁，2012 年

第5章　書き下ろし

第6章　寶劔久俊・佐藤宏「中国農民専業合作社の経済効果の実証分析」『経済研究』第 67 巻第 1 号，1-16 頁，2016 年

第7章　書き下ろし

終　章　書き下ろし

図表一覧

地図	中国の行政区画	iv
図序-1	経営耕地面積別の農家比率（2006年）	14
図1-1	都市・農村世帯のエンゲル係数の推移（1954〜2013年）	21
図1-2	食糧の統一買付・統一販売価格の推移（1950〜88年）	26
図1-3	主要穀物の需給バランス（1977/78〜2017/18年）	30
図1-4	食糧など価格補填支出額の推移と対財政支出構成比（1978〜2006年）	31
図1-5	国営食糧部門による食糧買付量と市場価格買付比率（1965〜98年）	33
図1-6	小売価格指数の推移（1985〜2015年）	36
図2-1	中国のカロリー供給量とタンパク質供給量の推移（1980〜2013年）	54
図2-2	農業部門の就業・所得比率の推移（1978〜2015年）	58
図2-3	名目比較生産性の要因分解（1985〜2015年）	61
図2-4	主要穀物と農業全体に関する名目保護率（NRA）の推移（1990〜2009年）	68
図2-5	主要穀物と農業全体に関する生産者支持推定量（PSE, PSCT）の推移（1996〜2014年）	70
図2-6	都市世帯と農村世帯の1人あたり平均所得と所得格差の推移（1985〜2015年）	72
図2-7	所得源泉別の農村世帯1人あたり所得の推移（1985〜2012年）	73
図2-8	総作付面積と食糧作付面積比率の推移（1980〜2015年）	80
図2-9	作目別の単位面積あたり純収入（1991〜2015年）	82
図2-10	農業労働生産性の要因分解（1990〜2015年）	84
図2-11	省別農業労働生産性の要因分解（1990〜2010年）	86-87
図3-1	教育水準別の農村労働者の構成比（2006年）	93
図3-2	調査村の世帯1人あたり所得の推移（1986〜2001年）	100
図3-3	中国農村の所得ジニ係数と都市・農村間所得格差の推移（1985〜2001年）	114
図3-4	調査村における世帯1人あたり所得ジニ係数の推移（1986〜2001年）	117
図3-5	所得格差への貢献度（1986〜2001年）	120-121
図4-1	農地流動化率の推移（1986〜2015年）	127
図4-2	貸出地代のヒストグラム	144
図4-3	借入地代のヒストグラム	145
図5-1	農民専業合作社の組織数と会員世帯数の推移（2007〜15年）	168
図5-2	山東省招遠市のA果樹合作社の集荷体制	177
図5-3	山東省蓬莱市のB梨合作社の集荷体制	181
図5-4	山西省新絳県のC野菜合作社の集荷体制	184
図7-1	合作社経由の茄子販売価格のヒストグラム	219

図表一覧

表序-1	主要国の農業関連指標	13
表序-2	農業技術の国際比較	15
表1-1	都市世帯の支出に占める食品関連の比率	23
表1-2	食糧流通改革の時期区分と主な政策	29
表1-3	食糧の生産・流通状況	45
表1-4	食糧生産量の地域別構成比	47
表1-5	作付面積による食糧の特化係数	49
表2-1	中国の品目別食料供給量の推移	56
表2-2	農業・鉱工業の名目労働生産性の比較	60
表2-3	「四つの補助金」支出額の推移	63
表2-4	コメと小麦の最低買付価格	66
表2-5	郷鎮企業の発展状況と所有形態別構成比	74
表2-6	主要農産物の生産動向	81
表3-1	調査対象村の経済概況	97
表3-2	各農業経営類型の構成比に関する推移	102
表3-3	農業経営類型間移動の状況（1986～2001年データ集計）	103
表3-4	農業経営類型間移動の総合開放性係数	104
表3-5	変数の基本統計量	108
表3-6	農業労働投入日数比率に関する回帰分析	110-111
表3-7	農業経営類型別の世帯1人あたり平均所得	115
表3-8	所得源泉別世帯1人あたり所得のジニ係数要因分解	118-119
表4-1	農地流動化の類型	132
表4-2	農地流動化の類型と貸出先の構成比	133
表4-3	浙江省農家調査の概要	140
表4-4	農地の利用方法と流動化状況	141
表4-5	農地賃貸の基本状況	143
表4-6	農地借入プロビットの基本統計量	149
表4-7	農地の借入決定に関するプロビット分析の推計結果	150
表4-8	農業粗収入関数データの基本統計量	152
表4-9	農業粗収入関数の推計結果	152
表4-10	土地限界生産性と地代との比較結果	153
表5-1	農民専業合作社関連の主要な法令・通達	161
表5-2	日本の農協（JA）と中国の農民専業合作社との比較	166
表5-3	農業生産資材の提供率とその購入先	171
表5-4	販売先企業と合作社との契約価格	172
表6-1	合作社の会員・非会員農家別の農業純収入（2002年）	197
表6-2	行政村のタイプ別基本状況	198-199
表6-3	農家データに関する変数の定義と基本統計量	202-203
表6-4	農業純収入関数の推計結果	204-205

表 7-1	山西省新絳県の概要（2010 年）	211
表 7-2	調査対象村の概要	213
表 7-3	農民専業合作社への加入状況	213
表 7-4	農民専業合作社の概要（2010 年末）	215
表 7-5	合作社提供サービスに対する会員農家の評価	217
表 7-6	会員農家の合作社加入の理由（単一選択）	218
表 7-7	茄子の販売ルートと販売価格	218
表 7-8	農家タイプ別の記述統計	223
表 7-9	合作社加入・野菜栽培実施に関するプロビット分析結果	225
表 7-10	PSM 法による処理効果の推計結果	227

索　引

A-Z

ATT　　220, 226
CHIP 調査　　18, 95, 189, 190, 195, 196, 229, 234, 235
FAO　　1, 54, 55
FAOSTAT　　1, 14, 54, 55
FIML（完全情報最尤推定）　　194, 200, 201, 205
MHTS パネルデータ　　95-97, 123, 232
NRA　　67-69, 88
OECD　　69
OLS　　108, 195, 200, 201, 204, 206
PSCT　　69
PSE　　67, 69, 88
PSM　　221, 224, 226
USDA　　30, 70
WTO　　10, 77, 241, 243

ア　行

アグリビジネス企業　　9, 10, 12, 76, 157, 174, 185, 189, 209
新しい農業経営体系　　78, 238
一号文件　　64, 78, 130, 131, 162, 238, 242
インディカ米　　48, 49, 65, 66
　　中晩稲インディカ米　　65
　　早稲インディカ米　　39, 65, 66
インテグレーション　　5, 9, 10, 185, 234
インテグレーター　　9, 10
S 字型発展パターン　　85
エンゲル係数　　20-22, 56, 57, 88
温家宝　　62

カ　行

改革開放政策　　1
外的整合性　　190
化学肥料　　14
価格補塡支出額　　30, 32, 37, 41
家計調査　　20, 21, 56, 57, 71
可支配収入　　71
寡占　　154-156, 233, 237
家庭農場　　78, 131, 238, 239
加入効果　　18, 190, 201, 206, 209, 210, 235, 239
ガバナンス　　240
カロリー供給量　　54, 55, 88
灌漑率　　14, 15
関税割当制　　77, 241
間接統制　　16, 20, 34, 42, 44, 50, 53, 231
完全誘導型　　106, 194
機会費用　　92, 154, 155, 233, 237, 238
企業インテグレーション型　　17, 174
擬似ジニ係数　　116, 117, 122-124, 233
機動田　　129, 197
基本農地　　44, 45, 241
逆ざや　　27, 29, 32, 33, 35, 39, 50
教育投資の労働再配分　　17, 92, 93, 109, 112, 123, 124, 233
協議買付　　32
姜春雲　　11, 76
供銷合作社　　30, 159, 174-176
協同組合（「合作社」）　　11
協同組合原則　　185, 186, 239
琴弦式　　214
グラニースミス　　176, 178
計画買付　　29-32
計画経済期　　19-21, 23, 25, 27, 50, 159, 231
傾向スコアマッチング　　18, 221
経済協力開発機構（OECD）　　67
経済的厚生　　5, 10-12, 17, 92, 189, 210, 240
契約買付　　31, 32, 35-37, 39-41
契約価格　　22
契約遵守　　173, 189
契約農業　　10, 11, 189, 212
兼業農家　　91, 92, 94, 101, 105, 123
　　第 I 種兼業農家　　17, 101, 102, 104, 114, 123, 233
　　第 II 種兼業農家　　17, 101-104, 114, 123, 124, 233, 235, 237
原糧　　20
公共財　　184, 185
耕種業純収入　　219-221, 224, 228, 229, 235
構造調整問題　　75
郷鎮　　4, 60-62, 98, 99, 102, 125, 131, 132, 139,

　　　　140, 148, 150, 169, 174, 176, 192
郷鎮企業　73-75, 95, 197
胡錦濤　62
国有食糧企業　4, 28, 37-39, 43, 44
個人企業型　17, 174, 181
戸籍制度　4, 5, 71, 113
国家糧食局　41
固定観察点調査　94-96, 98, 99, 107, 115, 126-128, 137
固定効果推計　108, 109
コブ＝ダグラス型　147

サ　行

財政負担　19, 33, 35, 51, 53, 231
最低買付価格　42-44, 46, 51, 60, 64-66, 79, 88, 135, 232, 241
最低保証価格　172, 178, 180, 189
作目転換　80, 89, 103, 230, 236
産地化　11, 51, 232, 239
産地形成　77, 78, 185, 206, 234
三ちゃん農業化　236
三中全会　1
三提　62
三農問題　5
残留農薬　15, 176, 177
自営非農業純収入　115, 122, 123
自家消費　22, 148, 220
支出弾力性　57
実質比較生産性　59, 60
ジニ係数　17, 113, 115-117, 123, 124, 141, 148, 233
資本集約的　15, 230
社会的学習　210
社隊企業　74
ジャポニカ米　48, 50, 66
就業構造　8, 9, 91
就業者比率　58, 59
習近平　78, 160, 238
集団所有権　3, 131
集団所有制　130
集団農業　3, 28, 157, 158
種苗会社　183, 215
純収入　2, 60, 71, 72, 81-83, 92, 99, 102, 140, 210, 220
準レント　9, 10
小康村　98
省長食糧責任制　35, 36, 40, 51

城鎮住戸調査　20, 95
消費者保護　8
情報の非対称性　10, 107
食の安全・安心　16
食料安全保障　44, 241, 243
食糧卸売市場　34
食料供給量　54, 55
食糧自給　36, 44, 241
食糧需給バランス　8, 16, 19, 42, 53
食料需給表　54
食糧主産地　36, 40, 42, 43, 46-51, 86, 232
食糧主要消費地　36, 40, 42, 46-49
食糧直接補助金　43, 46, 63-65, 83
食糧特別備蓄制度　34
食糧配給　24, 32, 34, 50
食糧備蓄　4, 19, 36, 37, 39-41, 44, 46, 232
食糧備蓄局　34, 41
食糧不足　7, 57
食糧貿易　25
食糧問題　6-8, 16, 19, 24, 27, 28, 57, 75, 88, 231, 232
食糧リスク基金　34, 36, 40, 43
食糧流通　4, 5, 7, 8, 16, 19, 20, 23, 28-30, 37-40, 42-45, 47, 48, 50, 51, 53, 75, 231, 232
食管赤字　4, 39, 44, 232, 243
所得格差　5, 17, 71, 72, 75, 78, 91, 92, 95, 113, 115-117, 122-124, 233, 240
所得比率　58, 59
人民公社　3, 4, 28, 158, 222, 226
人民大学調査　166, 170, 173, 174, 185
垂直的調整　9
垂直的統合　9
生活消費支出　22, 23, 88
生産資材総合直接補助金　63
生産者支持推定量　67
生産者保護　8, 19, 243
生産統計　20
生産費調査　27, 50, 81, 237
生存賃金　22
税費改革　8, 62
セレクションバイアス　147
セレクションモデル　192, 194
専業農家　17, 92, 94, 96, 101, 103, 104, 114, 123, 124, 143, 182, 184, 233, 235, 237
専門農協　164
総合開放性係数　104, 105
総合農協　12, 163, 185

索　引　269

操作変数　192, 194, 205, 206
双層経営体制　3
相対価格　59, 60, 75, 88, 232
相対所得　58-60
村民委員会　3, 18, 60, 62, 74, 129, 132, 134, 135, 137, 140, 141, 170, 174, 182-185, 194, 214, 216, 234, 237-239
村民自治　200, 207, 240
村民小組　3, 135, 137, 141, 143, 194

タ 行

第1次産業就業者数　83, 86
大規模経営農家　12, 132, 141, 176, 238, 239
大躍進　20, 24-26
タンパク質　54, 55, 88, 232
地域ブランド認証　168
地代　8, 17, 126, 134, 136, 137, 142, 143, 146, 147, 152-155, 233, 237, 238
地方政府主導型　17, 174
チャヤノフ　94
中央委員会第3総会　1, 29, 76, 78, 131
中国備蓄食糧管理総公司　41, 42
超過買付　29, 32
徴購基数　29
直接統制　16, 20, 24, 27, 28, 35, 44, 50, 53, 231
賃金財　6, 22, 50, 57
賃耕　82
出稼ぎ労働　2, 4, 75, 97, 98, 113, 125, 212
適正規模による農業経営　64, 78, 238
デミニミス　243
典型調査　25
伝統作物　18, 210, 212, 213, 219, 221, 222, 224, 225, 228, 229, 234-236
転包　109, 126, 132, 133, 137, 140-142, 155
統一買付・統一販売　20, 24, 25, 27, 50
冬暖式　214
東北地方　14, 48, 50, 85-87, 89, 128, 242
都市戸籍　4, 5
土地株式合作社　238
土地管理法　129, 130
土地限界生産性　17, 137, 146, 147, 151-155, 233
土地生産性　83-87, 89, 94, 226-229, 242
土地節約的　15, 84, 85
土地装備率　83-87, 89, 232, 242
土地流動化センター　131, 156
特化係数　48-50

トレーサビリティー　16, 168, 177

ナ 行

内生性　18, 187-189, 192-194, 206, 234
内的整合性　190
仲買人　11, 12, 99, 157, 174, 176, 179, 180, 182, 183, 215
二重経済モデル　22
農外就業　17, 91, 94, 107, 124, 139
農業機械　15, 63, 78, 83, 147
農業技術普及　3, 99, 157, 158, 240
農業協同組合（農協）　12, 157, 164, 165, 185, 187
農業経営　3, 5, 11, 13, 14, 17, 71, 78, 79, 91, 92, 94, 95, 98, 100, 101, 112, 124-126, 130, 133, 135, 137, 146, 148, 156, 196, 204, 230, 231, 236-239
農業経営類型　17, 92, 94-96, 100, 102-105, 113, 114, 123, 124, 213, 233, 235
農業構造調整　8, 9, 17, 53, 57, 77, 79, 89, 92, 96, 123, 125, 232, 233, 235, 239
農業戸籍　4, 239
農業産業化　5, 7, 10, 11, 16-18, 40, 53, 76-78, 88, 89, 95, 96, 112, 113, 124, 125, 156, 157, 159, 175, 176, 184, 187, 190, 193, 196, 206, 207, 209, 212, 231-236, 239, 243
農業社会化サービス体系　159
農業就業者　8, 15, 139
農業純収入　17, 18, 100, 106, 115, 122-124, 187, 191, 193-196, 200, 201, 206, 233, 234
農業税　8, 43, 47, 62
農業生産資材総合直接補助金　63-65
農業生産責任制　1, 3, 14, 28, 47, 58, 129, 158
農業センサス　79, 91-93, 96, 101, 127
農業粗収入関数　146, 147, 151, 152, 233
農業調整問題　5-8, 16, 18, 157, 231, 235, 240
農業の工業化　9
農業徘徊　4
農業保護　5-8, 17, 19, 53, 67, 69, 71, 75, 88, 232, 240, 241, 243
農業モデル村　18, 187, 190, 191, 195, 197, 200, 201, 204, 206, 209, 234, 239, 240
農業モデル地区　76, 190
農業問題　5-8, 19, 53, 88
　2つの農業問題　6, 7, 19, 53, 88, 232
　3つの農業問題　7
農業労働供給関数　106, 123

農業労働生産性　83-85, 87-89, 242
農工間資源移転　27
農工間賃金格差　95
農産物流通　1, 3, 19
農村資金互助社　163
農村住戸調査　20, 22, 71, 95, 99, 189, 195
農村土地承包法　129-131
農地請負経営権　130, 131, 212
農地請負権　129, 130, 156
農地経営権　131, 132, 238
農地集約化　155, 156, 233
農地使用権　125, 129, 130, 135, 226
農地貸借　17, 78, 125, 126, 134, 135, 146, 155, 238, 239
農地賃貸市場　9, 17, 137, 146, 147, 155, 233, 237-239
農地転用　141
農地流動化　8, 17, 78, 98, 126-128, 130-137, 142, 144, 146, 147, 153-156, 212, 233, 237
農民工　4, 5
農民専業合作社法　12, 162, 164, 165, 169, 181, 185, 186, 188, 239
農民専業合作組織　11, 160
農民負担　8, 60, 62

ハ 行

配給価格　26, 29, 34, 35, 50, 231
ハウス野菜　18, 182, 226, 228-230, 236
バリューチェーン　10, 76
反租倒包　132, 133, 136, 137, 140-143, 150, 154, 155, 233
比較優位　20, 51, 77, 79, 89, 124, 206, 232, 233, 236, 243
備蓄食糧　34, 37, 41, 44, 46, 243
非農業就業　2, 92, 94, 95, 102, 107, 108, 112, 113, 123, 125, 136, 139, 140, 193, 228
非農業所得　71-73, 91, 92, 115, 123, 124, 233
貧困　97, 102, 197
　　二乗貧困ギャップ比率　102
　　貧困ギャップ比率　102
　　貧困世帯　57
　　貧困線　102
　　貧困問題　7
プーリング推計　108
付加議決権　165, 185
負担係数　107, 108, 112
プログラム評価法　219, 229, 235
プロビット　147-149, 151, 188, 221, 224, 226, 230
分益小作　135
文化大革命　20, 21, 26, 30
分税制　60
平均処理効果　220
貿易糧　20, 26, 32
保護買付　37, 39, 41
保護価格　34, 37-40, 42, 43, 46, 49, 51, 63, 65, 232
補償貿易　175
保量放価　35

マ 行

三つの政策と一つの改革　38-40
三つの補助金　64, 65
ミルズ比の逆数　147, 148, 152
無制限労働供給　22
村幹部選挙　193, 194, 200, 205, 206, 222, 234, 240
名目比較生産性　59, 60, 88
名目保護率　67
名目労働生産性　59, 88
目標価格制度　242, 243
モデル合作社　162, 164, 185

ヤ 行

野菜栽培　18, 82, 182, 183, 189, 210-212, 214, 215, 219-222, 224-226, 228-230, 234-237, 240
野菜純収入　220, 222, 224, 226, 227, 229
優良品種補助金　64, 65
要因分解　17, 60, 85, 92, 113, 115, 116, 123, 124, 233
四つの分離と一つの完全化　38
四つの補助金　63, 64

ラ・ワ行

ランダム効果推計　108
リスク選好度　224, 226, 230, 235, 236
龍頭企業　10, 11, 40, 76-78, 132, 141, 142, 157, 170, 174, 185, 234, 238, 239
留保賃金率　106, 107, 109
両田制　129
臨時備蓄　65-67, 71, 135, 241-243
労働集約的　15, 74, 75, 82, 228, 230, 235, 236
労働節約的　85
割当買付制度　24, 31

《著者紹介》

宝　剣　久　俊
（ほう　けん　ひさ　とし）

　1972 年　東京都に生まれる
　2000 年　一橋大学大学院経済学研究科博士後期課程単位取得退学
　　　　　日本貿易振興機構アジア経済研究所研究員を経て
　現　在　関西学院大学国際学部教授，博士（経済学）

産業化する中国農業

2017 年 9 月 15 日　初版第 1 刷発行

定価はカバーに
表示しています

著　者　　宝　剣　久　俊

発行者　　金　山　弥　平

発行所　一般財団法人　名古屋大学出版会
〒 464-0814　名古屋市千種区不老町 1 名古屋大学構内
電話(052)781-5027 / FAX(052)781-0697

© Hisatoshi Hoken, 2017　　　　　　　　　Printed in Japan
印刷・製本　亜細亜印刷㈱　　　　　　ISBN978-4-8158-0886-0
乱丁・落丁はお取替えいたします。

JCOPY〈出版者著作権管理機構　委託出版物〉
本書の全部または一部を無断で複製（コピーを含む）することは，著作権法上での例外を除き，禁じられています。本書からの複製を希望される場合は，そのつど事前に出版者著作権管理機構（Tel：03-3513-6969，FAX：03-3513-6979，e-mail：info@jcopy.or.jp）の許諾を受けてください。

中兼和津次著
開発経済学と現代中国　　　　　　　　　A5・306 頁
　　　　　　　　　　　　　　　　　　　本体 3,800 円

中兼和津次著
体制移行の政治経済学　　　　　　　　　A5・354 頁
―なぜ社会主義国は資本主義に向かって脱走するのか―　本体 3,200 円

厳　善平著
農民国家の課題　シリーズ現代中国経済 2　四六・264 頁
　　　　　　　　　　　　　　　　　　　本体 2,800 円

加藤弘之著
中国経済学入門　　　　　　　　　　　　A5・248 頁
―「曖昧な制度」はいかに機能しているか―　本体 4,500 円

伊藤亜聖著
現代中国の産業集積　　　　　　　　　　A5・232 頁
―「世界の工場」とボトムアップ型経済発展―　本体 5,400 円

梶谷　懐著
現代中国の財政金融システム　　　　　　A5・256 頁
―グローバル化と中央‐地方関係の経済学―　本体 4,800 円

城山智子著
大恐慌下の中国　　　　　　　　　　　　A5・358 頁
―市場・国家・世界経済―　　　　　　　本体 5,800 円

川上桃子著
圧縮された産業発展　　　　　　　　　　A5・244 頁
―台湾ノートパソコン企業の成長メカニズム―　本体 4,800 円

岡本隆司編
中国経済史　　　　　　　　　　　　　　A5・354 頁
　　　　　　　　　　　　　　　　　　　本体 2,700 円

K. ポメランツ著　川北稔監訳
大分岐　　　　　　　　　　　　　　　　A5・456 頁
―中国，ヨーロッパ，そして近代世界経済の形成―　本体 5,500 円

柳澤　悠著
現代インド経済　　　　　　　　　　　　A5・426 頁
―発展の淵源・軌跡・展望―　　　　　　本体 5,500 円

並松信久著
農の科学史　　　　　　　　　　　　　　A5・480 頁
―イギリス「所領知」の革新と制度化―　本体 6,300 円